北大版·"十二五"普通高等教育本科规划教材
高等院校机械类创新型应用人才培养规划教材

互换性与测量技术基础
（第 3 版）

主　编	王长春	孙步功	王东胜
副主编	陆述田	耿效华	陈养厚
参　编	毕世英	杨婉霞	陈红梅
	苗春龙	刘玉娥	段秀敏
主　审	杨祖孝		

U0231836

北京大学出版社
PEKING UNIVERSITY PRESS

内 容 简 介

本书是高等工科院校机械类专业技术基础课教材，共分 10 章，包括零件机械精度设计的基础知识、几何量检测以及典型零部件的精度设计知识与应用实例等内容。 零件机械精度设计的基础模块包括概论，孔、轴的极限与配合，几何公差与检测，表面粗糙度与检测，尺寸链；几何量检测模块包括测量技术基础、光滑工件尺寸的检验与极限量规设计；典型零部件的精度模块包括滚动轴承、键、螺纹、齿轮等零部件的公差与检测。

本书内容按照《产品几何技术规范（GPS）》等最新国家标准编写，根据应用型本科的培养要求，注重质量管理与精度设计实例的介绍，且每章都给出了教学目标、要求以及习题。 本书还可作为高等职业教育机械类专业的教材，也可供各类工程技术人员参考使用。

图书在版编目（CIP）数据

互换性与测量技术基础/王长春，孙步功，王东胜主编. —3 版. —北京：北京大学出版社，2015.6
（高等院校机械类创新型应用人才培养规划教材）
ISBN 978 - 7 - 301 - 25770 - 8

Ⅰ. ①互… Ⅱ. ①王… ②孙… ③王… Ⅲ. ①零部件—互换性—高等学校—教材②零部件—测量技术—高等学校—教材 Ⅳ. ①TG801

中国版本图书馆 CIP 数据核字(2015)第 089587 号

书　　　　名	互换性与测量技术基础（第 3 版）
著作责任者	王长春　孙步功　王东胜　主编
策 划 编 辑	童君鑫
责 任 编 辑	李娉婷
标 准 书 号	ISBN 978 - 7 - 301 - 25770 - 8
出 版 发 行	北京大学出版社
地　　　　址	北京市海淀区成府路 205 号　　100871
网　　　　址	http://www.pup.cn　　新浪微博：@北京大学出版社
电 子 信 箱	pup_6@163.com
电　　　　话	邮购部 010 - 62752015　发行部 010 - 62750672　编辑部 010 - 62750667
印 刷 者	北京虎彩文化传播有限公司
经 销 者	新华书店
	787 毫米×1092 毫米　16 开本　16 印张　369 千字
	2006 年 8 月第 1 版
	2010 年 8 月第 2 版
	2015 年 6 月第 3 版　　2021 年 9 月第 4 次印刷
定　　　　价	35.00 元

第 3 版前言

《互换性与测量技术基础》自 2010 年 8 月第 2 版发行以来，已使用 4 年。随着课程教学改革的不断深入，社会对机械高级应用型人才提出了新要求。为了在教材中能及时反映这些新要求和新成果，跟上高等教育教学改革的步伐，特进行本次修订。

此次修订重点在于优化教学内容，既便于集中讲授，也方便学生自学，具体对教材进行了如下修订。

(1) 对第 2 版中第 8 章和第 9 章内容做了优化和调整，增加了新的应用实例，将分散安排的齿轮精度标准与齿轮精度设计独立出来作为第 9 章，形成了由第 8、9、10 章组成的典型部件精度设计新体系。

(2) 调整了第 2 版中第 2 章和第 3 章的先后顺序，并讲述测量要求，更贴近工程实际。

(3) 充实和优化了测量技术、几何公差的部分内容，在孔、轴的极限与配合一章新增了部分案例。

本书由潍坊学院王长春、甘肃农业大学孙步功和黑龙江工程学院王东胜担任主编，陆述田、耿效华和陈养厚担任副主编，毕世英、杨婉霞、陈红梅、苗春龙、刘玉娥和段秀敏参与编写，具体编写分工如下：第 1 章、第 9 章由王长春编写，第 2 章由陆述田和苗春龙编写，第 3 章由毕世英和刘玉娥编写，第 4 章由王东胜编写，第 5 章由耿效华编写，第 6 章由陈红梅和段秀敏编写，第 7 章由杨婉霞编写，第 8 章由孙步功编写，第 10 章由陈养厚编写。全书由王长春教授统稿、定稿。本书由潍坊学院杨祖孝教授主审。

受编者的水平所限，书中难免存在不当之处，恳请广大读者批评指正。

编 者
2015 年 2 月

目　　录

第1章
概 论

本章教学目标

本章介绍互换性、标准化、质量工程、尺寸、加工误差、公差等概念以及优先数系及其特点、几何量测量与检测的意义。

本章教学要求

要求学生掌握互换性、优先数系、加工误差、公差、质量工程、标准和标准化等概念；熟悉互换性的作用与种类；熟悉加工误差与公差；了解标准的组成与标准化历程；其中互换性、加工误差的基本概念及优先数系选用是本章的重点和难点。

导入案例

机械零件是构成机械设备的基础，如图1.01所示自行车各种零部件就是在不同企业分别加工，最后组装成自行车。这些零件的共同特点为：具有不同尺寸、几何形状各异、零件各表面要求不同，它们都需要批量生产，通常装配后完成某项功能。

图1.01　自行车与自行车换挡器

自行车由导向系统、驱动系统、制动系统等组成，包括车架、轮胎、脚蹬、刹车、链条等25个部件，这些基本部件缺一不可。导向系统由车把、前叉、前轴、前轮等部件组成，乘骑者可以通过操纵车把来改变行驶方向并保持车身平衡。驱动（传动或行走）系统由脚蹬、中轴、链轮、曲柄、链条、飞轮、后轴、后轮等部件组成，自行车的前进动力是靠乘骑者的脚蹬通过曲柄、链轮、链条、飞轮、后轴等部件传动的，从而使自行车不断前进。制动系统由车闸部件组成，乘骑者可以随时操纵车闸，使行驶的自行车减速、停驶，确保行车安全。

请思考这些零件维修时的相互替换如何实现？其中的机械零件如何保证设计、生产、快速维修？

1.1　互换性概述

1.1.1　互换性的含义

所谓互换性（Interchangeability）是指一种事物能够代替另一种事物，且能满足同样要求的特性。互换性的例子在工程或日常生活中随处可见。例如，室内使用的日光灯管坏了，换装上同规格新灯管即可点亮照明；自行车、汽车的零件坏了，维修人员可迅速换上同规格的新零件，更换和装配后能够很好地满足使用要求，这是因为合格的产品和制件具有在材料性能、几何尺寸、使用功能上彼此互相替换的性能，即具有互换性。所以，机械零部件的互换性涉及两大方面：一是几何参数的互换性，二是功能互换性。本书所涉及的互换性均指零部件几何参数的互换性。

在制造工程领域中，任何机械产品都是由许多零部件组成，而这些零部件是在不同的工厂和车间制成的，这就经常要求产品的零部件具有互换性。那么，什么叫机械零部件的互换性呢？机械零部件的互换性就是同一规格零部件按规定的技术要求制造，能够彼此相互替换使用而效果相同的特性。因此，零部件的互换性含义是指在装配时从同一规格的零部件中任取一件，不需挑选或修配，装配后就能达到预先规定的功能要求。

本书主要讲述机械制造工程领域里的产品或制件的几何参数的互换性及其测量技术的基本理论和方法。

加工零件的过程中，由于各种因素(机床、刀具、温度等)的影响，零件的尺寸、形状和表面粗糙度等几何量难以做到理想状态，总是有或大或小的误差。但从零件的使用功能看，不必要求零件制造得绝对准确，只要求零件几何量在某一规定的范围内变动，即保证同一规格零部件(特别是几何量)彼此接近。我们把这个允许几何量变动的范围叫作几何量公差。这也是本书所讲的公差的范畴。

为了保证零件的互换性，需要用公差来控制误差。设计时要按标准规定零部件的制造公差，而加工时不可避免会产生误差，因此要使零件具有互换性，就应把完工的零件误差控制在规定的公差范围内。设计者的任务就是要正确地确定公差，并把它在工程图样上明确地表示出来。在满足功能要求的前提下，公差值应尽量规定大一些，以便获得最佳的经济效益。

1.1.2 互换性的技术经济意义

机械工程中互换性的技术经济性体现在产品或零部件的设计、加工、装配、使用和维修等方面。

1. 设计方面

若零部件具有互换性，就能最大限度地使用标准件，减少产品中非标准零部件的使用量，这样可以简化绘图和计算的工作量，使产品设计周期变短，利于产品更新换代，这对发展产品的多样化、系列化及促进产品结构、性能的不断改进都具有重大作用。

2. 制造方面

互换性有利于组织专业化生产，使用专用设备和 CAM 技术，因此产品的质量和数量都会明显提高，生产成本也会随之显著降低。

互换性是提高生产水平和进行文明生产的有力手段。装配时，由于零部件具有互换性，不需辅助加工和修配，所以可以大幅度地减轻装配工作的劳动强度，缩短装配周期，还可采用流水线或自动装配，从而大大提高装配生产率。

3. 使用和维修方面

零部件具有互换性可以及时更换那些已经磨损或损坏的零部件，可以减少机器的维修时间和费用，保证机器能连续持久运转。对于某些易损件可以提供备用件，可以提高机器的使用价值。

互换性在提高产品质量和产品可靠性、提高经济效益等方面均具有重大意义。互换性原则已成为现代制造业中一个普遍遵守的原则。互换性生产对我国现代化生产具有十分重要的意义。

互换性必须遵守经济性原则，不是任何情况下都适用。有时零件只能采取单个配制才符合经济原则，这时零件虽不能互换，但也有公差和检测的要求，如模具常用修配法制造。

1.1.3 互换性的种类

从广义上讲，零部件的互换性应包括几何参数、力学性能和理化性能等多方面的互换性。本书仅讨论零部件几何参数的互换性，即几何参数方面的公差和检测。

1. 按实现方法及程度分

按实现方法及互换程度的不同可以分为完全互换性和不完全互换性两类。

完全互换性（简称互换性）是指零部件装配或更换时不需要挑选或修配就可满足完全使用要求。

不完全互换性（也称有限互换性）是指零部件装配时允许有附加条件的选择或调整。不完全互换性又包括概率互换性、分组互换性、调整互换性和修配互换性等几类。

2. 按部位或范围分

对标准部件或机构来讲，其互换性可分为内互换性和外互换性。

内互换性是指部件或机构内部组成零件间的互换性。

外互换性是指部件或机构与其他相配合零件间的互换性。

例如，滚动轴承内、外圈滚道直径与滚动体（滚珠或滚柱）直径间的配合为内互换性；滚动轴承内圈内径与传动轴的配合、滚动轴承外圈外径与壳体孔的配合为外互换性。

实际生产组织中究竟采用何种形式的互换性，主要由产品的精度要求、复杂程度、生产规模、生产设备及技术水平等一系列因素来决定。

1.2 标准化与标准

1.2.1 标准化与标准的含义

现代制造业生产的特点是规模大、分工细、协作单位多、互换性要求高。为了适应生产中各部门的协调和各生产环节的衔接，必须有一种手段，使分散的、局部的生产部门和生产环节保持必要的统一，成为一个有机的整体，以实现互换性生产。标准与标准化正是联系这种关系的主要途径和手段。

实行标准化是广泛实现互换性生产的前提与重要方法，如极限与配合等互换性标准都是重要的基础标准。

1. 标准

所谓标准是对重复性事物和概念所做的统一规定。它以科学、技术和实践经验的综合成果为基础，经有关方面协商一致，由主管机构批准，以特定形式发布，作为共同遵守的准则和依据。标准对于改进产品质量、缩短产品周期、开发新产品和协作配套、提高社会经济效益、发展社会主义市场经济和对外贸易等都有非常重要的意义。

标准必须对被规定的对象提出必须满足和应该达到的各方面的条件和要求，对于实物和制件对象提出相应的制作工艺过程和检验规范等规定。标准有以下内在特性。

（1）标准涉及对象的重复性。标准所涉及的对象必须是具有重复性特征的事物和概念。若事物和概念没有重复性，就不需要标准。

（2）对标准涉及对象的认知性。对标准涉及的对象做统一规定，必须反映其内在本质并符合客观发展规律，这样才能最大限度地限制它们在重复出现中的杂乱和无序化，从而获得最佳的社会和经济效益。

（3）制定标准的协商性。标准是一种统一规定，标准的推行将涉及社会、经济效益。因而，在制定标准的过程中既要考虑所涉及的各个方面的利益，又要考虑社会发展和国民经济的整体利益。这就要求标准的制定不但要有科学的基础，还要有广泛的调研和涉及利益的多方的参与协商。

（4）标准的法规性。标准的制定、批准、发布、实施、修订和废止等，具有一套严格的形式。标准制定后，有些是要强制执行的，如一些食品、环境、安全的标准；而本书涉及的主要是一些技术标准，都是各自涉及范围内大家共同遵守的统一的技术依据、技术规范或规定。

2．标准化

标准化是指为了在一定的范围内获得最佳秩序，对实际或潜在的问题制定共同的、重复使用的规则的活动。标准化是社会化生产的重要手段，是联系设计、生产和使用方面的纽带，是科学管理的重要组成部分，更是实现互换性的基础。

标准化工作包括制定标准、发布标准、组织实施标准、修改标准和对标准的实施进行监督的全部活动过程，这个过程是从探索标准化对象开始，经调查、实验和分析，进而起草、制定和贯彻标准，而后修订标准。因此，标准化是个不断循环而又不断提高其水平的过程。

标准化对于改进产品、过程和服务的适用性，防止贸易壁垒，促进技术合作方面具有特别重要的意义。例如，优先数系、几何公差及表面质量参数的标准化，计量单位及检测规定的标准化等。可见，在机械制造业中，任何零部件要使其具有互换性，都必须实现标准化，没有标准化，就没有互换性。

1.2.2 标准的分类

在技术经济领域内，标准的种类可分为技术标准和管理标准两类不同性质的标准。标准分类关系如图 1.1 所示。

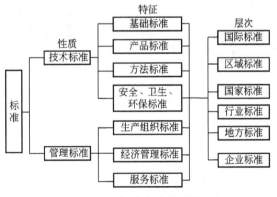

图 1.1 标准分类关系图

1．标准的分级

按标准的使用范围分，我国将标准分为国家标准、行业标准、地方标准和企业标准共4级。

国家标准就是需要在全国范围内统一的技术要求。

行业标准就是没有国家标准而又需要在全国某行业范围内统一的技术要求。但在有了国家标准后，该项行业标准立即废止。

地方标准就是没有国家标准和行业标准，而又需要在省、自治区、直辖市范围内统一的工业产品的安全、卫生等要求。但在公布相应的国家标准或行业标准后，该地方标准立即废止。

企业标准就是对企业生产的产品，在没有国家标准和行业标准的情况下，制定作为组织生产的依据。对于已有国家标准或行业标准的，企业也可以制定严于国家标准或行业标准的企业标准，在企业内部使用。

2. 标准的层次

按标准的作用范围将标准分为国际标准、区域标准、国家标准、地方标准和试行标准。

国际标准、区域标准、国家标准、地方标准分别是由国际标准化的标准组织、区域标准化的标准组织、国家标准机构、在国家的某个区域一级所通过并发布的标准。试行标准是由某个标准化机构临时采用并公开发布的文件。

3. 技术标准

按标准化对象的特征分将标准分为基础标准，产品标准，方法标准，安全、卫生、环保标准等。

基础标准是指在一定范围内作为标准的基础并普遍使用、具有广泛指导意义的标准，如极限与配合标准、几何公差标准、渐开线圆柱齿轮精度标准等。基础标准是以标准化共性要求和前提条件为对象的标准，是为了保证产品的结构功能和制造质量而制定的、一般工程技术人员必须采用的通用性标准，也是制定其他标准时可依据的标准。本书所涉及的标准就是基础标准。

4. 按标准的性质分类

标准又可分为技术标准和管理标准。技术标准指根据生产技术活动的经验和总结，作为技术上共同遵守的法规而制定的标准。技术标准包括基础技术标准、产品标准、工艺标准、检测试验方法标准、环保标准等。

管理标准是指对标准化领域中需要协调统一的管理事项所制定的标准。管理标准包括管理基础标准、技术理标准、经济管理标准、行政管理标准、生产经营管理标准等。

1.2.3 标准化发展历程

1. 国际标准化的发展历程

标准化在人类开始创造工具时就已出现。标准化是社会生产劳动的产物。标准化在近代工业兴起和发展的过程中显得重要起来。早在19世纪，标准化在国防、造船、铁路运输等行业中的应用就已十分突出。标准化在机械行业中的应用也很广泛。到了20世纪初，一些国家相继成立全国性的标准化组织机构，推进本国的标准化事业。以后由于生产的发展，国际交流越来越频繁，因而出现了区域性和国际性的标准化组织。

1926年成立了国际标准化协会（简称ISA），1947年重建国际标准化协会并改名为国际标准化组织(简称 ISO)。现在,这个世界上最大的标准化组织已成为联合国甲级咨询机构。ISO 9000 系列标准的颁发,使世界各国的质量管理及质量保证的原则、方法和程序,都统一在国际标准的基础之上。

2. 我国标准化的发展历程

我国标准化是在 1949 年后得到重视并发展起来的,1958 年发布第一批 120 项国家标准。从 1959 年开始,陆续制定并发布了公差与配合、形状与位置公差、公差原则、表面粗糙度、光滑极限量规、渐开线圆柱齿轮精度等许多公差标准。我国在 1978 年恢复为 ISO 成员国,承担 ISO 技术委员会秘书处工作和国际标准草案起草工作。

从 1979 年开始,我国制定并发布了以国际标准为基础制定的新公差标准。从 1992 年开始,我国又发布了以国际标准为基础进行修订的 G/T 类新公差标准。1988 年全国人大常委会通过并由国家主席发布了《中华人民共和国标准化法》。为了保障人体健康、人身与财产安全,在 2001 年 12 月,国家质量监督检验检疫总局颁布的《强制性产品认证管理规定》,明确规定了凡列入强制性认证内容的产品,必须经国家指定的认证机构认证合格,取得指定认证机构颁发的认证证书,取得认证标志后,方可出厂销售、出口和使用。1993 年全国人大常委会通过并由国家主席发布了《中华人民共和国产品质量法》。2009 年《产品几何技术规范标准(GPS)》的颁布与实行,进一步推动了我国标准与国际标准的接轨,我国公差标准化的水平在我国社会主义现代化建设过程中不断发展提高,对我国经济的发展做出了很大的贡献。

我国陆续修订了相关标准,修订的原则是在立足我国实际的基础上向国际标准靠拢。

1.2.4 我国计量技术发展简介

在我国悠久的历史上,很早就有关于几何量检测的记载。早在秦朝时期就统一了度量衡制度,西汉已有了铜制卡尺。但长期的封建统治,使得科学技术未能进一步发展,计量技术一直处于落后的状态,直到 1949 年后才扭转了这种局面。

1959 年国务院发布了《关于统一计量制度的命令》,1977 年国务院发布了《中华人民共和国计量管理条例》,1984 年国务院发布了《关于在我国统一实行法定计量单位的命令》,1985 年全国人大常委会通过并由国家主席发布了《中华人民共和国计量法》。我国健全各级计量机构和长度量值传递系统,规定采用国际米制作为长度计量单位,保证全国计量单位统一和量值准确可靠,有力地促进了我国科学技术的发展。

伴随着我国计量制度的建设与发展,我国的计量器具制造业也有了较大的发展,能够批量生产多品种的计量仪器用于几何量检测,如万能测长仪、万能工具显微镜等。此外,还能制造一些具有世界水平的测量仪器,如激光光电光波比长仪、光栅式齿轮全误差测量仪、原子力显微镜等。

1.3 优先数系简介

制定公差标准及设计零件的结构参数时,都需要通过数值表示。任何产品的参数指标不仅与自身的技术特性有关,还直接、间接地影响与其配套系列产品的参数值,如螺母直径数值影响并决定螺钉直径数值以及丝锥、螺纹塞规、钻头等系列产品的直径数值。将由于参数值间的关联产生的扩散称为数值扩散。

为满足不同的需求，产品必然出现不同的规格，形成系列产品。产品数值的杂乱无章会给组织生产、协作配套、使用维修带来困难，故需对数值进行标准化。

1.3.1 优先数系及其公比

优先数系是工程设计和工业生产中常用的一种数值制度。优先数与优先数系是 19 世纪末（1877 年），由法国人查尔斯·雷诺（Charles Renard）首先提出的。当时载人升空的气球所使用的绳索尺寸由设计者随意规定，多达 425 种。雷诺根据单位长度不同直径绳索的重量级数来确定绳索的尺寸，按几何公比递增，每进 5 项使项值增大 10 倍，把绳索规格减少到 17 种，并在此基础上产生了优先数系的系列，后人为了纪念雷诺，将优先数系称为 R_r 数系。

国家标准 GB/T 321—2005《优先数和优先数系》规定十进等比数列为优先数系，并规定了五个系列，分别用系列符号 $R5$、$R10$、$R20$、$R40$ 和 $R80$ 表示，其中前四个系列是常用的基本系列，而 $R80$ 则作为补充系列，仅用于分级很细的特殊场合。

基本系列 $R5$、$R10$、$R20$、$R40$ 的 1～10 常用值见表 1-1，$R80$ 的 1～10 常用值见表 1-2。

表 1-1 优先数系基本系列的常用值（摘自 GB/T 321—2005）

基本系列	1～10 的常用值									
$R5$	1.00	1.60	2.50	4.00	6.30	10.00				
$R10$	1.00	1.25	1.60	2.00	2.50	3.15	4.00	5.00	6.30	8.00	10.00
$R20$	1.00	1.12	1.25	1.40	1.60	1.80	2.00	2.24	2.50	2.80
	3.15	3.55	4.00	4.50	5.00	5.60	6.30	7.10	8.00	9.00	10.00
$R40$	1.00	1.06	1.12	1.18	1.25	1.32	1.40	1.50	1.60	1.70
	1.80	1.90	2.00	2.12	2.24	2.36	2.50	2.65	2.80	3.00
	3.15	3.35	3.55	3.75	4.00	4.25	4.50	4.75	5.00	5.30
	5.60	6.00	6.30	6.70	7.10	7.50	8.00	8.50	9.00	9.50	10.00

表 1-2 优先数系补充系列的常用值（摘自 GB/T 321—2005）

$R80$ 的常用值（1～10）									
1.00	1.03	1.06	1.09	1.12	1.15	1.18	1.22	1.25	1.28
1.32	1.36	1.40	1.45	1.50	1.55	1.60	1.65	1.70	1.75
1.80	1.85	1.90	1.95	2.00	2.06	2.12	2.18	2.24	2.30
2.36	2.43	2.50	2.58	2.65	2.72	2.80	2.90	3.00	3.07
3.15	3.25	3.35	3.45	3.55	3.65	3.75	3.85	4.00	4.12
4.25	4.37	4.50	4.62	4.75	4.87	5.00	5.15	5.30	5.45
5.60	5.80	6.00	6.15	6.30	6.50	6.70	6.90	7.10	7.30
7.50	7.75	8.00	8.25	8.50	8.75	9.00	9.25	9.50	9.75	10.00

优先数系是十进等比数列，其中包含 10 的所有整数幂（…0.01，0.1，1，10，100，…）。只要知道一个十进段内的优先数值，其他十进段内的数值就可由小数点的前后移位得到。优先数系中的数值可方便地向两端延伸，由表 1-1 中的数值，使小数点前后移位，便可以得到小于 1 和大于 10 的任意优先数。

优先数系的公比为

$$q_r = \sqrt[r]{10}$$

优先数在同一系列中，每隔 r 个数，其值增加 10 倍。

这五种优先数系的公比分别用代号 q_5、q_{10}、q_{20}、q_{40}、q_{80} 表示，下标 5、10、20、40、80 分别表示各系列中每个"十进段"被细分的段数。

基本系列 $R5$、$R10$、$R20$、$R40$ 的公比分别为

$$q_5 = \sqrt[5]{10} \approx 1.5849 \approx 1.60$$
$$q_{10} = \sqrt[10]{10} \approx 1.2589 \approx 1.25$$
$$q_{20} = \sqrt[20]{10} \approx 1.1220 \approx 1.12$$
$$q_{40} = \sqrt[40]{10} \approx 1.0593 \approx 1.06$$

补充系列 $R80$ 的公比为

$$q_{80} = \sqrt[80]{10} \approx 1.0294 \approx 1.03$$

1.3.2 优先数与优先数系的构成规律

优先数系中的任何一个项值均称为优先数。优先数的理论值为 $(\sqrt[r]{10})^{Nr}$。其中 Nr 是任意整数。按照此式计算得到的优先数的理论值，除 10 的整数幂外，大多为无理数，工程技术中不宜直接使用。而实际应用的数值都是经过化整处理后的近似值，根据取值的有效数字位数，优先数的近似值可以分为：计算值（取 5 位有效数字，供精确计算用）；常用值（即优先值，取 3 位有效数字，是经常使用的）；化整值（是将常用值作化整处理后所得的数值，一般取 2 位有效数字）。

优先数系主要有以下规律。

（1）任意相邻两项间的相对差近似不变（按理论值则相对差为恒定值）。如 $R5$ 系列约为 60%，$R10$ 系列约为 25%，$R20$ 系列约为 12%，$R40$ 系列约为 6%，$R80$ 系列约为 3%，由表 1-1 可以明显地看出这一点。

（2）任意两项优先数计算后仍为优先数。任意两项的理论值经计算后仍为一个优先数的理论值。计算包括任意两项理论值的积或商，任意一项理论值的正、负整数乘方等。

（3）优先数系具有相关性。优先数系的相关性表现为：在上一级优先数系中隔项取值，就得到下一系列的优先数系；反之，在下一系列中插入比例中项，就得到上一系列。如 $R40$ 系列中隔项取值，就得到 $R20$ 系列，在 $R10$ 系列中隔项取值，就得到 $R5$ 系列；又如在 $R5$ 系列中插入比例中项，就得 $R10$ 系列，在 $R20$ 系列中插入比例中项，就得 $R40$ 系列。这种相关性也可以说成：$R5$ 系列中的项值包含在 $R10$ 系列中，$R10$ 系列中的项值包含在 $R20$ 系列中，$R20$ 系列中的项值包含在 $R40$ 系列中，$R40$ 系列中的项值包含在 $R80$ 系列中。

（4）优先数系的派生系列。为使优先数具有更宽广的适应性，可以从基本系列中，

每逢 p 项留取一个优先数,生成新的派生系列,以符号 R_r/p 表示。派生系列的公比为

$$q_{r/p} = q_r^p = (\sqrt[r]{10})^p = 10^{p/r}$$

例如,派生系列 $R10/3$,就是从基本系列 $R10$ 中,自 1 以后每逢 3 项留取一个优先数而组成的,即 1.00,2.00,4.00,8.00,16.0,32.0,64.0,…

1.3.3 优先数系的主要优点

优先数系作为数值标准化的重要内容广泛应用于产品的各种技术参数,主要优点如下。

(1)国际统一的数值制,提供共同的技术基础。优先数系是国际统一的数值分级制,是各国共同采用的基础标准;它适用于不同领域各种技术参数的分级,为技术经济工作上的统一、简化以及产品参数的协调提供了共同的基础。

(2)数值分级合理。数系中各相邻项的相对差相等,即数系中数值间隔相对均匀。因而选用优先数系,技术参数的分布经济合理,能在产品品种、规格、数量上与用户实际需求间达到理想的平衡。

(3)规律明确,利于数值的扩散。优先数系是等比数列,其各项的对数又构成等差数列;同时,任意两优先数理论值的积、商和任一项的整次幂仍为同系列的优先数。这些特点方便设计计算,也有利于数值的计算。

(4)具有广泛的适应性。优先数系的项值可向两端无限延伸,所以优先数的范围是不受限制的。此外,还可采取派生系列的方法,给优先数系数值及数值间隔的选取带来更多的灵活性,也给不同的应用带来更多的适应性。

1.3.4 优先数系的选用规则

优先数系的应用很广泛,它适用于各种尺寸、参数的系列化和质量指标的分级,对保证各种工业产品的品种、规格、系列的合理化分档和协调配套具有十分重要的意义。

选用基本系列时,应遵守先疏后密的规则,即按 $R5$、$R10$、$R20$、$R40$ 的顺序选用;当基本系列不能满足要求时,可选用派生系列,注意应优先采用公比较大和延伸项含有项值 1 的派生系列;根据经济性和需要量等不同条件,还可分段选用最合适的系列,以复合系列的形式来组成最佳系列。

由于优先数系中包含各种不同公比的系列,因而可以满足各种较密和较疏的分级要求。优先数系以其广泛的适用性成为国际上通用的标准化数系。工程技术人员应在一切标准化领域中尽可能地采用优先数系,以达到对各种技术参数协调、简化和统一的目的,促进国民经济更快、更稳地发展。

1.4　零件的加工误差与公差

1.4.1 零件的加工误差

在进行零件加工时,任何一种加工方法都不可能把零件做得绝对准确,一批零件加工完成后的尺寸之间存在着不同程度的差异,同时,还存在着形状、位置以及表面粗糙度等多方面的差异。

由于加工工艺系统的误差和制造企业的不同，造成一批完工零件的尺寸各不相同，即使在完全相同的工艺条件下，也同样存在尺寸的差异。所以说，加工误差是永远不能消除的，只能通过提高技术水平减少加工误差。

从满足产品使用性能要求来看，也不要求一批相同规格的零件尺寸完全相同，而是根据使用要求的高低，允许存在一定的误差。

加工误差包括以下几种。

（1）尺寸误差。尺寸误差是指一批零件的尺寸变动，即加工后零件的提取尺寸与理想尺寸之差，如直径误差、孔间距误差等。

（2）形状误差。形状误差是指加工后零件的实际表面形状相对于其理想形状的差异，如圆度误差、直线度误差等。

（3）位置误差。位置误差是指加工后零件的表面、轴线或对称平面之间的相互位置相对于其理想位置的差异，如平行度误差、位置度误差、圆跳动误差等。

（4）表面粗糙度误差。表面粗糙度误差是指加工后零件表面上形成的较小间距和峰谷组成的微观几何形状误差。

1.4.2 公差

对于具有互换性要求的零件，若彼此能够互相替换，首先要求尺寸、形状等几何参数方面要完全一致，但是由于零件在加工过程中难免存在误差，各零件在几何参数方面要达到完全一致是不可能的。因此，要保证零件具有互换性，就只能将其几何参数控制在一定的变动范围内，这一允许的变动范围称为公差。

根据几何参数的不同分为尺寸公差、形状公差、位置公差和表面粗糙度。

公差是指允许零件的尺寸、几何形状和相互位置的变动范围，用以限制加工误差。由于加工误差不能被消除，所以公差值不能为零，而且是绝对值。

根据各种公差的作用不同，相应的公差值大小不同，各类公差的大小顺序如下：

$$T_{尺寸} > T_{位置} > T_{形状} > T_{表面粗糙度}$$

1.5 质量工程

质量工程是以控制、保证、改进产品质量为目标，把质量检测技术、质量管理理论及其实践与现代工程技术成果有机结合而开发、应用的综合工程技术。质量工程涉及质量设计、质量检验、质量控制和质量管理等众多内容。保证产品质量是要求零部件具有互换性的基本目的，因此，零部件的互换性与质量工程的联系紧密。从互换性生产的角度看，质量工程中的全面质量管理、质量特性等特别值得关注，这里仅介绍质量工程的一些基本概念。

1.5.1 质量的特性

质量的特性包括质量的社会性、经济性和系统性三个方面。

（1）质量的社会性。质量的好坏不仅要从直接用户，更要从整个社会的角度来评价，尤其关系到生产安全、环境污染、生态平衡等问题时更是如此。

（2）质量的经济性。质量不仅从某些技术指标来考虑，还要从制造成本、价格、使用价值和消耗等几方面来综合评价。在确定质量水平或目标时，不能脱离社会的条件和需要，不能单纯追求技术上的先进性，还应考虑使用上的经济合理性，使质量和价格达到合理的平衡。

（3）质量的系统性。质量是一个受到设计、制造、使用等因素影响的复杂系统。例如，汽车是一个复杂的机械系统，同时又是涉及道路、司机、乘客、货物、交通制度等的使用系统。产品的质量应该达到多维评价的目标。费根堡姆认为，质量系统是指具有确定质量标准的产品和为交付使用所必需的管理和技术上的网络。

1.5.2 全面质量管理

全角质量管理的核心特征为：全员参加的质量管理、全过程的质量管理和全面的质量管理。

全员参加的质量管理要求全部员工，无论高层管理者还是普通办公职员或一线工人，都要参与质量改进活动。参与"改进工作质量管理的核心机制"，是全面质量管理的主要原则之一。

全过程的质量管理要求必须在市场调研、产品的选型、研究试验、设计、原料采购、制造、检验、储运、销售、安装、使用和维修等各个环节中都把好质量关。其中，产品的设计过程是全面质量管理的起点，原料采购、生产、检验过程是保证产品质量的重要过程；而产品的质量最终是在市场销售、售后服务的过程中得到评判与认可。

全面的质量管理是用全面的方法管理全面的质量。全面的方法包括科学的管理方法、数理统计的方法等。全面的质量包括产品质量、工作质量、工程质量和服务质量。

产品质量既包括性能、寿命、可靠性、安全性、经济性等产品本身的内在质量，也包括对产品内在质量有决定性影响的设计质量、制造质量及检验质量等，还包括反映产品内在质量的使用质量。

全面质量管理中关于产品质量评价的内容都与产品的互换性有着不同程度的联系。

1.6 本课程的性质和特点

1.6.1 本课程的性质及任务

本课程是机械设计制造及其自动化和车辆工程专业必修的一门实践性很强的技术基础课程，与工程实践有着紧密的联系，其覆盖的知识在后续课程和机械工程中有着广泛的应用。本课程的研究对象是机械或仪器零部件的精度设计及其检测原理，即产品几何参数的互换性，在教学计划中，它是联系机械设计与机械制造工艺的纽带，是从专业技术基础课过渡到专业课的桥梁。

本课程的目的与任务是研究产品几何精度设计的原则和方法以及确保产品质量的测量技术。通过本课程的学习，掌握有关机械设计制造方面的最新国家标准，获得测量技术基础知识及机械精度设计的知识，为学习其他后续课程和将来从事生产技术工作奠定必要的基础。

1.6.2 本课程的特点及学习方法

本课程由互换性与测量技术两大部分组成，互换性属于标准化的范围，而测量技术属于计量学，本课程就是将两者有机结合在一起，形成了一门理论和实践紧密结合的技术基础课。

本课程的特点是：术语及定义多、代号符号多、具体标准规定多、内容多、经验总结多，而逻辑性与推理性较少，这使学生感到枯燥、抽象、内容繁杂，为此，要求及时进行相关实验课，同时加强记忆，树立精度设计的意识。因此，教师在讲授此课程时，要以基础标准、测量技术为核心，机械精度设计应用能力培养为目标，进行各章的讲授。

在教学中，要理论教学与实验教学并重，培养学生的动手能力。

习　题

1. 叙述互换性的含义，说明互换性作用。互换性包括哪几类？

2. 优先数系是一种什么数列？优先数系的基本系列有哪些？

3. 试写出下列基本系列和派生系列中自1开始的5个优先数的常用值：$R10$，$R10/2$，$R20/3$，$R5/3$。

4. 在尺寸公差表格中，自IT6级开始各等级尺寸公差的计算式分别为10i、16i、25i、40i、64i、100i、160i、…；在螺纹公差表中，自3级开始的等级系数为0.50、0.63、0.80、1.00、1.25、1.60、2.00，试判断它们各属于何种优先数的系列。

5. 举例说明常用的国家标准。

6. 加工误差有哪几类？它们分别影响哪些公差？

第2章
测量技术基础

本章教学目标

　　本章首先介绍几何量测量的定义及测量过程四要素、量值传递系统、量块基本知识、测量仪器的基本计量参数与术语、测量方法以及各类测量误差及其特点，以此为基础针对不同测量误差详述其处理方法，给出了测量的数据处理步骤与测量结果的表达形式等。

本章教学要求

　　要求学生掌握测量、量块、测量误差和分度值等概念，量值传递系统的组成、测量方法、测量误差和测量结果的表达；了解其他测量仪器的工作原理。熟悉各类测量误差的数据处理方法。其中测量过程四要素、量块等级划分、测量误差处理与数据处理方法是重点和难点，涉及测量仪器与测量数据处理等的技术运用能力。

**导入案例**

　　零部件制造领域利用测量设备的主要任务在于确保产品符合公差的要求，因此需根据零部件的尺寸以及公差要求选择适合的测量系统，同时，还需要考虑合适的测量方法等问题。

　　坐标测量机（图 2.01）具备高精度、高效率和万能性的特点，是完成各种零部件几何量测量与品质控制的理想解决方案。零部件具有品质要求高、批量大、形状各异的特点。在选择适合的测量系统时，需要根据零部件测量精度要求、测量系统所需要使用的环境、测量效率等方面进行考虑。

图 2.01　坐标测量机

　　请思考这些测量过程要素有哪些？如果进行零部件测量，常用的测量方法有哪些？测量结果如何表达？

2.1　概　　论

2.1.1　测量与测量技术

　　检测是测量与检验的总称。

　　测量是将被测量与用计量单位表示的标准量进行比较，从而确定被测量值的过程。若被测量为 Q，计量单位为 u，确定的比值为 x，则测量可表示为

$$Q = x \cdot u$$

　　这个公式的物理意义说明，在被测量值 Q 一定的情况下，比值 x 完全决定于所采用的计量单位 u，而且成反比关系，同时说明计量单位 u 的选择决定于被测量所要求的精确程度。如某一被测长度 Q，与毫米(mm)作单位的 u 作比较，得到的比值 x 为 10.5，则被测量长度 $Q = 10.5$mm。

　　检验是确定被测的几何量是否在规定的验收极限范围内从而判断其是否合格，而不要求其准确的量值。

　　由测量的定义可知，任何一个测量过程不仅必须有明确的被测对象、确定的测量单位、与被测对象相适应的测量方法，而且测量结果还要达到所要求的测量精度。因此，一个完整的测量过程应包括如下四个要素。

　　（1）被测对象。我们研究的被测对象是几何量，即长度、角度、形状、位置、表面粗

糙度以及螺纹、齿轮等零件的几何参数。

（2）测量单位。我国采用法定计量单位。长度的计量单位为米（m），角度单位为弧度（rad）和度（°）、分（′）、秒（″）。在机械零件制造中，常用的长度计量单位是毫米（mm），在几何量精密测量中，常用的长度计量单位是微米（μm），在超精密测量中，常用的长度计量单位是纳米（nm）。常用的角度计量单位是弧度、微弧度（μrad）和度、分、秒。$1\mu rad = 10^{-6}rad$，$1° = 0.01745\ 33rad$。

（3）测量方法。测量时所采用的测量原理、测量器具和测量条件的总和。

（4）测量精度。测量结果与被测量真值的一致程度。精密测量要将误差控制在允许的范围内，以保证测量精度。为此，除了合理地选择测量器具和测量方法，还应正确估计测量误差的性质和大小，以便保证测量结果具有较高的置信度。

2.1.2 计量单位与量值传递

1. 计量单位与长度基准量值传递系统

国际上统一使用的公制长度基准是在1983年第17届国际计量大会上通过的，以米作为长度基准。米的新定义为：米为光于真空中在1/299792458s的时间间隔内所行进的距离。为了保证长度测量的精度，还需要建立准确的量值传递系统。鉴于激光稳频技术的发展，用激光波长作为长度基准具有很好的稳定性和复现性。我国采用碘吸收稳定的0.633μm氦氖激光辐射作为波长标准来复现"米"。

在实际应用中，不能直接使用光波作为长度基准进行测量，而是采用各种测量器具进行测量。为了保证量值统一，必须把长度基准的量值准确地传递到生产中应用的计量器具和被测工件上。长度基准的量值传递系统如图2.1所示。

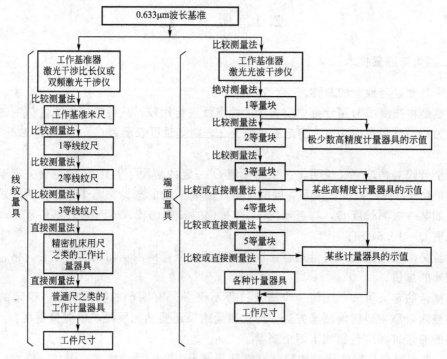

图2.1 长度基准的量值传递系统

2. 角度基准与量值传递

角度是重要的几何量之一，一个圆周角定义为 360°，角度不需要像长度一样建立自然基准。但在计量部门，为了方便，仍采用多面棱体（棱形块）作为角度量值的基准。机械制造中的角度标准一般是角度量块、测角仪或分度头等。

多面棱体有 4 面、6 面、8 面、12 面、24 面、36 面及 72 面等，以多面棱体作角度基准的量值传递系统如图 2.2 所示。

多面棱体 → 标准测角 → 角度量 → 各种角度量

图 2.2　角度基准的量值传递系统

2.1.3　量块

1. 量块及其术语

量块是精密测量中经常使用的标准器，分长度量块和角度量块两类。

长度量块是单值端面量具，其形状大多为长方六面体，其中一对平行平面为量块的工作表面，两工作表面的间距即长度量块的工作尺寸。量块由特殊合金钢制成，耐磨且不易变形，工作表面之间或与平晶表面间（图 2.3）具有可研合性，以便组成所需尺寸的量块组。

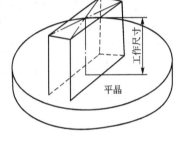

1）标称长度

量块上标出的尺寸称为量块的标称长度 l_n。

2）提取长度

量块长度的实际测得值称为量块的提取长度。分为中心长度 L 和任意点长度 L_i。

图 2.3　量块工作面与平晶研合

3）量块长度变动量 V

是指量块任意点长度 L_i 的最大差值，即

$$V = L_{i,max} - L_{i,min}$$

量块长度变动量最大允许值 t_v 列在表 2-1 中。

4）量块的长度偏差

指量块的长度实测值与标称长度之差。量块长度偏差的允许值（极限偏差 $\pm t_e$）列在表 2-1 中。

5）角度量块

角度量块有三角形（一个工作角）和四边形（四个工作角）两种。三角形角度量块只有一个工作角（10°~79°）可以用作角度测量的标准量，而四边形角度量块则有四个工作角（80°~100°）可以用作角度测量的标准量。

2. 长度量块的等级划分与选用

1）长度量块的分级

量块按制造精度分为五级，即 0，1，2，3，K 级，其中 0 级精度最高，3 级精度最

低。K 级为校准级，用来校准 0、1、2 级量块。

量块的"级"主要是根据量块长度极限偏差和量块长度变动量的最大允许值来划分的。量块按"级"使用时，以量块的标称长度作为工作尺寸。该尺寸包含了量块的制造误差，不需要加修正值，使用较方便，但不如按"等"使用的测量精度高，量块分级的精度指标见表 2-1。

表 2-1 各级量块的精度指标(摘自 JJG 146—2011)

标称长度 l_n/mm	K级		0级		1级		2级		3级	
	$\pm t_e$	t_v	$\pm t_e$	t_v	$\pm t_e$	t_v	$\pm t_e$	t_v	$\pm t_e$	t_v
	最大允许值/μm									
$l_n \leqslant 10$	0.20	0.05	0.12	0.10	0.20	0.16	0.45	0.30	1.0	0.50
10～25	0.30	0.05	0.14	0.10	0.30	0.16	0.60	0.30	1.2	0.50
25～50	0.40	0.06	0.20	0.10	0.40	0.18	0.80	0.30	1.6	0.55
50～75	0.50	0.06	0.25	0.12	0.50	0.18	1.00	0.35	2.0	0.55
75～100	0.60	0.07	0.30	0.12	0.60	0.20	1.20	0.35	2.5	0.60
100～150	0.80	0.08	0.40	0.14	0.80	0.20	1.6	0.40	3.0	0.65
150～200	1.00	0.09	0.50	0.16	1.00	0.25	2.0	0.40	4.0	0.70
200～250	1.20	0.10	0.60	0.16	1.20	0.25	2.4	0.45	5.0	0.75
250～300	1.40	0.10	0.70	0.18	1.40	0.25	2.8	0.50	6.0	0.80
300～400	1.80	0.12	0.90	0.20	1.80	0.30	3.6	0.50	7.0	0.90
400～500	2.20	0.14	1.10	0.25	2.20	0.35	4.4	0.60	9.0	1.00
500～600	2.60	0.16	1.30	0.25	2.6	0.40	5.0	0.70	11.0	1.10
600～700	3.00	0.18	1.50	0.30	3.0	0.45	6.0	0.70	12.0	1.20
700～800	3.40	0.20	1.70	0.30	3.4	0.50	6.5	0.80	14.0	1.30
800～900	3.80	0.20	1.90	0.35	3.8	0.50	7.5	0.90	15.0	1.40
900～1000	4.20	0.25	2.00	0.40	4.2	0.60	8.0	1.00	17.0	1.50

2) 长度量块的分等

量块按检定精度分为 1～5 等，其中 1 等精度最高，5 等精度最低。

量块按等使用时，是以量块检定书列出的实测中心长度作为工作尺寸，该尺寸排除了量块的制造误差，只包含检定时较小的测量误差。因此，量块按"等"使用比按"级"使用的测量精度高。量块分等的精度指标见表 2-2。

表 2-2 各等量块的精度指标(摘自 JJG 146—2011)

标称长度 l_n/mm	1 等		2 等		3 等		4 等		5 等	
	测量不确定度	长度变动量	测量不确定度	长度变动量	测量不确定度	长度变动量	测量不确定度	长度变动量	测量不确定度	长度变动量
	最大允许值/μm									
$l_n \leqslant 10$	0.022	0.05	0.06	0.10	0.11	0.16	0.22	0.30	0.6	0.50
10~25	0.025	0.05	0.07	0.10	0.12	0.16	0.25	0.30	0.6	0.50
25~50	0.030	0.06	0.08	0.10	0.15	0.18	0.30	0.30	0.6	0.55
50~75	0.035	0.06	0.09	0.12	0.18	0.18	0.35	0.35	0.9	0.55
75~100	0.040	0.07	0.10	0.12	0.20	0.20	0.40	0.35	1.0	0.60
100~150	0.05	0.08	0.12	0.14	0.25	0.20	0.50	0.40	1.2	0.65
150~200	0.06	0.09	0.15	0.16	0.30	0.25	0.6	0.40	1.5	0.70
200~250	0.07	0.10	0.18	0.16	0.35	0.25	0.7	0.45	1.8	0.75
250~300	0.08	0.10	0.20	0.18	0.40	0.25	0.8	0.50	2.0	0.80
300~400	0.10	0.12	0.25	0.20	0.50	0.30	1.0	0.50	2.5	0.90
400~500	0.12	0.14	0.30	0.25	0.60	0.35	1.2	0.60	3.0	1.00
500~600	0.14	0.16	0.35	0.25	0.7	0.40	1.4	0.70	3.5	1.10
600~700	0.16	0.18	0.40	0.30	0.8	0.45	1.6	0.70	4.0	1.20
700~800	0.18	0.20	0.45	0.30	0.9	0.50	1.8	0.80	4.5	1.30
800~900	0.20	0.20	0.50	0.35	1.0	0.50	2.0	0.90	5.0	1.40
900~1000	0.22	0.25	0.55	0.40	1.1	0.60	2.2	1.00	5.5	1.50

长度量块的分等,其量值按长度量值传递系统进行,即低一等的量块检定必须用高一等的量块作基准进行测量。

按"等"使用量块,在测量上需要加入修正值,虽麻烦一些,但消除了量块尺寸制造误差的影响,便可用制造精度较低的量块进行较精密的测量。

3) 长度量块的尺寸组合

利用量块的研合性,可根据实际需要,用多个尺寸的量块研合组成所需要的长度标准量,为保证精度一般不超过四块。

量块是成套制成的,每套包括一定数量不同尺寸的量块。表 2-3 列出了 83 块和 46 块成套量块的标称尺寸构成。

表 2-3　83 块和 46 块成套量块尺寸组成表（摘自 GB/T 6093—2001）

总块数	尺寸系列	间隔/mm	块数	总块数	尺寸系列	间隔/mm	块数
83	0.5		1	46	1		1
	1		1		1.001～1.009	0.001	9
	1.005		1		1.01～1.09	0.01	9
	1.01～1.49	0.01	49		1.1～1.9	0.1	9
	1.5～1.9	0.1	5		2～9	1	8
	2.0～9.5	0.5	16		10～100	10	10
	10～100	10	10				

长度量块的尺寸组合一般采用消尾法，即选一块量块应消去一位尾数。例如，尺寸 46.725 使用 83 块成套的量块组合为

$$46.725 = 1.005 + 1.22 + 4.5 + 40$$

量块常作为尺寸传递的长度标准和计量仪器示值误差的检定标准，也可作为精密机械零件测量、精密机床和夹具调整时的尺寸基准。

2.2　测量方法与计量器具

2.2.1　计量仪器分类

1. 量具类

量具类是通用的有刻度的或无刻度的一系列单值和多值的量块和量具，如长度量块、90°角尺、角度量块、线纹尺、游标卡尺、千分尺等。

2. 量规类

量规是没有刻度且专用的计量器具，可用于检验零件要素提取尺寸和几何误差的综合结果。使用量规检验不能得到工件的具体提取尺寸和形位误差值，而只能确定被检验工件是否合格。例如，使用光滑极限量规检验孔、轴，只能判定孔、轴的合格与否，不能得到孔、轴的实际尺寸。

3. 计量仪器

计量仪器（简称量仪）是能将被测几何量的量值转换成可直接观测的示值或等效信息的一类计量器具。计量仪器按原始信号转换的原理可分为以下几种。

1）机械量仪

机械量仪是指用机械方法实现原始信号转换的量仪，一般都具有机械测微机构。这种量仪结构简单、性能稳定、使用方便，如指示表、杠杆比较仪等。

2）光学量仪

光学量仪是指用光学方法实现原始信号转换的量仪，一般都具有光学放大（测微）机构。这种量仪精度高、性能稳定，如光学比较仪（图 2.4）、工具显微镜、干涉仪等。

3）电动量仪

电动量仪是指能将原始信号转换为电量信号的量仪，一般都具有放大、滤波等电路。

这种量仪精度高、测量信号经 A/D 转换后，易于与计算机接口，实现测量和数据处理的自动化，如电感比较仪、电动轮廓仪、圆度仪等。

4）气动量仪

气动式量仪是以压缩空气为介质，通过气动系统流量或压力的变化来实现原始信号转换的量仪，这种量仪结构简单、测量精度和效率高、操作方便，但示值范围小，如水柱式气动量仪、浮标式气动量仪等。

4. 计量装置

计量装置是指为确定被测几何量量值所必需的计量器具和辅助设备的总体。它能够测量同一工件上较多的几何量和形状比较复杂的工件，有助于实现检测自动化或半自动化，如齿轮综合精度检查仪、发动机缸体孔的几何精度综合测量仪等。

图 2.4　数显式光学比较仪

2.2.2　计量器具的基本技术指标

计量器具的基本技术指标是合理选择和使用计量器具的重要依据。下面以数显式光学比较仪为例介绍一些常用的计量技术性能指标。

1. 刻度间距

刻度间距是指计量器具的标尺或分度盘上相邻两刻线中心之间的距离或圆弧长度。考虑人眼观察的方便，一般应取刻度间距为 1～2.5mm。

2. 分度值

分度值是指计量器具的标尺或分度盘上每一刻度间距所代表的量值。一般长度计量器具的分度值有 0.1mm、0.05mm、0.02mm、0.01mm、0.005mm、0.002mm、0.001mm 等几种。一般来说，分度值越小，则计量器具的精度就越高。

3. 分辨力

分辨力是指计量器具所能显示的最末一位数所代表的量值。由于在一些量仪（如数字式量仪）中，其读数采用非标尺或非分度盘显示，因此就不能使用分度值这一概念，而是将其称作分辨力。例如，国产 JC19 型数显式万能工具显微镜的分辨力为 $0.5\mu m$。

4. 示值范围

示值范围是计量器具所能显示或指示的被测几何量起始值到终止值的范围。例如，数显式光学比较仪的示值范围为 $\pm 100\mu m$（图 2.4 中 B）。

5. 测量范围

测量范围是计量器具在允许的误差限度内所能测出的被测几何量量值的下限值到上限

值的范围。一般测量范围上限值与下限值之差称为量程。例如，立式光学比较仪的测量范围为 0～180mm，也可表述为立式光学比较仪的量程为 180mm。

6. 灵敏度

灵敏度是计量器具对被测几何量微小变化的响应变化能力。若被测几何量的变化为 Δx，该几何量引起计量器具的响应变化能力为 ΔL，则灵敏度为

$$S = \Delta L / \Delta x \tag{2-1}$$

当式(2-1)中分子和分母为同种量时，灵敏度也称为放大比或放大倍数。对于具有等分刻度的标尺或分度盘的量仪，放大倍数 K 等于刻度间距 a 与分度值 i 之比

$$K = a / i \tag{2-2}$$

一般来说，分度值越小，则计量器具的灵敏度就越高。

7. 示值误差

示值误差是指计量器具上的示值与被测几何量的真值的代数差。一般来说，示值误差越小，则计量器具的精度就越高。

8. 修正值

修正值是指为了消除或减少系统误差，用代数法加到测量结果上的数值。其大小与示值误差的绝对值相等，而符号相反。例如，示值误差为 -0.004mm，则修正值为 +0.004mm。

9. 测量重复性

测量重复性是指在相同的测量条件下，对同一被测几何量进行多次测量时，各测量结果之间的一致性。通常以测量重复性误差的极限值（正、负偏差）来表示。

10. 不确定度

不确定度是指由于测量误差的存在而对被测几何量量值不能肯定的程度，直接反映测量结果的置信度。

2.2.3 测量方法分类

在实际工作中，测量方法通常是指获得测量结果的具体方式，它可以按下面几种情况进行分类。

1. 按实测几何量是否是被测几何量分

1）直接测量

直接测量是指被测几何量的量值直接由计量器具读出。例如，用游标卡尺、千分尺测量轴径的大小。

2）间接测量

间接测量是指被测几何量的量值由实测几何量的量值按一定的函数关系式运算后获得。例如，采用"弓高弦长法"间接测量圆弧样板的半径 R，只要测得弓高 h 和弦长 b 的量值，然后按公式进行计算即可得到 R 的量值。

直接测量过程简单，其测量精度只与这一测量过程有关，而间接测量的精度不仅取决

于实测几何量的测量精度，还与所依据的计算公式和计算的精度有关。一般来说，直接测量的精度比间接测量的精度高。因此，应尽量采用直接测量，对于受条件所限无法进行直接测量的场合采用间接测量。

2. 按示值是否是被测几何量的量值分

1) 绝对测量
绝对测量是计量器具的示值就是被测几何量的量值。例如，用游标卡尺、千分尺测量轴径的大小。

2) 相对测量
相对测量(又称比较测量)是计量器具的示值只是被测几何量相对于标准量(已知)的偏差，被测几何量的量值等于已知标准量与该偏差值(示值)的代数和。例如，用立式光学比较仪测量轴径，测量时先用量块调整示值零位，该比较仪指示出的示值为被测轴径相对于量块尺寸的偏差。一般来说，相对测量的精度比绝对测量的精度高。

3. 按测量时被测表面与计量器具的测头是否接触分

1) 接触测量
接触测量是在测量过程中，计量器具的测头与被测表面接触，即有测量力存在。例如，用立式光学比较仪测量轴径。

2) 非接触测量
非接触测量是在测量过程中，计量器具的测头不与被测表面接触，即无测量力存在。例如，用光切显微镜测量表面粗糙度，用气动量仪测量孔径。

对于接触测量，测头和被测表面的接触会引起弹性变形，即产生测量误差，而非接触测量则无此影响，故易变形的软质表面或薄壁工件多用非接触测量。

4. 按工件上被测几何量是否同时测量分

1) 单项测量
单项测量是对工件上的各个被测几何量分别进行测量。例如，用公法线千分尺测量齿轮的公法线长度变动，用跳动检查仪测量齿轮的齿圈径向跳动等。

2) 综合测量
综合测量是对工件上几个相关几何量的综合效应同时测量得到综合指标，以判断综合结果是否合格。例如，用齿距仪测量齿轮的齿距累积误差，实际上反映的是齿轮的公法线长度变动和齿圈径向跳动两种误差的综合结果。

综合测量的效率比单项测量的效率高，一般来说单项测量便于分析工艺指标，综合测量用于只要求判断合格与否，而不需要得到具体的测得值的场合。

依据测头和被测表面之间是否处于相对运动状态，还可以分为动态测量和静态测量。动态测量是在测量过程中，测头与被测表面处于相对运动状态。动态测量效率高，并能测出工件上几何参数连续变化时的情况。例如，用电动轮廓仪测量表面粗糙度是动态测量。此外，还有主动测量(也称在线测量)，它是指在加工工件的同时对被测对象进行测量，其测量结果可直接用以控制加工过程，及时防止废品的产生。

2.3 测 量 误 差

2.3.1 测量误差的概念

对于任何测量过程，由于计量器具和测量条件方面的限制，不可避免地会出现或大或小的测量误差。因此，每一个实际测得值，往往只是在一定程度上接近被测几何量的真值，这种实际测得值与被测几何量真值的差值称为测量误差。测量误差可以用绝对误差或相对误差来表示。

1. 绝对误差

绝对误差是指被测几何量的测得值与其真值之差，即

$$\delta = x - x_0 \qquad (2-3)$$

式中，δ 为绝对误差；x 为被测几何量的测得值；x_0 为被测几何量的真值。

绝对误差可能是正值，也可能是负值。这样，被测几何量的真值可以用下式来表示

$$x_0 = x \pm |\delta| \qquad (2-4)$$

按照式(2-4)，可以由测得值和测量误差来估计真值存在的范围。测量误差的绝对值越小，则被测几何量的测得值就越接近真值，就表明测量精度越高，反之则表明测量精度越低。对于大小不相同的被测几何量，用绝对误差表示测量精度不方便，所以需要用相对误差来表示或比较它们的测量精度。

2. 相对误差

相对误差是指绝对误差(取绝对值)与真值之比，即

$$f = \frac{|\delta|}{x_0} \times 100\%$$

由于 x_0 无法得到，因此在实际应用中常以被测几何量的测得值代替真值进行估算，即

$$f = \frac{|\delta|}{x} \times 100\% \qquad (2-5)$$

式中，f 为相对误差。

相对误差是一个无量纲的数值，通常用百分比来表示。

例如，测得两个孔的直径大小分别为 25.43mm 和 41.94mm，其绝对误差分别为 +0.02mm 和 +0.01mm，则由式(2-5)计算得到其相对误差分别为

$$f = \frac{|\delta|}{x} \times 100\% = \frac{0.02}{25.43} \times 100\% = 0.0786\%$$

$$f = \frac{|\delta|}{x} \times 100\% = \frac{0.01}{41.94} \times 100\% = 0.0238\%$$

显然，后者的测量精度比前者高。

2.3.2 测量误差的来源

由于测量误差的存在，测得值只能近似地反映被测几何量的真值。为减小测量误差，

就必须分析产生测量误差的原因，以便提高测量精度。在实际测量中，产生测量误差的因素很多，归纳起来主要有以下几方面。

1. 计量器具的误差

计量器具的误差是计量器具本身的误差，包括计量器具的设计、制造和使用过程中的误差，这些误差的总和反映在示值误差和测量的重复性上。

设计计量器具时，为了简化结构而采用近似设计的方法会产生测量误差。例如，当设计的计量器具不符合阿贝原则时，就会产生测量误差。

阿贝原则是指测量长度时，应使被测零件的尺寸线（简称被测线）和量仪中作为标准的刻度尺（简称标准线）重合或顺次排成一条直线。如千分尺的标准线（测微螺杆轴线）与工件被测线（被测直径）在同一条直线上，而游标卡尺作为标准长度的刻度尺与被测直径不在同一条直线上。一般符合阿贝原则的测量引起的测量误差很小，可以略去不计；不符合阿贝原则的测量引起的测量误差较大。所以用千分尺测量轴径要比用游标卡尺测量轴径的测量误差更小，即测量精度更高。有关阿贝原则的详细内容可以参考计量仪器方面的书籍。

计量器具零件的制造和装配误差也会产生测量误差。例如，标尺的刻度间距不准确、指示表的分度盘与指针回转轴的安装有偏心等都会产生测量误差。计量器具在使用过程中零件的变形等也会产生测量误差。此外，相对测量时使用的标准量（如长度量块）的制造误差也会产生测量误差。

2. 方法误差

方法误差是指测量方法的不完善（包括计算公式不准确，测量方法选择不当，工件安装、定位不准确等）引起的误差，它会产生测量误差。

例如，在接触测量中，由于测头测量力的影响，使被测零件和测量装置产生变形而产生测量误差。

3. 环境误差

环境误差是指测量时环境条件（温度、湿度、气压、照明、振动、电磁场等）不符合标准的测量条件所导致的测量误差。

例如，在测量长度时，规定的环境条件标准温度为20℃，但是在实际测量时被测零件和计量器具的温度对标准温度均会产生或大或小的偏差，而被测零件和计量器具的材料不同时它们的线膨胀系数是不同的，这将产生一定的测量误差 δ，其大小为

$$\delta = x[\alpha_1(t_1 - 20℃) - \alpha_2(t_2 - 20℃)] \tag{2-6}$$

式中，x 为被测长度（mm）；α_1、α_2 分别是被测零件、计量器具的线膨胀系数；t_1 为测量时被测零件的温度（℃）；t_2 为测量时计量器具的温度（℃）。

4. 人员误差

人员误差是测量人员人为的差错，如测量瞄准不准确、读数或估读错误等，都会产生人员方面的测量误差。

2.3.3 测量误差分类

按测量误差的特点和性质可分为系统误差、随机误差和粗大误差三类。

1. 系统误差

系统误差是指在一定测量条件下，多次测取同一量值时，绝对值和符号均保持不变的测量误差，或者绝对值和符号按某一规律变化的测量误差。前者称为定值系统误差，后者称为变值系统误差。

例如，在比较仪上用相对法测量零件尺寸时，调整量仪所用量块的误差就会引起定值系统误差；量仪的分度盘与指针回转轴偏心所产生的示值误差会引起变值系统误差。

根据系统误差的性质和变化规律，系统误差可以用计算或实验对比的方法确定，用修正值（校正值）从测量结果中予以消除。但在某些情况下，变值系统误差由于变化规律比较复杂，不易确定，因而难以消除。

2. 随机误差

随机误差是指在一定测量条件下，多次测取同一量值时，绝对值和符号以不可预定的方式变化的测量误差。

随机误差主要由测量过程中一些偶然性因素或不确定因素引起。例如，量仪传动机构的间隙、摩擦、测量力的不稳定以及温度波动等引起的测量误差都属于随机误差。

就某一次具体测量而言，随机误差的绝对值和符号无法预先知道。但对于连续多次重复测量来说，随机误差符合一定的概率统计规律，因此，可以应用概率论和数理统计的方法来对它进行处理。

系统误差和随机误差的划分并不是绝对的，它们在一定的条件下是可以相互转化的。

例如，按一定公称尺寸制造的量块总是存在着制造误差，对某一具体量块来讲，可认为该制造误差是系统误差，但对一批量块而言，制造误差是变化的，可以认为它是随机误差。在使用某一量块时，若没有检定该量块的尺寸偏差，而按量块标称尺寸使用，则制造误差属随机误差；若检定出该量块的尺寸偏差，按量块提取尺寸使用，则制造误差属系统误差。

利用误差转化的特点，可根据需要将系统误差转化为随机误差，用概率论和数理统计的方法来减小该误差的影响；或将随机误差转化为系统误差，用修正的方法减小该误差的影响。

3. 粗大误差

粗大误差是指在一定测量条件下超出预计的测量误差，就是对测量结果产生明显歪曲的测量误差。含有粗大误差的测得值称为异常值，它的数值比较大。

粗大误差的产生有主观和客观两方面的原因，主观原因如测量人员疏忽造成的读数误差，客观原因如外界突然振动引起的测量误差。由于粗大误差明显歪曲测量结果，因此在处理测量数据时，应根据判别粗大误差的准则设法将其剔除。

2.3.4 测量精度分类

测量精度是指被测几何量的测得值与其真值的接近程度。它和测量误差是从两个不同角度说明同一概念的术语。测量误差越大，则测量精度就越低；测量误差越小，则测量精度就越高。为了反映系统误差和随机误差对测量结果的不同影响，测量精度可分为以下几种。

1. 正确度

正确度反映测量结果受系统误差的影响程度。系统误差小，则正确度高。

2. 精密度

精密度反映测量结果受随机误差的影响程度。它是指在一定测量条件下连续多次测量所得的测得值之间相互接近的程度。随机误差小，则精密度高。

3. 准确度

准确度反映测量结果同时受系统误差和随机误差的综合影响程度。若系统误差和随机误差都小，则准确度高。系统误差和随机误差都大，则准确度低。

对于一次具体测量，其精密度高，正确度却不一定高；正确度高，精密度也不一定高；精密度和正确度都高的测量，准确度就高；精密度和正确度当中有一个不高，准确度就不高。

这几个关于测量精度的定义如图 2.5 所示。

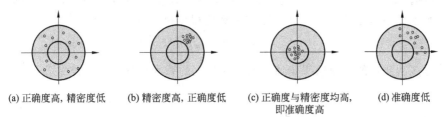

(a) 正确度高，精密度低　　(b) 精密度高，正确度低　　(c) 正确度与精密度均高，　　(d) 准确度低
即准确度高

图 2.5　测量精度定义示意图

2.4　测量数据处理

通过对某一被测几何量进行连续多次的重复测量，得到一系列的测量数据(测得值)，即测量列，可以对该测量列进行数据处理，以消除或减小测量误差的影响，提高测量精度。

2.4.1　测量结果的表达

测量工作完成后需要报告测量结果，在日常生产中，为了检验产品质量而进行的测量，测量结果一般"实测实报"即可。

例如，磨削加工一根 $\phi 40^{+0.02}_{-0.03}$ mm 的轴，用测量范围为 25～50mm 的杠杆千分尺测量得 40.01mm，报出数据为 40.01mm 即可。

如果是为了开发新产品、对切削加工的工艺进行分析、验收新购进的高精度的加工设备、制定新的工艺与标准等目的而进行的测量，必须对测量结果所获得的数据的不确定度进行分析，提出详细说明一并报出，使用户拿到这个数据后非常明确它的可靠程度。由于测量方式、测量误差处理等因素的影响，测量结果表达形式也有多种，具体分为不存在系统误差的单次测量结果、不存在系统误差的多次测量结果以及间接测量的测量结果等形式。

等精度测量是指在测量条件（包括量仪、测量人员、测量方法及环境条件等）不变的情况下，对某一被测几何量进行的连续多次测量。虽然在此条件下得到的各个测得值不同，但影响各个测得值精度的因素和条件相同，故测量精度视为相等。相反，在测量过程中全部或部分因素和条件发生改变，则称为不等精度测量。在一般情况下，为了简化对测量数据的处理，大多采用等精度测量。

1. 不存在系统误差的单次测量结果表达式

测量列中单次测量是指测量过程中任意一次的测量，通常用单次测量的测得值表示，单次测量结果表达式为

$$\chi_0 = \chi_i \pm 3\sigma \qquad (2-7)$$

式中，χ_i 为单次测量的测得值；σ 为随机误差的标准偏差；χ_0 为单次测量的结果。

2. 不存在系统误差的多次测量结果表达式

若在一定测量条件下，对同一被测几何量进行多组测量（每组皆测量 N 次），则对应每组 N 次测量都有一个算术平均值，各组的算术平均值不相同。不过，它们的分散程度要比单次测量值的分散程度小得多。多次测量所得结果的表达式为

$$\chi_0 = \bar{\chi} \pm 3\sigma_{\bar{\chi}} \qquad (2-8)$$

式中，$\bar{\chi}$ 为多次测量的测得值平均值；$\sigma_{\bar{\chi}}$ 为测量列的算术平均值的标准偏差；χ_0 为多次测量的结果。

3. 间接测量的测量结果表达式

在有些情况下，由于某些被测对象的特点，不能进行直接测量，这时需要采用间接测量。间接测量是指通过测量与被测几何量有一定关系的几何量，按照已知的函数关系式计算出被测几何量的量值。因此间接测量的被测几何量是测量所得到的各个实测几何量的函数，而间接测量的误差则是各个实测几何量误差的函数，故称这种误差为函数误差。

间接测量列几何量的结果表达式为

$$y_0 = (y - \Delta y) \pm \delta_{\lim(y)} \qquad (2-9)$$

式中，y 为被测几何量（函数）值；Δy 为函数的系统误差值；$\delta_{\lim(y)}$ 为函数的测量极限误差值。

2.4.2 测量列中随机误差的处理

随机误差不可能被修正或消除，但可应用概率论与数理统计的方法，估计出随机误差的大小和规律，并设法减小其影响。

1. 随机误差的特性及分布规律

通过对大量的测试实验数据进行统计后发现，随机误差通常服从正态分布规律（随机误差还存在其他规律的分布，如等概率分布、三角分布、反正弦分布等），其正态分布曲线如图 2.6 所示，横坐标 δ 表示随机误差，纵坐标 y 表示随机误差的概率密度。

正态分布的随机误差具有下面四个基本特性。

（1）单峰性。绝对值越小的随机误差出现的概率越大，反之则越小。

（2）对称性。绝对值相等的正、负随机误差出现的概率相等。

（3）有界性。在一定测量条件下，随机误差的绝对值不超过一定界限。

（4）抵偿性。随着测量次数的增加，随机误差的算术平均值趋于零，即各次随机误差的代数和趋于零。这一特性是对称性的必然反映。

正态分布曲线的数学表达式为

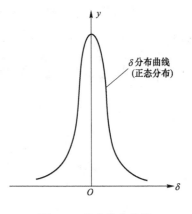

图 2.6　正态分布曲线

$$y = \frac{1}{\sigma\sqrt{2\pi}} e^{-\frac{\delta^2}{2\sigma^2}} \qquad (2-10)$$

式中，y 为概率密度；σ 为标准偏差；δ 为随机误差；e 为自然对数的底。

2. 随机误差的标准偏差 σ

从式（2-10）可以看出，概率密度 y 的大小与随机误差 δ、标准偏差 σ 有关。

当 $\delta = 0$ 时，概率密度 y 最大，即

$$y_{max} = 1/\sigma(2\pi)^{1/2}$$

显然，概率密度最大值 y_{max} 是随标准偏差 σ 变化的。标准偏差 σ 越小，分布曲线就越陡，随机误差的分布就越集中，表示测量精度就越高。反之，标准偏差 σ 越大，分布曲线就越平坦，随机误差的分布就越分散，表示测量精度就越低。

随机误差的标准偏差 σ 为

$$\sigma = \sqrt{\frac{\sum \delta^2}{n}} \qquad (2-11)$$

式中，n 为测量次数。

标准偏差 σ 是反映测量列中测得值分散程度的一项指标，它表示的是测量列中单次测量值（任一测得值）的标准偏差。

3. 随机误差的极限值 δ_{lim}

由于随机误差的有界性，随机误差的大小不会超过一定的范围。随机误差的极限值就是测量极限误差。

由概率论的知识可知，正态分布曲线和横坐标轴间所包含的面积等于所有随机误差出现的概率总和，若随机误差区间落在 $(-\infty, +\infty)$ 之间，则其概率为 1，即

$$P = \int_{-\infty}^{+\infty} y\,d\delta = \int_{-\infty}^{+\infty} \frac{1}{\sigma\sqrt{2\pi}} e^{-\frac{\delta^2}{2\sigma^2}} d\delta = 1$$

实际上随机误差区间落在 $(-\delta, +\delta)$ 之间，其概率<1，即

$$P = \int_{-\delta}^{+\delta} y\,d\delta < 1$$

为化成标准正态分布，便于求出 $P = \int_{-\delta}^{+\delta} y \, \mathrm{d}\delta$ 的积分值（概率值），其概率积分计算过程如下。

引入：$t = \dfrac{\delta}{\sigma}$，$\mathrm{d}t = \dfrac{\mathrm{d}\delta}{\sigma}$　（$\delta = \sigma t$，$\mathrm{d}\delta = \sigma \, \mathrm{d}t$），则

$$P = \int_{-\delta}^{+\delta} y \, \mathrm{d}\delta$$

$$= \int_{-\sigma t}^{+\sigma t} \frac{1}{\sigma \sqrt{2\pi}} \mathrm{e}^{-\frac{t^2}{2}} \sigma \, \mathrm{d}t$$

$$= \frac{1}{\sqrt{2\pi}} \int_{-\sigma t}^{+\sigma t} \mathrm{e}^{-\frac{t^2}{2}} \, \mathrm{d}t$$

$$= \frac{2}{\sqrt{2\pi}} \int_{0}^{+\sigma t} \mathrm{e}^{-\frac{t^2}{2}} \, \mathrm{d}t \quad \text{（对称性）}$$

再令 $P = 2\Phi(t)$，则有

$$\Phi(t) = \frac{1}{\sqrt{2\pi}} \int_{0}^{+\sigma t} \mathrm{e}^{-\frac{t^2}{2}} \, \mathrm{d}t$$

这就是拉普拉斯函数（概率积分）。常用的 $\Phi(t)$ 数值列在表 2-4 当中。选择不同的 t 值，就对应不同的概率，测量结果的可信度也就不一样。随机误差在 $\pm t\sigma$ 范围内出现的概率称为置信概率，t 称为置信因子或置信系数。在几何量测量中，通常取置信因子 $t = 3$，则置信概率为 $P = 2\Phi(t) = 99.73\%$，即 δ 超出 $\pm 3\sigma$ 的概率为 $1 - 99.73\% = 0.27\% \approx 1/370$。

在实际测量中，测量次数一般不会多于几十次，随机误差超出 3σ 的情况实际上很少出现，所以取测量极限误差为 $\delta_{\mathrm{lim}} = \pm 3\sigma$。$\delta_{\mathrm{lim}}$ 也表示测量列中单次测量值的测量极限误差。

表 2-4　四个特殊 t 值对应的概率

t	$\delta = \pm t\sigma$	不超出 $\lvert\delta\rvert$ 的概率 $P = 2\Phi(t)$	超出 $\lvert\delta\rvert$ 的概率 $\alpha = 1 - 2\Phi(t)$
1	1σ	0.6826	0.3174
2	2σ	0.9544	0.0456
3	3σ	0.9973	0.0027
4	4σ	0.999 36	0.000 64

例如，某次测量的测得值为 30.002mm，若已知标准偏差 $\sigma = 0.0002$mm，置信概率取 99.73%，则测量结果应为 (30.002 ± 0.0006)mm。

4. 随机误差的处理步骤

由于被测几何量的真值未知，所以不能直接计算求得标准偏差 σ 的数值。在实际测量时，当测量次数 n 充分大时，随机误差的算术平均值趋于零，便可以用测量列中各个测得值的算术平均值代替真值，并估算出标准偏差，进而确定测量结果。

在假定测量列中不存在系统误差和粗大误差的前提下，可按下列步骤对随机误差进行处理。

1）计算测量列中各个测得值的算术平均值

设测量列的测得值为 x_1、x_2、x_3、$\cdots$、x_n，则算术平均值为

$$\overline{\chi} = \frac{\sum\limits_{i=1}^{n} \chi_i}{n} \qquad (2-12)$$

2）计算残余误差

残余误差 ν_i 即测得值与算术平均值之差，一个测量列就对应着一个残余误差列

$$\nu_i = \chi_i - \overline{\chi} \qquad (2-13)$$

残余误差具有两个基本特性：

（1）残余误差的代数和等于零即 $\sum \nu_i = 0$；

（2）残余误差的平方和为最小，即 $\sum \nu_i^2 = \min$。

由此可见，用算术平均值作为测量结果是合理可靠的。

3）计算标准偏差（即单次测量精度 σ）

在实际中常用贝塞尔（Bessel）公式计算标准偏差，即

$$\sigma = \sqrt{\frac{\sum\limits_{i=1}^{n} \nu_i^2}{n-1}} \qquad (2-14)$$

若需要，可以写出单次测量结果表达式。

4）计算测量列的算术平均值的标准偏差 $\sigma_{\overline{\chi}}$

描述它们的分散程度同样可以用标准偏差作为评定指标。根据误差理论，测量列算术平均值的标准偏差 $\sigma_{\overline{\chi}}$ 与测量列单次测量值的标准偏差 σ 存在如下关系：

$$\sigma_{\overline{\chi}} = \frac{\sigma}{\sqrt{n}} \qquad (2-15)$$

两者关系如图 2.7 所示。

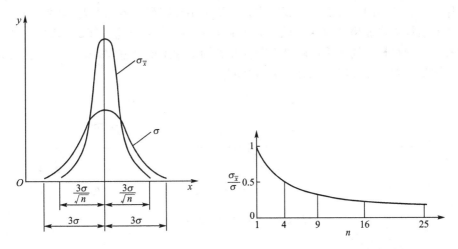

图 2.7 σ 与 $\sigma_{\overline{\chi}}$ 的关系

显然，多次测量结果的精度比单次测量的精度高。即测量次数越多，测量精密度就越高。但图 2.7 中曲线也表明测量次数不是越多越好，一般取 $n > 10$（15 次左右为宜）。

5）计算测量列算术平均值的测量极限误差 $\delta_{\lim(\bar{x})}$

$$\delta_{\lim(\bar{x})} = \pm 3\sigma_{\bar{x}} \qquad (2-16)$$

6）写出多次测量所得结果的表达式

$$x_0 = \bar{x} \pm \delta_{\lim(\bar{x})}$$

2.4.3 测量列中系统误差的处理

在实际测量中，系统误差对测量结果的影响是不能忽视的，揭示系统误差出现的规律性，消除系统误差对测量结果的影响，是提高测量精度的有效措施。

1. 发现系统误差的方法

在测量过程中产生系统误差的因素是复杂多样的，查明所有的系统误差是很困难的事情。同时也不可能完全消除系统误差的影响。

发现系统误差必须根据具体测量过程和计量器具进行全面仔细的分析，但目前还没有能发现所有系统误差的方法，下面只介绍适用于发现某些系统误差的两种方法。

1）实验对比法

实验对比法就是通过改变产生系统误差的测量条件，进行不同测量条件下的测量来发现系统误差。这种方法适用于发现定值系统误差。

例如，量块按标称尺寸使用时，在测量结果中就存在着由于量块尺寸偏差而产生的大小和符号均不变的定值系统误差，重复测量也不能发现这一误差，只有用另一块更高等级的量块进行对比测量，才能发现它。

2）残差观察法

残差观察法是指根据测量列的各个残差大小和符号的变化规律，直接由残差数据或残差曲线图来判断有无系统误差，这种方法主要适用于发现大小和符号按一定规律变化的变值系统误差。根据测量的先后顺序，将测量列的残差作图（图2.8），观察残差的规律。若残差大体上正、负相间，又没有显著变化，就认为不存在变值系统误差（图2.8(a)）。若残差按近似的线性规律递增或递减，就可判断存在着线性系统误差（图2.8(b)）。若残差的大小和符号有规律地周期变化，就可判断存在着周期性系统误差（图2.8(c)）。但是残差观察法对于测量次数不够多时，也有一定的难度。

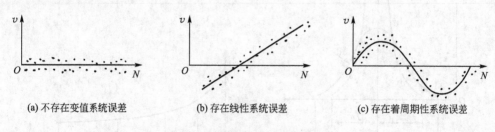

(a) 不存在变值系统误差　　　(b) 存在线性系统误差　　　(c) 存在着周期性系统误差

图2.8　变值系统误差的发现

2. 消除系统误差的方法

1）从产生误差根源上消除系统误差

要求测量人员分析测量过程中可能产生系统误差的各个环节，并在测量前就将系统误差从产生根源上加以消除。例如，为了防止测量过程中仪器示值零位的变动，测量开始和结束时都需检查示值零位；若示值不为零，则调整仪器并作置零处理。

2）用修正法消除系统误差

这种方法是预先将计量器具的系统误差检定或计算出来，做出误差表或误差曲线，然后取与误差数值相同而符号相反的值作为修正值，将测得值加上相应的修正值，即可使测量结果不包含系统误差。

3）用抵消法消除定值系统误差

这种方法要求在对称位置上分别测量一次，以使这两次测量中测得的数据出现的系统误差大小相等，符号相反，取这两次测量中数据的平均值作为测得值，即可消除定值系统误差。例如，在工具显微镜上测量螺纹螺距时，为了消除螺纹轴线与量仪工作台移动方向倾斜而引起的系统误差，可分别测取螺纹左、右牙面的螺距，然后取它们的平均值作为螺距测得值。

4）用半周期法消除周期性系统误差

对周期性系统误差，可以每相隔半个周期进行一次测量，以相邻两次测量的数据的平均值作为一个测得值，即可有效消除周期性系统误差。

消除和减小系统误差的关键是找出误差产生的根源和规律。实际上，系统误差不可能完全消除。一般来说，系统误差若能减小到使其影响相当于随机误差的程度，则可认为已被消除。

2.4.4　测量列中粗大误差的处理

粗大误差的数值相当大，在测量中应尽可能避免。如果粗大误差已经产生，则应根据判断粗大误差的准则予以剔除，通常用拉依达准则来判断。

拉依达准则又称 3σ 准则。当测量列服从正态分布时，残差落在 $\pm 3\sigma$ 外的概率很小，仅有 0.27%，即在连续 370 次测量中只有一次测量的残差会超出 $\pm 3\sigma$，而实际上连续测量的次数绝不会超过 370 次，测量列中就不应该有超出 $\pm 3\sigma$ 的残差。因此，当出现绝对值大于 3σ 的残差时，即 $|v_i| > 3\sigma$，则认为该残差对应的测得值含有粗大误差，应予以剔除。

注意拉依达准则不适用于测量次数小于或等于 10 的情况。

2.4.5　直接测量列的数据处理

为了从直接测量列中得到正确的测量结果，应按以下步骤进行数据处理。

（1）计算测量列的算术平均值和残差。这一步用来判断测量列中是否存在系统误差。如果存在系统误差，则应采取措施加以消除。

（2）计算测量列单次测量值的标准偏差 σ。判断是否存在粗大误差。若有粗大误差，则应剔除含粗大误差的测得值，并重新组成测量列，再重复上述计算，直到将所有含粗大误差的测得值都剔除干净为止。

（3）计算测量列的算术平均值的标准偏差和测量极限误差 $\sigma_{\bar{x}}$ 和 $\delta_{\lim(\bar{x})}$。

（4）给出测量结果表达式 $x_0 = \bar{x} \pm \delta_{\lim(\bar{x})}$，并说明置信概率。

【例题 2.1】 对某一轴直径等精度测量 16 次，按测量顺序将各测得值依次列于表 2-5 中，试求测量结果。

解：（1）判断定值系统误差。

假设计量器具已经检定，测量环境得到有效控制，可认为测量列中不存在定值系统误差。

表 2 – 5　数据处理计算表

测量序号	测得值 x_i/mm	残差 $\nu_i = x_i - \bar{x}$/μm	残差的平方 ν_i^2/μm²
1	24.959	+3	9
2	24.955	−1	1
3	24.958	+3	9
4	24.957	+2	4
5	24.958	+2	4
6	24.956	0	0
7	24.957	+1	1
8	24.958	+3	9
9	24.955	−1	1
10	24.957	+2	4
11	24.959	+3	9
12	24.955	−1	1
13	24.956	0	0
14	24.957	+2	4
15	24.958	+3	9
16	24.935	−21	441
算术平均值 24.956mm		$\sum \nu_i = 0$	$\sum \nu_i^2 = 506/\mu m^2$

（2）求测量列算术平均值。

$$\bar{x} = \frac{\sum_{i=1}^{n} x_i}{n} = 24.956 \text{mm}$$

（3）计算残差。

各残差的数值经计算后列于表 2 – 5 中。按残差观察法，这些残差的符号大体上正、负相间，没有周期性变化，因此可以认为测量列中不存在变值系统误差。

（4）计算测量列单次测量值的标准偏差。

$$\sigma = \sqrt{\frac{\sum_{i=1}^{n} \nu_i^2}{n-1}} \approx 5.8 \mu m$$

（5）判断粗大误差。

第 16 个测量值的残差值为 $21\mu m$，按照拉依达准则测量列中出现绝对值大于 3σ（$3 \times 5.8 = 17.4\mu m$）的残差，即测量列中存在粗大误差；按照粗大误差处理原则，必须剔除粗大误差后，重新计算。

（6）重新计算平均值、残差，具体数值见表 2 – 6。

表 2－6　剔除粗大误差后数据处理计算表

测量序号	测得值 x_i/mm	残差 $\nu_i = x_i - \bar{x}$/μm	残差的平方 ν_i^2/μm²
1	24.959	+2	4
2	24.955	−2	4
3	24.958	+1	1
4	24.957	0	0
5	24.958	+1	1
6	24.956	−1	1
7	24.957	0	0
8	24.958	+1	1
9	24.955	−2	4
10	24.957	0	0
11	24.959	+2	4
12	24.955	−2	4
13	24.956	−1	1
14	24.957	0	0
15	24.958	+1	1
算术平均值 24.957mm		$\sum \nu_i = 0$	$\sum \nu_i^2 = 26/\mathrm{μm}^2$

（7）再次计算测量列单次测量值的标准偏差。

$$\sigma = \sqrt{\frac{\sum\limits_{i=1}^{n} \nu_i^2}{n-1}} \approx 1.3\,\mathrm{μm}$$

（8）判断粗大误差。

按拉依达准则，测量列中没有出现绝对值大于 $3\sigma(3 \times 1.3 = 3.9\,\mathrm{μm})$ 的残差，即测量列中不存在粗大误差。

（9）计算测量列算术平均值的标准偏差。

$$\sigma_{\bar{x}} = \frac{\sigma}{\sqrt{n}} = \frac{1.3}{\sqrt{15}} \approx 0.35\,\mathrm{μm}$$

注意：此公式里的 n 值按 15 计算，是剔除粗大误差后的测量次数。

（10）计算测量列算术平均值的测量极限误差。

$$\delta_{\lim(\bar{x})} = \pm 3\sigma_{\bar{x}} = \pm 1.05\,\mathrm{μm}$$

（11）确定测量结果。

$x_0 = \bar{x} \pm 3\sigma_{\bar{x}} = (24.957 \pm 0.0011)\mathrm{mm}$，这时的置信概率为 99.73%。

2.4.6　间接测量列的数据处理

1. 函数及其微分表达式

间接测量中，被测几何量通常是实测几何量的多元函数，它表示为

$$y = F(x_1, x_2, \cdots, x_m) \tag{2-17}$$

式中，y 为被测几何量（函数）；x_i 为实测几何量。

函数的全微分表达式为

$$dy = \frac{\partial F}{\partial x_1} dx_1 + \frac{\partial F}{\partial x_2} dx_2 + \cdots + \frac{\partial F}{\partial x_m} dx_m \qquad (2-18)$$

式中，dy 为被测几何量（函数）的测量误差；dx_i 为实测几何量的测量误差；$\dfrac{\partial F}{\partial x_i}$ 为实测几何量的测量误差传递系数。

2. 函数的系统误差计算式

由各实测几何量测得值的系统误差，可近似得到被测几何量（函数）的系统误差表达式为

$$\Delta y = \frac{\partial F}{\partial x_1} \Delta x_1 + \frac{\partial F}{\partial x_2} \Delta x_2 + \cdots + \frac{\partial F}{\partial x_m} \Delta x_m \qquad (2-19)$$

式中，Δy 为被测几何量（函数）的系统误差；Δx_i 为实测几何量的系统误差。

3. 函数的随机误差计算式

由于各实测几何量的测得值中存在着随机误差，因此被测几何量（函数）也存在着随机误差。根据误差理论，函数的标准偏差 σ_y 与各个实测几何量的标准偏差 σ 的关系为

$$\sigma_y = \sqrt{\left(\frac{\partial F}{\partial x_1}\right)^2 \sigma_{x_1}^2 + \left(\frac{\partial F}{\partial x_2}\right)^2 \sigma_{x_2}^2 + \cdots + \left(\frac{\partial F}{\partial x_m}\right)^2 \sigma_{x_m}^2} \qquad (2-20)$$

式中，σ_y 为被测几何量（函数）的标准偏差；σ_{x_i} 为实测几何量的标准偏差。

同理函数的测量极限误差公式为

$$\delta_{\lim(y)} = \pm \sqrt{\left(\frac{\partial F}{\partial x_1}\right)^2 \delta_{\lim(x_1)}^2 + \left(\frac{\partial F}{\partial x_2}\right)^2 \delta_{\lim(x_2)}^2 + \cdots + \left(\frac{\partial F}{\partial x_m}\right)^2 \delta_{\lim(x_m)}^2} \qquad (2-21)$$

式中，$\delta_{\lim(y)}$ 为被测几何量（函数）的测量极限误差；$\delta_{\lim(x_i)}$ 为实测几何量的测量极限误差。

4. 间接测量列数据处理的步骤

(1) 找出函数表达式 $y = F(x_1, x_2, \cdots, x_m)$。

(2) 求出被测几何量（函数）值 y。

(3) 计算函数的系统误差值 Δy。

(4) 计算函数的标准偏差值 σ_y 和函数的测量极限误差值 $\delta_{\lim(y)}$。

(5) 写出被测几何量（函数）的结果表达式。

习　　题

1. 一个完整的测量过程包括哪些要素？我国长度测量的基本单位及其定义如何？

2. 量块的"等"和"级"有何区别？说明按"等"和"级"使用时，各自的测量精度如何。

3. 以光学比较仪为例说明计量器具有哪些基本计量指标？

4. 试举例说明测量范围与示值范围的区别。

5. 测量误差分哪几类？产生各类测量误差的主要因素有哪些？

6. 在立式光学仪上对一轴类零件进行比较测量，共重复测量 12 次，测得值如下（单位为 mm）：20.015，20.013，20.016，20.012，20.015，20.014，20.017，20.018，20.014，20.016，20.014，20.015。试求出该零件的测量结果。

7. 若用一块 4 等量块在立式光学仪上对一轴类零件进行比较测量，共重复测量 12 次，测得值见题 6。在已知量块的中心长度实际偏差为 $+0.2\mu m$，其长度的测量不确定度的允许值为 $\pm 0.25\mu m$ 的情况下，不考虑温度的影响，试确定该零件的测量结果。

第**3**章
孔、轴的极限与配合

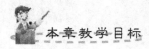

本章教学目标

本章首先介绍了标准公差、基本偏差等基本术语，以此为基础介绍标准公差与基本偏差的标准规定及其计算方法、国家标准推荐的常用公差带与配合等，最后讲述了公差带与配合的选用，此外还简要介绍了大尺寸公差、小尺寸公差、未注公差及配制配合。

本章教学要求

要求学生掌握标准公差等级划分、标准公差数值计算、公称尺寸段分段，基本偏差的划分与代号、孔与轴基本偏差的计算与换算原则、公差带和配合的表达；熟悉公差带与配合的选用步骤与计算方法；了解大尺寸、小尺寸及未注尺寸的公差，其中孔与轴基本偏差的计算与换算、公差带与配合的选用是本章的重点和难点。

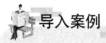**导入案例**

导向件的应用

外导柱式组件常用于各类冲压模具(五金冲模、电子接插件冲模等)、高速级进冲压模具(翅片冲模、定转子硅钢片冲模等)等的模架导向,导套通过过盈、压装、厌氧胶黏、环氧树脂黏安装在模板上,导柱过盈装配到模板上,如图3.01所示。

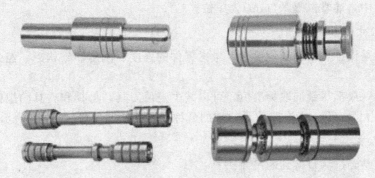

图 3.01 冷冲模架座用导向件

该导向件主要由导柱、导套组成,具有下列技术特点。

(1) 零件主要为光滑圆柱体形状。

(2) 相互间组装形成导向件,完成导向功能。

(3) 零件尺寸要求严格。

机械行业在国民经济中占有举足轻重的地位,而孔、轴配合是机械制造中应用最广泛的一种配合,它对机械产品的使用性能和寿命有很大的影响,所以说孔、轴的极限与配合是机械工程当中重要的基础标准,它不仅适用于圆柱形孔、轴的配合,也适用于由单一尺寸确定的结合表面的配合。为了保证互换性,统一设计、制造、检验、使用和维修,特制定关于孔、轴的极限与配合的国家标准。

随着社会的发展,为便于国际交流和统一采用国家标准,我国颁布了一系列的国家标准,并对旧标准不断修订。新修订的孔、轴极限与配合标准由以下几部分组成。

(1) GB/T 1800.1—2009《产品几何技术规范(GPS)极限与配合 第1部分:公差、偏差和配合的基础》。

(2) GB/T 1800.2—2009《产品几何技术规范(GPS)极限与配合 第2部分:标准公差等级和孔、轴极限偏差表》。

(3) GB/T 1801—2009《产品几何技术规范(GPS)极限与配合 公差带和配合的选择》。

(4) GB/T 1803—2003《极限与配合 尺寸至18mm孔、轴公差带》。

(5) GB/T 1804—2000《一般公差 未注公差的线性和角度尺寸的公差》。

3.1 极限与配合的基本术语与定义

3.1.1 有关尺寸方面的术语及定义

1. 线性尺寸

以特定单位表示的两点之间的距离，如长度、宽度、高度、半径、直径及中心距等。在机械工程图中，通常以毫米(mm)为单位。

2. 公称尺寸

公称尺寸是设计者根据使用要求，考虑零件的强度、刚度和结构后，经过计算、圆整给出的尺寸。

公称尺寸一般都尽量选取标准值，可以减少定值刀具、量具和夹具的规格和数量。孔的公称尺寸用大写字母"D"来表示，轴的公称尺寸用小写字母"d"来表示。

3. 提取尺寸

提取尺寸是经过测量得到的尺寸。

在测量过程中总是存在测量误差，而且测量位置不同所得的测量值也不相同，所以真值虽然客观存在但是测量不出来。我们只能用一个近似真值的测量值代替真值，换句话说就是提取尺寸具有不确定性。

孔的提取尺寸用"D_a"来表示，轴的提取尺寸用"d_a"来表示。

4. 极限尺寸

极限尺寸是尺寸允许变动的界限值。

尺寸要素允许的最大尺寸称为上极限尺寸，孔和轴的上极限尺寸分别用"D_{max}"和"d_{max}"来表示。

尺寸要素允许的最小尺寸称为下极限尺寸，孔和轴的下极限尺寸分别用"D_{min}"和"d_{min}"来表示。

非孔、非轴的上极限尺寸和下极限尺寸分别用 L_{max} 和 L_{min} 表示。

极限尺寸是用来限制提取尺寸的，提取尺寸在极限尺寸范围内，表明工件合格；否则，不合格。

此外，还有作用尺寸、实体尺寸、实效尺寸、边界尺寸等。

3.1.2 有关偏差、公差方面的术语及定义

1. 偏差

偏差是某一尺寸减去其公称尺寸所得的代数差。因此，偏差可以是正值、负值或零。偏差必须用代数值表示。

1）提取偏差

提取尺寸减去其公称尺寸所得的偏差叫作提取偏差。提取偏差用"E_a"和"e_a"表示。

2）极限偏差

极限尺寸减去其公称尺寸所得的代数差叫作极限偏差。

极限偏差有上极限偏差和下极限偏差两种。上极限偏差是上极限尺寸减去其公称尺寸所得的代数差，下极限偏差是下极限尺寸减去其公称尺寸所得的代数差。

偏差值计算或标注时除零以外都必须带正、负号。孔和轴的上极限偏差分别用"ES"和"es"表示，孔和轴的下极限偏差分别用"EI"和"ei"表示。

极限偏差可按下列公式计算：

$$孔的上极限偏差\ ES=D_{max}-D \tag{3-1}$$

$$孔的下极限偏差\ EI=D_{min}-D \tag{3-2}$$

$$轴的上极限偏差\ es=d_{max}-d \tag{3-3}$$

$$轴的下极限偏差\ ei=d_{min}-d \tag{3-4}$$

2. 公差

1）尺寸公差

尺寸公差是允许尺寸的变动量，简称公差。

尺寸公差等于上极限尺寸与下极限尺寸相减之差，也等于上极限偏差与下极限偏差相减之差。公差是绝对值，不能为负值，也不能为零（公差为零，零件将无法加工）。孔、轴的尺寸公差分别用"T_D"和"T_d"表示，非孔、非轴的尺寸公差用"T_L"表示。

尺寸公差、极限尺寸和极限偏差的关系如下：

$$孔的公差\ T_D=D_{max}-D_{min}=ES-EI \tag{3-5}$$

$$轴的公差\ T_d=d_{max}-d_{min}=es-ei \tag{3-6}$$

2）公差带图

为了能更直观地分析说明公称尺寸、偏差和公差三者的关系，提出了公差带图的概念，公差带图由零线和尺寸公差带组成。

（1）零线（zeroline）。

零线是公差带图中表示公称尺寸的一条直线，它是用来确定极限偏差和公差的基准线。极限偏差位于零线上方为正值，位于零线下方为负值，位于零线上为零。在绘制公差带图时，应注意绘制零线、标注零线的公称尺寸线、标注公称尺寸值和符号"$\overset{+}{\underset{-}{0}}$"，如图3.1所示。

（2）公差带（tolerancezone）。

在公差带图当中，代表上、下极限偏差的两条直线所限定的区域叫作尺寸公差带。公差带有两项特征：大小和位置。

公差带的大小由尺寸公差决定，公差带的位置由基本偏差决定。

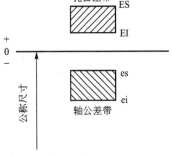

图 3.1　公差带图

在绘制公差带图时，应该用不同的方式来区分孔、轴公差带，如在图3.1中，孔、轴公差带用不同方向的剖面线区分；公差带的位置和大小应按比例绘制；公差带的横向宽度没有实际意义，可在图中适当选取。

公差带图中，公称尺寸和上、下极限偏差的量纲可省略不写，公称尺寸的量纲默认为毫米，上、下极限偏差的量纲默认是微米。

公称尺寸应书写在标注零线的公称尺寸线上方，字体方向与图3.1中"公称尺寸"一致。上、下极限偏差书写（零可以不写）必须带正负号。

3）标准公差

标准公差是国家标准规定的极限制中列出的任一公差数值。

一般公差是指在车间工艺条件下，普通机床设备的一般加工能力就能保证的公差。

3.1.3 有关配合方面的术语及定义

1. 孔、轴定义

1）孔（hole）

孔是圆柱形的内表面及由单一尺寸确定的内表面，孔的内部没有材料，从装配关系上看孔是包容面。孔的直径用大写字母"D"表示。

2）轴（shaft）

轴是圆柱形的外表面及由单一尺寸确定的外表面，轴的内部有材料，从装配关系上看轴是被包容面。轴的直径用小写字母"d"表示。

这里的孔和轴是广义的，它包括圆柱形的和非圆柱形的孔和轴。图3.2中标注的D_1、D_2、D_3皆为孔，d_1、d_2、d_3、d_4、d_5皆为轴。

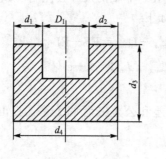
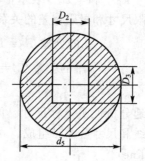

图3.2 孔与轴示意图

2. 配合（fit）

1）配合定义

配合是指公称尺寸相同的相互结合的轴与孔公差带之间的相互位置关系。

2）间隙（clearance）

孔的尺寸减去相结合的轴的尺寸所得的代数差为正时，称为间隙。间隙用大写字母"X"表示。

3）过盈（interference）

孔的尺寸减去相结合的轴的尺寸所得的代数差为负时，称为过盈，过盈用大写字母"Y"表示。

3. 配合种类

1）间隙配合（clearancefit）

具有间隙的配合（包括间隙为零）称为间隙配合。当配合为间隙配合时，孔的公差带在轴的公差带上方，如图3.3所示。

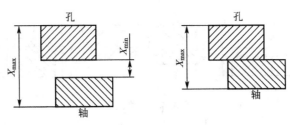

图 3.3　间隙配合

孔的上极限尺寸(或孔的上极限偏差)减去轴的下极限尺寸(或轴的下极限偏差)所得的代数差称为最大间隙，用"X_{max}"表示，可用公式表示为

$$X_{max}=D_{max}-d_{min}=ES-ei \qquad (3-7)$$

孔的下极限尺寸(或孔的下极限偏差)减去轴的上极限尺寸(或轴的上极限偏差)所得的代数差称为最小间隙，用"X_{min}"表示，可用公式表示为

$$X_{min}=D_{min}-d_{max}=EI-es \qquad (3-8)$$

配合公差是间隙的变动量，用"T_f"表示，它等于最大间隙与最小间隙之差的绝对值，也等于孔的公差与轴的公差之和，可用公式表示为

$$T_f=|X_{max}-X_{min}|=T_h+T_s \qquad (3-9)$$

2) 过盈配合(interferencefit)

具有过盈的配合(包括过盈为零)称为过盈配合。当配合为过盈配合时，孔的公差带在轴的公差带下方，如图 3.4 所示。

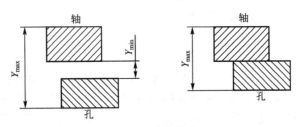

图 3.4　过盈配合

孔的上极限尺寸(或孔的上极限偏差)减去轴的下极限尺寸(或轴的下极限偏差)所得的代数差称为最小过盈，用"Y_{min}"表示，可用公式表示为

$$Y_{min}=D_{max}-d_{min}=ES-ei \qquad (3-10)$$

孔的下极限尺寸(或孔的下极限偏差)减去轴的上极限尺寸(或轴的上极限偏差)所得的代数差称为最大过盈，用"Y_{max}"表示，可用公式表示为

$$Y_{max}=D_{min}-d_{max}=EI-es \qquad (3-11)$$

配合公差是过盈的变动量，用"T_f"表示，它等于最大过盈与最小过盈之差的绝对值，也等于孔的公差与轴的公差之和，可用公式表示为

$$T_f=|Y_{max}-Y_{min}|=T_h+T_s \qquad (3-12)$$

3) 过渡配合(transitionfit)

可能具有间隙或过盈的配合称为过渡配合。当配合为过渡配合时，孔的公差带和轴的公差带位置相互交叠，如图 3.5 所示。

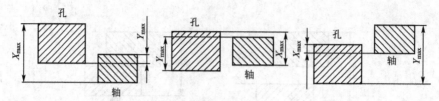

图 3.5 过渡配合

孔的上极限尺寸（或孔的上极限偏差）减去轴的下极限尺寸（或轴的下极限偏差）所得的代数差称为最大间隙，用"$X_{\max}$"表示，可用公式表示为

$$X_{\max}=D_{\max}-d_{\min}=\mathrm{ES}-\mathrm{ei} \tag{3-13}$$

孔的下极限尺寸（或孔的下极限偏差）减去轴的上极限尺寸（或轴的上极限偏差）所得的代数差称为最大过盈，用"$Y_{\max}$"表示，可用公式表示为

$$Y_{\max}=D_{\min}-d_{\max}=\mathrm{EI}-\mathrm{es} \tag{3-14}$$

配合公差是间隙的变动量，用"T_{f}"表示，它等于最大间隙与最大过盈之差的绝对值，也等于孔的公差与轴的公差之和，可用公式表示为

$$T_{\mathrm{f}}=|X_{\max}-Y_{\max}|=T_{\mathrm{D}}+T_{\mathrm{d}} \tag{3-15}$$

3.2 极限与配合的国家标准

极限与配合的国家标准是用于尺寸精度设计的一项基础标准，它是按照标准公差系列标准化和基本偏差系列标准化的原则制定的。

3.2.1 标准公差系列

标准公差（standardtolerance）是国家标准规定的极限制中列出的任一公差数值，标准公差系列是国家标准制定的一系列由不同的公称尺寸和不同的公差等级组成的标准公差值。标准公差值用来确定任一等级标准公差的大小，也就是确定公差带的大小（宽度）。

1. 标准公差因子

标准公差因子是确定标准公差值的基本单位，是制定标准公差数值系列的基础。利用统计法在生产中可发现：在相同的加工条件下，公称尺寸不同的孔或轴加工后产生的加工误差不同，且误差的大小无法比较；在尺寸较小时加工误差与公称尺寸呈立方抛物线关系，在尺寸较大时接近线性关系。由于误差是由公差来控制的，所以利用这个规律可反映公差与公称尺寸之间的关系。

1）当公称尺寸≤500mm

标准公差因子（以 i 表示）按下面公式计算：

$$i=0.45\sqrt[3]{D}+0.001D \tag{3-16}$$

式中，D 为公称尺寸分段的几何平均值，单位为 mm。

在式（3-16）中，前面一项主要反映加工误差，第二项用来补偿测量时温度变化引起的与公称尺寸成正比的测量误差。

随着公称尺寸逐渐增大，第二项的影响越来越显著。随着尺寸增加，温度变化引起的误差随直径的增大呈线性关系。

2）当公称尺寸＞500～3150mm

标准公差因子(以I表示)按下面公式计算：

$$I=0.004D+2.1 \tag{3-17}$$

当公称尺寸＞3150mm时，按式(3-17)来计算标准公差也不能完全反映误差出现的规律，但目前没有发现更加合理的公式，仍然用式(3-17)来计算。

2. 公差等级

为了简化和统一对公差的要求，使各等级既能满足广泛的使用要求，又能大致代表各种加工方法的精度，便于设计与制造，进行公差等级的规定与划分。

国家标准将公称尺寸≤500mm工件的标准公差分为20级，用IT(ISO　Tolerance的缩写)加阿拉伯数字表示，即IT01、IT0、IT1、IT2、…、IT18。

标准公差是由公差等级系数和标准公差因子的乘积决定的，在公称尺寸≤500mm的常用尺寸范围内，各公差等级的标准公差计算公式见表3-1。

表 3-1　公称尺寸≤500mm 的标准公差数值计算公式

标准公差等级	计算公式	标准公差等级	计算公式	标准公差等级	计算公式
IT01	$0.3+0.008D$	IT6	$10i$	IT13	$250i$
IT0	$0.5+0.012D$	IT7	$16i$	IT14	$400i$
IT1	$0.8+0.02D$	IT8	$25i$	IT15	$640i$
IT2	$IT1(IT5/IT1)^{1/4}$	IT9	$40i$	IT16	$1000i$
IT3	$IT1(IT5/IT1)^{1/2}$	IT10	$64i$	IT17	$1600i$
IT4	$IT1(IT5/IT1)^{3/4}$	IT11	$100i$	IT18	$2500i$
IT5	$7i$	IT12	$160i$		

注：D 为公称尺寸分段的几何平均值。

国家标准规定：公称尺寸＞500～3150mm工件的标准公差分为18级，即IT1、IT2、…、IT18，其各级标准公差计算公式见表3-2。

表 3-2　公称尺寸＞500～3150mm 的标准公差数值计算公式

标准公差等级	计算公式	标准公差等级	计算公式	标准公差等级	计算公式
IT1	$2I$	IT7	$16I$	IT13	$250I$
IT2	$2.7I$	IT8	$25I$	IT14	$400I$
IT3	$3.7I$	IT9	$40I$	IT15	$640I$
IT4	$5I$	IT10	$64I$	IT16	$1000I$
IT5	$7I$	IT11	$100I$	IT17	$1600I$
IT6	$10I$	IT12	$160I$	IT18	$2500I$

3. 公称尺寸分段

根据公称尺寸和公差因子的计算公式可知：每个公称尺寸都对应一个标准公差值，公称尺寸数目众多，相应的公差值也很多，这使标准公差数值表相当庞大，在生产实际中使用起来很不方便，而且相近的公称尺寸，其标准公差值相差很小，为了简化标准公差数值表,国家标准将公称尺寸分成若干段,具体分段情况见表3-3。

表3-3 公称尺寸分段   单位:mm

主段落		中间段落		主段落		中间段落	
大于	至	大于	至	大于	至	大于	至
—	3			250	315	250	280
3	6	无细分段				280	315
6	10			315	400	315	355
						355	400
10	18	10	14	400	500	400	450
		14	18			450	500
18	30	18	24	500	630	500	560
		24	30			560	630
30	50	30	40	630	800	630	710
		40	50			710	800
50	80	50	65	800	1000	800	900
		65	80			900	1000
80	120	80	100	1000	1250	1000	1120
		100	120			1120	1250
120	180	120	140	1250	1600	1250	1400
		140	160			1400	1600
		160	180	1600	2000	1600	1800
180	250	180	200			1800	2000
		200	225	2000	2500	2000	2240
		225	250			2240	2500
				2500	3150	2500	2800
						2800	3150

分段后的公称尺寸 D 按其计算尺寸代入公式计算标准公差值,计算尺寸即为每个尺寸段内首尾两个尺寸的几何平均值。

例如,30~50mm尺寸段的计算尺寸为

$$D = \sqrt{30 \times 50} \approx 38.73\text{mm}$$

对于≤3mm的尺寸段为

$$D = \sqrt{1 \times 3} \approx 1.73\text{mm}$$

按几何平均值计算出公差数值,再把尾数化整,就得出标准公差数值,标准公差数值表见表3-4。

表 3-4 标准公差数值

公称尺寸/mm 大于	至	IT01	IT0	IT1	IT2	IT3	IT4	IT5	IT6	IT7	IT8	IT9	IT10	IT11	IT12	IT13	IT14	IT15	IT16	IT17	IT18
		μm	μm	μm	μm	μm	μm	μm	μm	μm	μm	μm	μm	μm	μm	mm	mm	mm	mm	mm	mm
—	3	0.3	0.5	0.8	1.2	2	3	4	6	10	14	25	40	60	100	0.14	0.25	0.40	0.60	1.0	1.4
3	6	0.4	0.6	1	1.5	2.5	4	5	8	12	18	30	48	75	120	0.18	0.30	0.48	0.75	1.2	1.8
6	10	0.4	0.6	1	1.5	2.5	4	6	9	15	22	36	58	90	150	0.22	0.36	0.58	0.90	1.5	2.2
10	18	0.5	0.8	1.2	2	3	5	8	11	18	27	43	70	110	180	0.27	0.43	0.70	1.10	1.8	2.7
18	30	0.6	1	1.5	2.5	4	6	9	13	21	33	52	84	130	210	0.33	0.52	0.84	1.30	2.1	3.3
30	50	0.6	1	1.5	2.5	4	7	11	16	25	39	62	100	160	250	0.39	0.62	1.00	1.60	2.5	3.9
50	80	0.8	1.2	2	3	5	8	13	19	30	46	74	120	190	300	0.46	0.74	1.20	1.90	3.0	4.6
80	120	1	1.5	2.5	4	6	10	15	22	35	54	87	140	220	350	0.54	0.87	1.40	2.20	3.5	5.4
120	180	1.2	2	3.5	5	8	12	18	25	40	63	100	160	250	400	0.63	1.00	1.60	2.50	4.0	6.3
180	250	2	3	4.5	7	10	14	20	29	46	72	115	185	290	460	0.72	1.15	1.85	2.90	4.6	7.2
250	315	2.5	4	6	8	12	16	23	32	52	81	130	210	320	520	0.81	1.30	2.10	3.20	5.2	8.1
315	400	3	5	7	9	13	18	25	36	57	89	140	230	360	570	0.89	1.40	2.30	3.60	5.7	8.9
400	500	4	6	8	10	15	20	27	40	63	97	155	250	400	630	0.97	1.55	2.50	4.00	6.3	9.7
500	630	4.5	6	9	11	16	22	32	44	70	110	175	280	440	700	1.10	1.75	2.80	4.40	7.0	11.0
630	800	5	7	10	13	18	25	36	50	80	125	200	320	500	800	1.25	2.00	3.20	5.00	8.0	12.5
800	1000	5.5	8	11	15	21	29	40	56	90	140	230	360	560	900	1.40	2.30	3.60	5.60	9.0	14.0
1000	1250	6.5	9	13	18	24	33	47	66	105	165	260	420	660	1050	1.65	2.60	4.20	6.60	10.5	16.5
1250	1600	8	11	15	21	29	39	55	78	125	195	310	500	780	1250	1.95	3.10	5.00	7.80	12.5	19.5
1600	2000	9	13	18	25	35	46	65	92	150	230	370	600	920	1500	2.30	3.70	6.00	9.20	15.0	22.0
2000	2500	11	15	22	30	41	55	78	110	175	280	440	700	1100	1750	2.80	4.40	7.00	11.0	17.5	28.0
2500	3150	13	18	26	36	50	68	96	135	210	330	540	860	1350	2100	3.30	5.40	8.60	12.5	21.0	32.0

公差等级

注：公称尺寸小于 1mm，无 IT14～IT18。

实践证明：这样计算出的公差值差别很小，对生产影响也不大，但可大幅减少公差值的数量，非常有利于公差值的标准化。

【例题 3.1】 公称尺寸为 20mm，求该尺寸的公差等级为 IT6、IT7 的公差数值。

解： 公称尺寸为 20mm，在尺寸段 18～30mm 范围内，则

$$D=\sqrt{18\times30}\approx23.24\text{mm}$$

标准公差因子 $i=0.45\sqrt[3]{D}+0.001D$，得

$$i=0.45\sqrt[3]{23.24}+0.001\times23.24=1.31\mu\text{m}$$

查表 3-1 可得

$$IT6=10i=10\times1.31\approx13\mu\text{m},\ IT7=16i=16\times1.31\approx21\mu\text{m}$$

3.2.2 基本偏差系列

基本偏差（fundamentaldeviation）是在国家极限与配合标准中，确定公差带相对零线位置的那个极限偏差，它可以是上极限偏差或下极限偏差。

1. 基本偏差及其代号

基本偏差是指两个极限偏差当中靠近零线或位于零线上的那一个偏差，它是用来确定公差带位置的参数。为了满足各种不同配合的需要，国家标准对孔和轴分别规定了 28 种基本偏差，如图 3.6 所示，它们用字母表示，其中孔用大写字母表示，轴用小写字母表示。在 26 个字母中去掉 5 个容易和其他参数混合的字母（I(i)、L(l)、O(o)、Q(q)、W(w)），其余 21 个字母再加上 7 个双写字母（CD(cd)、EF(ef)、FG(fg)、JS(js)、ZA(za)、ZB(zb)、ZC(zc)），共计 28 个字母作为 28 种基本偏差代号，基本的偏差代号详见表 3-5。在 28 种基本偏差代号中，其中 JS 和 js 的公差带是关于零线对称的，并且逐渐代替对称的基本偏差 J 和 j，它的基本偏差值大小仅与公差等级有关。

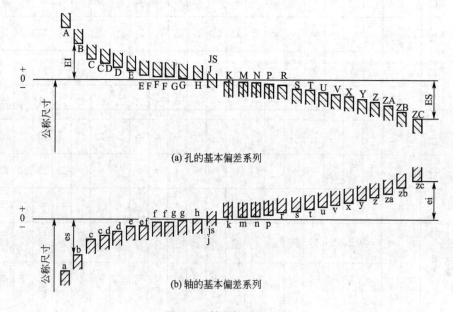

图 3.6　基本偏差系列表

表3-5 基本偏差代号

孔或轴	基本偏差		注
孔	下极限偏差	A、B、C、CD、D、E、EF、FG、G、H	H 为基准孔，其下极限偏差为零
	上极限偏差或下极限偏差	JS＝±IT/2	
	上极限偏差	J、K、M、N、P、R、S、T、U、V、X、Y、Z、ZA、ZB、ZC	
轴	上极限偏差	a、b、c、cd、d、e、ef、fg、g、h	h 为基准轴，其上极限偏差为零
	上极限偏差或下极限偏差	js＝±IT/2	
	下极限偏差	j、k、m、n、p、r、s、t、u、v、x、y、z、za、zb、zc	

2. 配合制

把公差和基本偏差标准化的制度称为极限制。

配合制是同一极限制的孔和轴组成的一种配合制度，即以两个相配合的零件中的一个作为基准件，并使其公差带位置固定，而通过改变另一个零件(非基准件)的公差带位置来形成各种配合的一种制度，也叫基准制。

GB/T 1800.1—2009 规定了两种平行的配合制：基孔制配合和基轴制配合。

1) 基孔制配合

基本偏差为一定的孔的公差带与不同基本偏差的轴的公差带形成各种配合的一种制度，称为基孔制配合。

该配合制规定，孔的公差带在零线上方，孔的下极限尺寸等于公称尺寸，孔的下极限偏差 EI 为零，孔称为基准孔，其代号为 "H"，如图 3.7(a)所示。

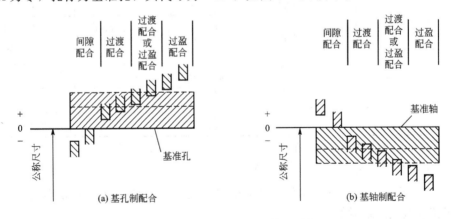

图 3.7 基孔制配合和基轴制配合

2) 基轴制配合

基轴制是指基本偏差为一定值的轴公差带与不同基本偏差的孔公差带形成各种配合的一种制度，称为基轴制配合。

此种配合制规定，轴的公差带在零线下方，轴的上极限尺寸等于公称尺寸，轴的上极限偏差 es 为零，轴称为基准轴，其代号为"h"，如图 3.7(b)所示。

3. 轴的基本偏差

在基孔制的基础上，根据大量科学实验和生产实践，总结出了轴的基本偏差的计算公式，公称尺寸≤500mm 轴的基本偏差数值表见表 3-6。

表 3-6　公称尺寸≤500mm 轴的基本偏差计算公式

基本偏差代号	适用范围	基本偏差为上极限偏差 es(μm)的计算公式	基本偏差代号	适用范围	基本偏差为 ei(μm)的计算公式
a	$D\leqslant120$mm	$-(265+1.3D)$	j	IT5～IT8	没有公式
a	$D>120$mm	$-3.5D$	k	≤IT3	0
b	$D\leqslant160$mm	$-(140+0.85D)$	k	IT4～IT7	$+0.6D^{1/3}$
b	$D>160$mm	$-1.8D$	k	≥IT8	0
c	$D\leqslant40$mm	$-52D^{0.2}$	m		$+(IT7～IT6)$
c	$D>40$mm	$-(95+0.8D)$	n		$+5D^{0.34}$
cd		$-(cd)^{1/2}$	p		$+IT7+(0～5)$
d		$-16D^{0.44}$	r		$+(ps)^{1/2}$
e		$-11D^{0.41}$	s	$D\leqslant50$mm	$+IT8+(1～4)$
ef		$-(ef)^{1/2}$	s	$D>50$mm	$+IT7+0.4D$
f		$-5.5D^{0.41}$	t	$D>24$mm	$+IT7+0.63D$
fg		$-(fg)^{1/2}$	u		$+IT7+D$
g		$-2.5D^{0.34}$	v	$D>14$mm	$+IT7+1.25D$
h		0	x		$+IT7+1.6D$
js		$\pm IT/2$	y	$D>18$mm	$+IT7+2D$
			z		$+IT7+2.5D$
			za		$+IT8+3.15D$
			zb		$+IT9+4D$
			zc		$+IT10+5D$

注：1. D 为公称尺寸的分段计算值；

2. 除 j 和 js 外，表中所列公式与公差等级无关。

由表 3-6 可知，a～h 的基本偏差是上极限偏差，与基准孔配合形成间隙配合，最小间隙等于基本偏差的绝对值。

j、k、m、n 的基本偏差是下极限偏差，与基准孔配合一般是过渡配合。

p～zc 的基本偏差是下极限偏差，与基准孔配合一般是过盈配合。

轴的另一个极限偏差是根据基本偏差和标准公差的关系，按照 es＝ei＋IT 或 ei＝es－IT 计算得出的。

4. 孔的基本偏差

公称尺寸≤500mm 的孔的基本偏差是根据轴的基本偏差换算得出的。

换算原则是：在孔、轴同级配合或孔比轴低一级的配合中，基轴制配合中孔的基本偏差代号与基孔制配合中轴的基本偏差代号相当时（例如 $\phi40$G7/h6 中孔的基本偏差 G 对应于 $\phi40$H7/g6 中轴的基本偏差 g），应该保证基轴制和基孔制的配合性质相同（极限间隙或极限过盈相同）。

根据上述原则，孔的基本偏差可以按下面两种规则计算。

1）通用规则

通用规则是指同一个字母表示的孔、轴的基本偏差绝对值相等，符号相反。孔的基本偏差与轴的基本偏差关于零线对称，相当于轴基本偏差关于零线的倒影，所以又叫倒影规则。

对于孔的基本偏差 A～H，不论孔、轴是否采用同级配合，都有

$$EI = -es$$

而对于 K～ZC 当中，标准公差大于 IT8 的 K、M、N 以及大于 IT7 的 P～ZC 一般都采用同级配合，按照该规则，则有

$$ES = -ei$$

注意：一个特例是公称尺寸大于 3mm，标准公差大于 IT8 的 N，它的基本偏差 $ES = 0$。

2）特殊规则

特殊规则是指孔的基本偏差和轴的基本偏差符号相反，绝对值相差一个 Δ 值。

在较高的公差等级中常采用异级配合（配合中孔的公差等级通常比轴低一级），因为相同公差等级的孔比轴难加工。

对于公称尺寸≤500mm，标准公差≤IT8 的 J、K、M、N 和标准公差≤IT7 的 P～ZC，孔的基本偏差 ES 适用特殊规则，即

$$ES = -ei + \Delta \qquad\qquad (3-18)$$

式中，$\Delta = IT_n - IT_{n-1}$。

按照换算原则，要求两种配合制的同名配合性质必须相同。

下面以过盈配合为例证明式（3-18）。

证明：过盈配合中，基孔制和基轴制的最小过盈与轴和孔的基本偏差有关，所以取最小过盈为计算孔基本偏差的依据。

在图 3.8 中，最小过盈等于孔的上极限偏差减去配合轴的下极限偏差所得的代数差，即

基孔制　　　$Y_{min} = T_h - ei$

基轴制　　　$Y_{min} = ES + T_s$

根据换算原则可知

$$Y_{min} = Y_{min}$$

即

$$T_h - ei = ES + T_s$$

$$ES = -ei + T_h - T_s$$

一般 T_h 和 T_s 公差等级相差一级，即

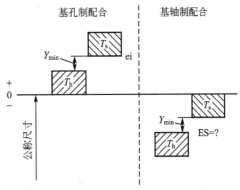

图 3.8　过盈配合特殊规则的计算

$$T_h = IT_n, \quad T_s = IT_{n-1}$$

令

$$T_h - T_s = IT_n - IT_{n-1} = \Delta$$

所以

$$ES = -ei + \Delta$$

过渡配合经过类似的证明，也可得出式(3-18)的结果，读者可自行证明。

孔的另一个极限偏差，可根据孔的基本偏差和标准公差的关系，按照下式计算得出：

$$EI = ES - IT \text{ 或 } ES = EI + IT$$

按照轴的基本偏差计算公式和孔的基本偏差换算原则，GB/T 1800.2—2009 列出轴、孔基本偏差数值表，见表 3-7 和表 3-8。

在孔、轴基本偏差数值表中查找基本偏差时，不要忘记查找表中的修正值"Δ"。

【例题 3.2】 用查表法确定 $\phi 25H8/p8$ 和 $\phi 25P8/h8$ 的极限偏差。

解：查表 3-4 得：$IT8 = 33\mu m$。

轴的基本偏差为下极限偏差，查表 3-7 得：$ei = +22\mu m$。

轴 p8 的上极限偏差为

$$es = ei + IT8 = +22 + 33 = +55\mu m$$

孔 H8 的下极限偏差为 0，上极限偏差为

$$ES = EI + IT8 = 0 + 33 = +33\mu m$$

孔 P8 的基本偏差为上极限偏差，查表 3-8 得：$ES = -22\mu m$。

孔 P8 的下极限偏差为

$$EI = ES - IT8 = -22 - 33 = -55\mu m$$

轴 h8 的上极限偏差为 0，下极限偏差为

$$ei = es - IT8 = 0 - 33 = -33\mu m$$

由上可得

$$\phi 25H8 = \phi 25^{+0.033}_{0} \qquad \phi 25p8 = \phi 25^{+0.055}_{+0.022}$$

$$\phi 25P8 = \phi 25^{-0.022}_{-0.055} \qquad \phi 25h8 = \phi 25^{0}_{-0.033}$$

孔、轴的公差带图如图 3.9 所示。

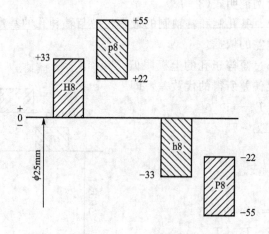

图 3.9　例题 3.2 孔、轴配合的公差带图

表3-7 公称尺寸≤500mm轴的基本偏差(摘自GB/T 1800.2—2009)

单位: μm

上极限偏差 es（所有公差等级）: a b c cd d e ef f fg g h js　　下极限偏差 ei：j（公差等级 5,6 / 7 / 8）、k（4~7 / ≤3或>7）、m n p r s t u v x y z za zb zc（所有公差等级）

公称尺寸 mm 大于	至	a	b	c	cd	d	e	ef	f	fg	g	h	js	j(5,6)	j(7)	j(8)	k(4~7)	k(≤3或>7)	m	n	p	r	s	t	u	v	x	y	z	za	zb	zc
—	3	−270	−140	−60	−34	−20	−14	−10	−6	−4	−2	0	±IT/2	−2	−4	−6	0	0	+2	+4	+6	+10	+14	—	+18	—	+20	—	+26	+32	+40	+60
3	6	−270	−140	−70	−46	−30	−20	−14	−10	−6	−4	0	±IT/2	−2	−4	—	+1	0	+4	+8	+12	+15	+19	—	+23	—	+28	—	+35	+42	+50	+80
6	10	−280	−150	−80	−56	−40	−25	−18	−13	−8	−5	0	±IT/2	−2	−5	—	+1	0	+6	+10	+15	+19	+23	—	+28	—	+34	—	+42	+52	+67	+97
10	14	−290	−150	−95	—	−50	−32	—	−16	—	−6	0	±IT/2	−3	−6	—	+1	0	+7	+12	+18	+23	+28	—	+33	—	+40	—	+50	+64	+90	+130
14	18	−290	−150	−95	—	−50	−32	—	−16	—	−6	0	±IT/2	−3	−6	—	+1	0	+7	+12	+18	+23	+28	—	+33	+39	+45	—	+60	+77	+108	+150
18	24	−300	−160	−110	—	−65	−40	—	−20	—	−7	0	±IT/2	−4	−8	—	+2	0	+8	+15	+22	+28	+35	—	+41	+47	+54	+63	+73	+98	+136	+188
24	30	−300	−160	−110	—	−65	−40	—	−20	—	−7	0	±IT/2	−4	−8	—	+2	0	+8	+15	+22	+28	+35	+41	+48	+55	+64	+75	+88	+118	+160	+218
30	40	−310	−170	−120	—	−80	−50	—	−25	—	−9	0	±IT/2	−5	−10	—	+2	0	+9	+17	+26	+34	+43	+48	+60	+68	+80	+94	+112	+148	+200	+274
40	50	−320	−180	−130	—	−80	−50	—	−25	—	−9	0	±IT/2	−5	−10	—	+2	0	+9	+17	+26	+34	+43	+54	+70	+81	+97	+114	+136	+180	+242	+325
50	65	−340	−190	−140	—	−100	−60	—	−30	—	−10	0	±IT/2	−7	−12	—	+2	0	+11	+20	+32	+41	+53	+66	+87	+102	+122	+144	+172	+226	+300	+405
65	80	−360	−200	−150	—	−100	−60	—	−30	—	−10	0	±IT/2	−7	−12	—	+2	0	+11	+20	+32	+43	+59	+75	+102	+120	+146	+174	+210	+274	+360	+480
80	100	−380	−220	−170	—	−120	−72	—	−36	—	−12	0	±IT/2	−9	−15	—	+3	0	+13	+23	+37	+51	+71	+91	+124	+146	+178	+214	+258	+335	+445	+585
100	120	−410	−240	−180	—	−120	−72	—	−36	—	−12	0	±IT/2	−9	−15	—	+3	0	+13	+23	+37	+54	+79	+104	+144	+172	+210	+254	+310	+400	+525	+690
120	140	−460	−260	−200	—	−145	−85	—	−43	—	−14	0	±IT/2	−11	−18	—	+3	0	+15	+27	+43	+63	+92	+122	+170	+202	+248	+300	+365	+470	+620	+800
140	160	−520	−280	−210	—	−145	−85	—	−43	—	−14	0	±IT/2	−11	−18	—	+3	0	+15	+27	+43	+65	+100	+134	+190	+228	+280	+340	+415	+535	+700	+900
160	180	−580	−310	−230	—	−145	−85	—	−43	—	−14	0	±IT/2	−11	−18	—	+3	0	+15	+27	+43	+68	+108	+146	+210	+252	+310	+380	+465	+600	+780	+1000
180	200	−660	−340	−240	—	−170	−100	—	−50	—	−15	0	±IT/2	−13	−21	—	+4	0	+17	+31	+50	+77	+122	+166	+236	+284	+350	+425	+520	+670	+880	+1150
200	225	−740	−380	−260	—	−170	−100	—	−50	—	−15	0	±IT/2	−13	−21	—	+4	0	+17	+31	+50	+80	+130	+180	+258	+310	+385	+470	+575	+740	+960	+1250
225	250	−820	−420	−280	—	−170	−100	—	−50	—	−15	0	±IT/2	−13	−21	—	+4	0	+17	+31	+50	+84	+140	+196	+284	+340	+425	+520	+640	+820	+1050	+1350
250	280	−920	−480	−300	—	−190	−110	—	−56	—	−17	0	±IT/2	−16	−26	—	+4	0	+20	+34	+56	+94	+158	+218	+315	+385	+475	+580	+710	+920	+1200	+1550
280	315	−1050	−540	−330	—	−190	−110	—	−56	—	−17	0	±IT/2	−16	−26	—	+4	0	+20	+34	+56	+98	+170	+240	+350	+425	+525	+650	+790	+1000	+1300	+1700
315	355	−1200	−600	−360	—	−210	−125	—	−62	—	−18	0	±IT/2	−18	−28	—	+4	0	+21	+37	+62	+108	+190	+268	+390	+475	+590	+730	+900	+1150	+1500	+1900
355	400	−1350	−680	−400	—	−210	−125	—	−62	—	−18	0	±IT/2	−18	−28	—	+4	0	+21	+37	+62	+114	+208	+294	+435	+530	+660	+820	+1000	+1300	+1650	+2100
400	450	−1500	−760	−440	—	−230	−135	—	−68	—	−20	0	±IT/2	−20	−32	—	+5	0	+23	+40	+68	+126	+232	+330	+490	+595	+740	+920	+1100	+1450	+1850	+2400
450	500	−1650	−840	−480	—	−230	−135	—	−68	—	−20	0	±IT/2	−20	−32	—	+5	0	+23	+40	+68	+132	+252	+360	+540	+660	+820	+1000	+1250	+1600	+2100	+2600

注:1. 公称尺寸小于或等于1mm时,基本偏差a和b不使用。

2. 公差带js7~js11,若ITn的数值为奇数,则取 js=±(ITn−1)/2。

表 3-8　公称尺寸≤500mm 孔的基本偏差（摘自 GB/T1800.2—2009）

单位：μm

基本偏差	A	B	C	CD	D	E	EF	F	FG	G	H	JS	J6	J7	J8	K≤8	K>8	M≤8	M>8	N≤8	N>8	P到ZC (≤7级)	P	R	S	T	U	V	X	Y	Z	ZA	ZB	ZC	Δ3	Δ4	Δ5	Δ6	Δ7	Δ8
	下极限偏差 EI											JS	J			K		M		N			上极限偏差 ES												Δ					
公称尺寸/mm 大于 至	所有标准公差等级											±ITn/2	6	7	8	≤8	>8	≤8	>8	≤8	>8	<8级	>7级												标准公差等级					
— 3	+270	+140	+60	+34	+20	+14	+10	+6	+4	+2	0		+2	+4	+6	0	0	-2	-2	-4	-4		-6	-10	-14		-18		-20		-26	-32	-40	-60	0	0	0	0	0	0
3 6	+270	+140	+70	+46	+30	+20	+14	+10	+6	+4	0		+5	+6	+10	-1+Δ	—	-4+Δ	-4	-8+Δ	0		-12	-15	-19		-23		-28		-35	-42	-50	-80	1	1.5	1	3	4	6
6 10	+280	+150	+80	+56	+40	+25	+18	+13	+8	+5	0		+5	+8	+12	-1+Δ	—	-6+Δ	-6	-10+Δ	0		-15	-19	-23		-28		-34		-42	-52	-67	-97	1	1.5	2	3	6	7
10 14	+290	+150	+95		+50	+32		+16		+6	0		+6	+10	+15	-1+Δ	—	-7+Δ	-7	-12+Δ	0		-18	-23	-28		-33		-40		-50	-64	-90	-130	1	2	3	3	7	9
14 18	+290	+150	+95		+50	+32		+16		+6	0	偏差 等于 ±ITn/2	+6	+10	+15	-1+Δ	—	-7+Δ	-7	-12+Δ	0		-18	-23	-28		-33	-39	-45		-60	-77	-108	-150	1	2	3	3	7	9
18 24	+300	+160	+110		+65	+40		+20		+7	0		+8	+12	+20	-2+Δ	—	-8+Δ	-8	-15+Δ	0		-22	-28	-35		-41	-47	-54	-63	-73	-98	-136	-188	1.5	2	3	4	8	12
24 30	+300	+160	+110		+65	+40		+20		+7	0		+8	+12	+20	-2+Δ	—	-8+Δ	-8	-15+Δ	0		-22	-28	-35	-41	-48	-55	-64	-75	-88	-118	-160	-218	1.5	2	3	4	8	12
30 40	+310	+170	+120		+80	+50		+25		+9	0		+10	+14	+24	-2+Δ	—	-9+Δ	-9	-17+Δ	0		-26	-34	-43	-48	-60	-68	-80	-94	-112	-148	-200	-274	1.5	3	4	5	9	14
40 50	+320	+180	+130		+80	+50		+25		+9	0		+10	+14	+24	-2+Δ	—	-9+Δ	-9	-17+Δ	0		-26	-34	-43	-54	-70	-81	-97	-114	-136	-180	-242	-325	1.5	3	4	5	9	14
50 65	+340	+190	+140		+100	+60		+30		+10	0		+13	+18	+28	-2+Δ	—	-11+Δ	-11	-20+Δ	0		-32	-41	-53	-66	-87	-102	-122	-144	-172	-226	-300	-405	2	3	5	6	11	16
65 80	+360	+200	+150		+100	+60		+30		+10	0		+13	+18	+28	-2+Δ	—	-11+Δ	-11	-20+Δ	0		-32	-43	-59	-75	-102	-120	-146	-174	-210	-274	-360	-480	2	3	5	6	11	16
80 100	+380	+220	+170		+120	+72		+36		+12	0		+16	+22	+34	-3+Δ	—	-13+Δ	-13	-23+Δ	0	在大于7级的相应数值上增加一个Δ值	-37	-51	-71	-91	-124	-146	-178	-214	-258	-335	-445	-585	2	4	5	7	13	19
100 120	+410	+240	+180		+120	+72		+36		+12	0		+16	+22	+34	-3+Δ	—	-13+Δ	-13	-23+Δ	0		-37	-54	-79	-104	-144	-172	-210	-254	-310	-400	-525	-690	2	4	5	7	13	19
120 140	+460	+260	+200		+145	+85		+43		+14	0		+18	+26	+41	-3+Δ	—	-15+Δ	-15	-27+Δ	0		-43	-63	-92	-122	-170	-202	-248	-300	-365	-470	-620	-800	3	4	6	7	15	23
140 160	+520	+280	+210		+145	+85		+43		+14	0		+18	+26	+41	-3+Δ	—	-15+Δ	-15	-27+Δ	0		-43	-65	-100	-134	-190	-228	-280	-340	-415	-535	-700	-900	3	4	6	7	15	23
160 180	+580	+310	+230		+145	+85		+43		+14	0		+18	+26	+41	-3+Δ	—	-15+Δ	-15	-27+Δ	0		-43	-68	-108	-146	-210	-252	-310	-380	-465	-600	-780	-1000	3	4	6	7	15	23
180 200	+660	+340	+240		+170	+100		+50		+15	0		+22	+30	+47	-4+Δ	—	-17+Δ	-17	-31+Δ	0		-50	-77	-122	-166	-236	-284	-350	-425	-520	-670	-880	-1150	3	4	6	9	17	26
200 225	+740	+380	+260		+170	+100		+50		+15	0		+22	+30	+47	-4+Δ	—	-17+Δ	-17	-31+Δ	0		-50	-80	-130	-180	-258	-310	-385	-470	-575	-740	-960	-1250	3	4	6	9	17	26
225 250	+820	+420	+280		+170	+100		+50		+15	0		+22	+30	+47	-4+Δ	—	-17+Δ	-17	-31+Δ	0		-50	-84	-140	-196	-284	-340	-425	-520	-640	-820	-1050	-1350	3	4	6	9	17	26
250 280	+920	+480	+300		+190	+110		+56		+17	0		+25	+36	+55	-4+Δ	—	-20+Δ	-20	-34+Δ	0		-56	-94	-158	-218	-315	-385	-475	-580	-710	-920	-1200	-1550	4	4	7	9	20	29
280 315	+1050	+540	+330		+190	+110		+56		+17	0		+25	+36	+55	-4+Δ	—	-20+Δ	-20	-34+Δ	0		-56	-98	-170	-240	-350	-425	-525	-650	-790	-1000	-1300	-1700	4	4	7	9	20	29
315 355	+1200	+600	+360		+210	+125		+62		+18	0		+29	+39	+60	-4+Δ	—	-21+Δ	-21	-37+Δ	0		-62	-108	-190	-268	-390	-475	-590	-730	-900	-1150	-1500	-1900	4	5	7	11	21	32
355 400	+1350	+680	+400		+210	+125		+62		+18	0		+29	+39	+60	-4+Δ	—	-21+Δ	-21	-37+Δ	0		-62	-114	-208	-294	-435	-530	-660	-820	-1000	-1300	-1650	-2100	4	5	7	11	21	32
400 450	+1500	+760	+440		+230	+135		+68		+20	0		+33	+43	+66	-5+Δ	—	-23+Δ	-23	-40+Δ	0		-68	-126	-232	-330	-490	-595	-740	-920	-1100	-1450	-1850	-2400	5	5	7	13	23	34
450 500	+1650	+840	+480		+230	+135		+68		+20	0		+33	+43	+66	-5+Δ	—	-23+Δ	-23	-40+Δ	0		-68	-132	-252	-360	-540	-660	-820	-1000	-1250	-1600	-2100	-2600	5	5	7	13	23	34

注：1. 公称尺寸≤1mm时，基本偏差A和B以及≥IT8的N均不采用。
2. 公差带JS7~JS11，若ITn的数值为奇数，则取$JS=\pm(IT_n-1)/2$。
3. 对于≤IT8的K、M、N以及≤IT7的P~ZC，所属Δ值从表内右侧选取。
4. 特例：250~315mm尺寸段的M6，ES=-9μm(代替-11)。

【例题 3.3】 确定 $\phi25H7/p6$ 和 $\phi25P7/h6$ 的极限偏差，其中轴的极限偏差用查表法确定，孔的极限偏差用公式计算确定。

解：查表 3-4 得：IT6＝13μm，IT7＝21μm。

轴 p6 的基本偏差为下极限偏差，查表 3-7 得：ei＝＋22μm。

轴 p6 的上极限偏差为

$$es＝ei＋IT6＝＋22＋13＝＋35\mu m$$

基准孔 H7 的下极限偏差 EI＝0，H7 的上极限偏差为

$$ES＝EI＋IT7＝0＋21＝＋21\mu m$$

孔 P7 的基本偏差为上极限偏差 ES，应该按照特殊规则进行计算

$$ES＝-ei＋\varDelta$$

$$\varDelta＝IT7-IT6＝21-13＝8\mu m$$

所以

$$ES＝-ei＋\varDelta$$
$$＝-22＋8＝-14\mu m$$

孔 P7 的下极限偏差为

$$EI＝ES-IT7＝-14-21＝-35\mu m$$

轴 h6 的上极限偏差 es＝0，轴 h6 的下极限偏差为

$$ei＝es-IT6＝0-13＝-13\mu m$$

由上可得：

$$\phi25H7＝\phi25^{+0.021}_{0}$$
$$\phi25p6＝\phi25^{+0.035}_{+0.022}$$
$$\phi25P7＝\phi25^{-0.014}_{-0.035}$$
$$\phi25h6＝\phi25^{0}_{-0.013}$$

孔、轴的公差带图如图 3.10 所示。

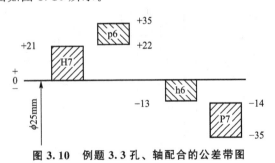

图 3.10 例题 3.3 孔、轴配合的公差带图

5. 公称尺寸>500~3150mm 的孔、轴的基本偏差

在公称尺寸大于 500mm 时，孔与轴的结合一般都采用同级配合，只要孔、轴基本偏差代号相当，它们的基本偏差数值相等，符号相反。

公称尺寸大于 500~3150mm 范围轴和孔的基本偏差计算公式见表 3-9；孔的基本偏差数值表见表 3-10。

表 3-9 公称尺寸＞500~3150mm 轴、孔的基本偏差计算公式

轴		基本偏差/μm			孔		轴		基本偏差/μm			孔	
d	es	−	$16D^{0.44}$	+	EI	D	m	ei	+	$0.024D+12.6$	−	ES	M
e	es	−	$11D^{0.41}$	+	EI	E	n	ei	+	$0.04D+21$	−	ES	N
f	es	−	$5.5D^{0.41}$	+	EI	F	p	ei	+	$0.072D+37.8$	−	ES	P
g	es	−	$2.5D^{0.34}$	+	EI	G	r	ei	+	P、p 和 S、s 值的几何平均值	−	ES	R
h	es	−	0	+	EI	H	s	ei	+	$IT7+0.4D$	−	ES	S
js	ei	−	$0.5IT_n$	+	ES	JS	t	ei	+	$IT7+0.63D$	−	ES	T
k	ei	+	0	−	ES	K	u	ei	+	$IT7+D$	−	ES	U

表 3-10 公称尺寸＞500~3150mm 国家标准孔与轴的基本偏差（节选）

			d	e	f	g	h	js	k	m	n	p	r	s	t	u
轴	代号	基本偏差代号	d	e	f	g	h	js	k	m	n	p	r	s	t	u
	偏差	公差等级	6~18													
		表中偏差	es						ei							
		另一偏差	ei=es−IT						es=ei+IT							
		偏差正负号	−	−	−	−			+	+	+	+	+	+	+	+
直径分段/mm		偏差数值/μm														
＞500~560			260	145	76	22	0	偏差为 $\pm IT_n/2$	0	26	44	78	150	280	400	600
＞560~630			260	145	76	22	0		0	26	44	78	155	310	450	660
＞630~710			290	160	80	24	0		0	30	50	88	175	340	500	740
＞710~800			290	160	80	24	0		0	30	50	88	185	380	560	840
＞800~900			320	170	86	26	0		0	34	56	100	210	430	620	940
＞900~1000			320	170	86	26	0		0	34	56	100	220	470	680	1050
＞1000~1120			350	195	98	28	0		0	40	60	120	250	520	780	1150
＞1120~1250			350	195	98	28	0		0	40	60	120	260	580	840	1300
＞1250~1400			390	220	110	30	0		0	48	78	140	300	640	960	1450
＞1400~1600			390	220	110	30	0		0	48	78	140	330	720	1050	1600
＞1600~1800			430	240	120	32	0		0	58	92	170	370	820	1200	1850
＞1800~2000			430	240	120	32	0		0	58	92	170	400	920	1350	2000
孔	偏差	偏差正负号	+	+	+	+			−	−	−	−	−	−	−	−
		另一偏差	ES=EI+IT						EI=ES−IT							
		表中偏差	EI						ES							
	代号	公差等级	6~18													
		基本偏差代号	D	E	F	G	H	JS	K	M	N	P	R	S	T	U

3.2.3 常用公差带及配合

国家标准提供了 20 个公差等级和 28 种基本偏差代号，其中基本偏差 j、J 均限用于 3 个公差等级，由此可组成孔的公差带有 543 种，轴的公差带有 544 种。孔和轴又可以组成大量的配合，为减少定值刀具、量具和设备等的数目，对公差带和配合应该加以限制。

在公称尺寸≤500mm 的常用尺寸段范围内，国家标准推荐了孔、轴的一般、常用和优先选用的公差带，见表 3-11 和表 3-12。

表 3-11 公称尺寸≤500mm 轴的一般、常用和优先公差带

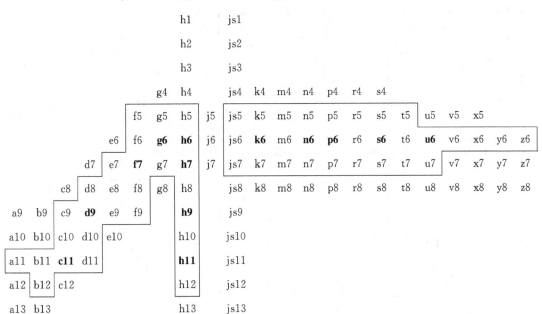

表 3-12 公称尺寸≤500mm 孔的一般、常用和优先公差带

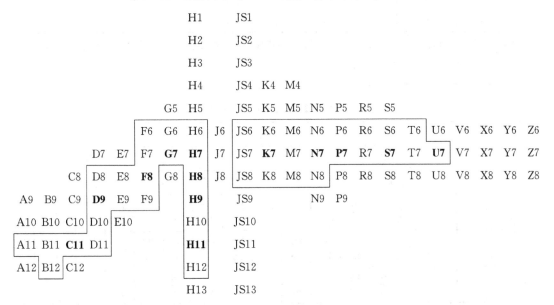

对于轴的一般、常用和优先公差带国家标准规定了 116 种，其中表 3−11 中方框内的 59 种为常用公差带，在方框内 13 种黑体标示的为优先选用公差带。

对于孔的一般、常用和优先公差带国家标准规定了 105 种，表 3−12 中方框内的 44 种为常用公差带，在方框内 13 种黑体标示的为优先选用的公差带。

国家标准在推荐了孔、轴公差带的基础上，还推荐了孔、轴公差带的配合，见表 3−13 和表 3−14。

表 3−13　基孔制常用、优先配合

基准孔	轴																				
	a	b	c	d	e	f	g	h	js	k	m	n	p	r	s	t	u	v	x	y	z
	间隙配合								过渡配合				过盈配合								
H6						$\frac{H6}{f5}$	$\frac{H6}{g5}$	$\frac{H6}{h5}$	$\frac{H6}{js5}$	$\frac{H6}{k5}$	$\frac{H6}{m5}$	$\frac{H6}{n5}$	$\frac{H6}{p5}$	$\frac{H6}{r5}$	$\frac{H6}{s5}$	$\frac{H6}{t5}$					
H7						$\frac{H7}{f6}$	$\mathbf{\frac{H7}{g6}}$	$\mathbf{\frac{H7}{h6}}$	$\frac{H7}{js6}$	$\mathbf{\frac{H7}{k6}}$	$\frac{H7}{m6}$	$\mathbf{\frac{H7}{n6}}$	$\mathbf{\frac{H7}{p6}}$	$\frac{H7}{r6}$	$\mathbf{\frac{H7}{s6}}$	$\frac{H7}{t6}$	$\mathbf{\frac{H7}{u6}}$	$\frac{H7}{v6}$	$\frac{H7}{x6}$	$\frac{H7}{y6}$	$\frac{H7}{z6}$
H8					$\frac{H8}{e7}$	$\mathbf{\frac{H8}{f7}}$	$\frac{H8}{g7}$	$\mathbf{\frac{H8}{h7}}$	$\frac{H8}{js7}$	$\frac{H8}{k7}$	$\frac{H8}{m7}$	$\frac{H8}{n7}$	$\frac{H8}{p7}$	$\frac{H8}{r7}$	$\frac{H8}{s7}$	$\frac{H8}{t7}$	$\frac{H8}{u7}$				
				$\frac{H8}{d8}$	$\frac{H8}{e8}$	$\frac{H8}{f8}$		$\frac{H8}{h8}$													
H9			$\frac{H9}{c9}$	$\mathbf{\frac{H9}{d9}}$	$\frac{H9}{e9}$	$\frac{H9}{f9}$		$\mathbf{\frac{H9}{h9}}$													
H10			$\frac{H10}{c10}$	$\frac{H10}{d10}$				$\frac{H10}{h10}$													
H11	$\frac{H11}{a11}$	$\frac{H11}{b11}$	$\mathbf{\frac{H11}{c11}}$	$\frac{H11}{d11}$				$\mathbf{\frac{H11}{h11}}$													
H12		$\frac{H12}{b12}$						$\frac{H12}{h12}$													

注：1. 公称尺寸小于或等于 3mm 的 H6/n5 与 H7/p6 为过渡配合，公称尺寸小于或等于 100mm 的 H8/r7 为过渡配合。

2. 黑体标示的为优先配合。

表 3−14　基轴制常用、优先配合

基准轴	孔																
	A	B	C	D	E	F	G	H	JS	K	M	N	P	R	S	T	U
	间隙配合								过渡配合				过盈配合				
h5						$\frac{F6}{h5}$	$\frac{G6}{h5}$	$\frac{H6}{h5}$	$\frac{JS6}{h5}$	$\frac{K6}{h5}$	$\frac{M6}{h5}$	$\frac{N6}{h5}$	$\frac{P6}{h5}$	$\frac{R6}{h5}$	$\frac{S6}{h5}$	$\frac{T6}{h5}$	
h6						$\frac{F7}{h6}$	$\mathbf{\frac{G7}{h6}}$	$\mathbf{\frac{H7}{h6}}$	$\frac{JS7}{h6}$	$\mathbf{\frac{K7}{h6}}$	$\frac{M7}{h6}$	$\mathbf{\frac{N7}{h6}}$	$\mathbf{\frac{P7}{h6}}$	$\frac{R7}{h6}$	$\mathbf{\frac{S7}{h6}}$	$\frac{T7}{h6}$	$\mathbf{\frac{U7}{h6}}$
h7					$\frac{E8}{h7}$	$\mathbf{\frac{F8}{h7}}$		$\mathbf{\frac{H8}{h7}}$	$\frac{JS8}{h7}$	$\frac{K8}{h7}$	$\frac{M8}{h7}$	$\frac{N8}{h7}$					

（续）

基准轴	孔																
	A	B	C	D	E	F	G	H	JS	K	M	N	P	R	S	T	U
	间隙配合								过渡配合				过盈配合				
h8				$\dfrac{D8}{h8}$	$\dfrac{E8}{h8}$	$\dfrac{F8}{h8}$		$\dfrac{H8}{h8}$									
h9				$\dfrac{\mathbf{D9}}{\mathbf{h9}}$	$\dfrac{E9}{h9}$	$\dfrac{F9}{h9}$		$\dfrac{\mathbf{H9}}{\mathbf{h9}}$									
h10				$\dfrac{D10}{h10}$				$\dfrac{H10}{h10}$									
h11	$\dfrac{A11}{h11}$	$\dfrac{B11}{h11}$	$\dfrac{\mathbf{C11}}{\mathbf{h11}}$	$\dfrac{D11}{h11}$				$\dfrac{\mathbf{H11}}{\mathbf{h11}}$									
h12		$\dfrac{B12}{h12}$						$\dfrac{H12}{h12}$									

注：表中黑体标示的为优先配合。

对于基孔制规定了 59 个常用配合，在常用配合中又规定了 13 个优先配合（表 3-13 中用黑体标示）。

对于基轴制规定了 47 个常用配合，在常用配合中又规定了 13 个优先配合（表 3-14 中用黑体标示）。

表 3-13 中，与基准孔配合，当轴的公差小于或等于 IT7 时，是与低一级的基准孔配合，其余是与同级的基准孔配合。

表 3-14 中，与基准轴配合，当孔的公差小于或等于 IT8 时，是与高一级的基准轴配合，其余是与同级的基准轴配合。

3.2.4 未注公差

1. 未注公差的概念

未注公差（也叫一般公差）是指在普通工艺条件下，普通机床设备一般加工能力就可达到的公差，它包括线性和角度的尺寸公差。在正常维护和操作情况下，它代表车间的一般加工精度。

未注公差可简化制图，使图样清晰易读；节省图样设计的时间，设计人员熟悉未注公差的有关规定并加以应用，可不必考虑其公差值；在保证车间的正常精度下，未注公差一般不用检验；采用未注公差方式，可突出图样上标注的公差，在加工和检验时可以引起足够的重视。

2. 未注公差的精度等级

国家标准把未注公差规定了 4 个等级，分别为：精密级（f）、中等级（m）、粗糙级（c）和最粗级（v）。

线性尺寸的极限偏差数值见表 3-15；倒圆半径和倒角高度尺寸的极限偏差数值见表 3-16；角度尺寸的极限偏差数值见表 3-17。

表 3－15　线性尺寸的极限偏差数值　　　　　　　单位：mm

公差等级	尺 寸 分 段							
	0.5～3	>3～6	>6～30	>30～120	>120～400	>400～1000	>1000～2000	>2000～4000
f(精密级)	±0.05	±0.05	±0.1	±0.15	±0.2	±0.3	±0.5	—
m(中等级)	±0.1	±0.1	±0.2	±0.3	±0.5	±0.8	±1.2	±2
c(粗糙级)	±0.2	±0.3	±0.5	±0.8	±1.2	±2	±3	±4
v(最粗级)	—	±0.5	±1	±1.5	±2.5	±4	±6	±8

表 3－16　倒圆半径与倒角高度尺寸的极限偏差数值　　　　　　　单位：mm

公差等级	尺 寸 分 段			
	0.5～3	>3～6	>6～30	>30
f(精密级)	±0.2	±0.5	±1	±2
m(中等级)				
c(粗糙级)	±0.4	±1	±2	±4
v(最粗级)				

注：倒圆半径与倒角高度的含义参见国家标准 GB/T 6403.4—2008《零件倒圆与倒角》。

表 3－17　角度尺寸的极限偏差数值

公差等级	长度分段/mm				
	～10	>10～50	>50～120	>120～400	>400
f(精密级)	±1°	±30′	±20′	±10′	±5′
m(中等级)					
c(粗糙级)	±1°30′	±1°	±30′	±15′	±10′
v(最粗级)	±3°	±2°	±1°	±30′	±20′

3．未注公差的表示方法

未注公差在图样上只标注公称尺寸，不标注基本偏差，但是应该在图样的技术要求中用本标准号和公差等级代号表示。

例如，选用精密级时，则表示为：GB/T 1804—f。

3.3　公差带与配合的选用

尺寸公差带与配合的选用是机械设计和制造的一个很重要的环节，公差带与配合的选择是否合适，直接影响机器的使用性能、寿命、互换性和经济性。公差带与配合的选用主要包括：配合制的选用、公差等级的选用和配合种类的选用。此外，还简要介绍配制配合的选用方法。

3.3.1 配合制的选用

设计时，为了减少定值刀具和量具的规格和种类，应该优先选用基孔制。但是在以下情况下采用基轴制比较经济合理。

（1）在农业机械、纺织机械、建筑机械中经常使用具有一定公差等级的冷拉钢材直接作轴，不需要再进行加工，这种情况下，应该选用基轴制。

（2）同一公称尺寸的轴上装配几个零件且配合性质不同时，应该选用基轴制。

例如，内燃机中活塞销与活塞孔、连杆套筒的配合，如图 3.11(a)所示，根据使用要求，活塞销与活塞孔的配合为过渡配合，活塞销与连杆套筒的配合为间隙配合。如果选用基孔制配合，三处配合分别为：H6/m5、H6/h5 和 H6/m5，公差带如图 3.11(b)所示；如果选用基轴制配合，三处配合分别为：M6/h5、H6/h5 和 M6/h5，公差带如图 3.11(c)所示。选用基孔制时，必须把轴做成台阶形式才能满足各部分的配合要求，这样既不利于加工，也增加了装配的难度；如果选用基轴制，就可把轴做成光轴，这样有利于加工和装配。

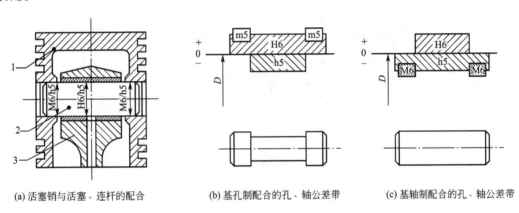

(a) 活塞销与活塞、连杆的配合　　(b) 基孔制配合的孔、轴公差带　　(c) 基轴制配合的孔、轴公差带

图 3.11　活塞销与活塞、连杆机构的配合及孔、轴公差带

1—活塞；2—活塞销；3—连杆

（3）与标准件或标准部件配合的孔或轴，必须以标准件为基准件来选择配合制。

例如，滚动轴承内圈和轴颈的配合必须采用基孔制，外圈和壳体的配合必须采用基轴制。

此外，在一些经常拆卸和精度要求不高的特殊场合可以采用非基准制。

例如，滚动轴承端盖凸缘与箱体孔的配合，轴上用来轴向定位的衬套与轴的配合，采用的都是非基准制，如图 3.12 所示。

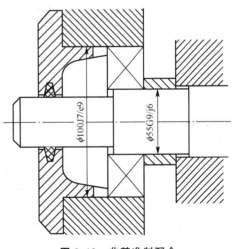

图 3.12　非基准制配合

3.3.2 公差等级的选用

选用公差等级有一个基本原则，就是在能够满足使用要求的前提下，应尽量选择较低的

公差等级。

公差等级的选择除遵循基本原则外，还应考虑以下问题。

1. 工艺等价性

在确定有配合的孔、轴的公差等级时，还应该考虑孔、轴的工艺等价性，公称尺寸≤500mm且标准公差≤IT8的孔比同级的轴加工困难，国家标准推荐孔与比它高一级的轴配合；而公称尺寸≤500mm且标准公差＞IT8的孔以及公称尺寸＞500mm的孔，测量精度容易保证，国家标准推荐孔、轴采用同级配合。

2. 各公差等级的应用范围

具体公差等级的选择，可参考国家标准推荐的公差等级的应用范围，见表3-18。

表3-18 各公差等级应用范围

公差等级	应用范围
IT01~IT1	高精度量块和其他精密尺寸标准块的公差
IT2~IT5	用于特别精密零件的配合
IT5~IT12	用于配合尺寸公差，IT5的轴和IT6的孔用于高精度和重要的配合处
IT6	用于要求精密配合的情况
IT7~IT8	用于一般精度要求的配合
IT9~IT10	用于一般要求的配合或精度要求较高的键宽与键槽宽的配合
IT11~IT12	用于不重要的配合
IT12~IT18	用于未注尺寸公差的尺寸精度

3. 熟悉各种加工方法的加工精度

各种加工方法所能达到的具体加工精度，见表3-19。

表3-19 各种加工方法的加工精度

加工方法	加工精度范围	加工方法	加工精度范围
研磨	IT01~IT5	铣	IT8~IT11
珩磨	IT4~IT7	刨、插	IT10~IT11
圆磨	IT5~IT8	钻	IT10~IT13
平磨	IT5~IT8	滚压、挤压	IT10~IT11
金刚石车	IT5~IT7	冲压	IT10~IT14
金刚石镗	IT5~IT7	压铸	IT11~IT14
拉削	IT5~IT8	粉末冶金成型	IT8~IT10
铰孔	IT6~IT10	粉末冶金烧结	IT9~IT12
车	IT7~IT11	砂型铸造	IT16~IT18
镗	IT7~IT11	锻造	IT15~IT16

4．相关件和相配件的精度

例如，齿轮孔与轴的配合，它们的公差等级取决于相关件齿轮的精度等级，与标准件滚动轴承相配合的外壳孔和轴颈的公差等级决定于相配件滚动轴承的公差等级。

5．加工成本

为了降低成本，对于一些精度要求不高的配合，孔、轴的公差等级可以相差 2～3 级，如图 3.12 所示。轴承端盖凸缘与箱体孔的配合为 $\phi100J7/e9$；轴套与轴的配合为 $\phi55G9/j6$；它们的公差等级相差分别为 2 级和 3 级。

3.3.3 配合的选用

配合主要是根据具体使用要求确定配合类别和配合代号。

1．配合类别的选择

配合类别的选择主要是根据使用要求选择间隙配合、过盈配合和过渡配合三种配合类型之一。当相配合的孔、轴间有相对运动时，应选择间隙配合；当相配合的孔、轴间无相对运动且不经常拆卸而需要传递一定的扭矩时，应选择过盈配合；当相配合的孔、轴间无相对运动而又需要经常拆卸时，应选择过渡配合。

2．配合代号的选择

配合代号的选择是指在确定了配合制度和标准公差等级后，确定与基准件配合的孔或轴的基本偏差代号。

1）配合代号选择的基本方法

配合代号的选择通常有三种方法：计算法、试验法和类比法。计算法是根据一定的理论和公式，经过计算得出所需的间隙或过盈，计算结果也是一个近似值，实际中还需要经过试验来确定；对产品性能影响很大的一些配合，常用试验法来确定最佳的间隙或过盈，这种方法要进行大量试验，成本比较高；类比法是参照类似的经过生产实践验证的机械，分析零件的工作条件及使用要求，以它们为样本来选择配合种类，类比法是机械设计中最常用的方法。使用类比法设计时，各种基本偏差的选择可参考表 3 - 20 来选择。

表 3 - 20 基本偏差特性及应用表

配合	基本偏差	特性及应用
间隙配合	a(A)b(B)	可得到特大的间隙，应用很少，主要用于工作温度高、热变形大的零件之间的配合
	c(C)	可得到很大的间隙，一般用于缓慢、松弛的动配合。用于工作条件差（如农用机械），受力易变形，或方便装配而需要有较大的间隙时。推荐使用配合 H11/c11。其较高等级的配合 H8/c7 适用较高温度的动配合，如内燃机排气阀和导管的配合
	d(D)	对应于 IT7～IT11，用于较松的转动配合，如密封盖、滑轮、空转带轮与轴的配合，也用于大直径的滑动轴承配合

（续）

配合	基本偏差	特性及应用
间隙配合	e(E)	对应于 IT7～IT9，用于要求有明显的间隙且易于转动的轴承配合，如大跨距轴承和多支点轴承等处的配合。e 轴适用于高等级、大的、高速、重载支承的配合，如内燃机主要轴承、大型电动机、涡轮发动机、凸轮轴承等的配合为 H8/e7
	f(F)	对应于 IT6～IT8 的普通转动配合。广泛用于温度影响小，普通润滑油和润滑脂润滑的支承，如小电动机、主轴箱、泵等的转轴和滑动轴承的配合
	g(G)	多与 IT5～IT7 对应，形成很小间隙的配合，用于轻载装置的转动配合，其他场合不推荐使用转动配合，也用于插销的定位配合，如滑阀、连杆销精密连杆轴承等
	h(H)	对应于 IT4～IT7，作为普通定位配合，多用于没有相对运动的零件。在温度、变形影响小的场合也用于精密滑动配合
过渡配合	js(JS)	对应于 IT4～IT7，用于平均间隙小的过渡配合和略有过盈的定位配合，如联轴节、齿圈和轮毂的配合，用木槌装配
	k(K)	对应于 IT4～IT7，用于平均间隙接近零的配合和稍有过盈的定位配合，用木槌装配
	m(M)	对应于 IT4～IT7，用于平均间隙较小的配合和精密定位配合，用木槌装配
	n(N)	对应于 IT4～IT7，用于平均过盈较大和紧密组件的配合，一般得不到间隙，用木槌和压力机装配
过盈配合	p(P)	用于小的过盈配合，p 轴与 H6 和 H7 形成过盈配合，与 H8 形成过渡配合，对非铁零件为较轻的压入配合。当要求容易拆卸时，对于钢、铸铁或铜、钢组件用标准压入装配
	r(R)	对钢铁类零件是中等打入配合，对于非钢铁类零件是轻打入配合，可以较方便地进行拆卸。与 H8 配合时，直径大于 100mm 为过盈配合，小于 100mm 为过渡配合
	s(S)	用于钢和铁制零件的永久性和半永久性装配，能产生相当大的结合力。当用轻合金等弹性材料时，配合性质相当于钢铁类零件的 p 轴。为保护配合表面，需用热胀冷缩法进行装配
	t(T)	用于过盈量较大的配合，对钢铁类零件适合作永久性结合，不需要键可传递力矩。用热胀冷缩法装配
	u(U)	过盈量很大，需验算在最大过盈量时工件是否损坏。用热胀冷缩法装配
	v(V)、x(X)、y(Y)、z(Z)	一般不推荐使用

2）标准规定的优先、常用和一般的配合

在选用配合时应尽量选择国家标准中规定的公差带和配合。

在实际设计中，应该首先采用优先配合（优先配合的选用说明见表 3-21），当优先配合不能满足要求时，再从常用配合中选择，常用配合不能满足要求时，再选择一般的配合。在特殊情况下，可根据国家标准的规定，用标准公差系列和基本偏差系列组成配合，以满足特殊的要求。

表 3-21　优先配合选用说明

优先配合		说　明
基孔制	基轴制	
$\frac{H11}{c11}$	$\frac{C11}{h11}$	间隙很大，常用于很松转速低的动配合，也用于装配方便的松配合
$\frac{H9}{d9}$	$\frac{D9}{h9}$	用于间隙很大的自由转动配合，也用于非主要精度要求时，或者温度变化大、转速高和轴颈压力很大的时候
$\frac{H8}{f7}$	$\frac{F8}{h7}$	用于间隙不大的转动配合，也用于中等转速与中等轴颈压力的精确传动和较容易的中等定位配合
$\frac{H7}{g6}$	$\frac{G7}{h6}$	用于小间隙的滑动配合，也用于不能转动，但可自由移动或滑动并能精密定位的配合
$\frac{H7}{h6}$ $\frac{H8}{h7}$ $\frac{H9}{h9}$ $\frac{H11}{h11}$	$\frac{H7}{h6}$ $\frac{H8}{h7}$ $\frac{H9}{h9}$ $\frac{H11}{h11}$	用于在工作时没有相对运动，但装拆很方便的间隙定位配合
$\frac{H7}{k6}$	$\frac{K7}{h6}$	用于精密定位的过渡配合
$\frac{H7}{n6}$	$\frac{N7}{h6}$	用于有较大过盈的更精密定位的过盈配合
$\frac{H7}{p6}$	$\frac{P7}{h6}$	用于定位精度很重要的小过盈配合，并且能以最好的定位精度达到部件的刚性和对中性要求
$\frac{H7}{s6}$	$\frac{S7}{h6}$	用于普通钢件压入配合和薄壁件的冷缩配合
$\frac{H7}{u6}$	$\frac{U7}{h6}$	用于可承受高压入力零件的压入配合和不适宜承受大压入力的冷缩配合

3）计算法确定配合

若已知极限间隙（或过盈）时，首先根据要求选取配合制，然后按计算法确定公差等级，最后按相应公式计算基本偏差值后，查表确定基本偏差代号。

在选择配合中，所选取的极限间隙（或过盈）应尽可能在原要求的范围内。当选取的配合和原要求有差别时，其差别应小于原配合公差的10%（仅供参考）。

根据极限间隙（或过盈）计算确定公差与配合包括以下5个方面。

（1）确定配合制。

（2）由极限间隙（或过盈）求配合公差 T_f。

$$T_f = |X_{max} - X_{min}| = |Y_{min} - Y_{max}| = |X_{max} - Y_{max}|$$

（3）根据配合公差求孔、轴公差。

由 $T_f = T_h + T_s$，查标准公差表，可得到孔、轴的公差等级。如果在公差表中找不到任何两个相邻或相同等级的公差之和恰为配合公差，此时应按下列关系确定孔、轴的公差等级：

$$T_h + T_s \leqslant T_f$$

同时考虑孔、轴精度匹配和"工艺等价原则"，孔和轴的公差等级应相同或孔比轴低一级的关系而用任意两个公差等级进行组合。

（4）由极限间隙（或过盈）确定非基准件的基本偏差代号。

下面以基孔制配合为例说明计算过程。

如果是间隙配合：轴的基本偏差为上偏差 es 且为负值，其公差带在零线以下，所以，轴的基本偏差的绝对值 $|es| = X_{min}$，根据 X_{min} 查轴的基本偏差表便可得到轴的基本偏差代号。

如果是过盈配合：轴的基本偏差为下偏差 ei 且为正值，其公差带在零线以上，所以，轴的基本偏差 $ei = ES + |Y_{min}|$，根据计算结果查轴的基本偏差表，便可得到轴的基本偏差代号。

如果是过渡配合：轴的基本偏差为下偏差，但从轴的基本偏差表可以看出，其值有正也有负，有时为零，轴的基本偏差均为 $ei = T_h - X_{max}$。

当根据已知条件计算出轴的基本偏差数值而查取轴的基本偏差代号时，如果表中没有哪一个代号的数值与计算出的数值相同，则应按下述原则近似地取某一代号。

对于间隙配合或过盈配合 $X'_{min} > X_{min}$ 或 $|Y'_{min}| > |Y_{min}|$；对于过渡配合 $X'_{max} < X_{max}$。

其中：X'_{min}、Y'_{min} 和 X'_{max} 分别为由所取基本偏差代号形成的最小间隙、最小过盈和最大间隙；X_{min}、Y_{min} 和 X_{max} 分别为由已知条件给定的最小间隙、最小过盈和最大间隙。

基轴制配合的计算与基孔制相似，可参照推算之。

（5）验算极限间隙（或过盈）。

首先按孔、轴的标准公差计算出另一极限偏差，然后按所取的配合代号计算极限间隙或极限过盈，看是否符合由已知条件限定的极限间隙或极限过盈。如果验算结果不符合设计要求，可采用更换基本偏差代号或变动孔、轴公差等级的方法来改变极限间隙或极限过盈的大小，直至所选用的配合符合设计要求为止。

3. 计算法选用配合实例

【例题 3.4】 孔、轴的公称尺寸为 $\phi30mm$，要求配合间隙为 $X_{min}=+20\mu m$，$X_{max}=+55\mu m$。试确定公差配合。

解： 1. 无特殊规定，采用基孔制。

2. 计算配合公差：$T_f=|X_{max}-X_{min}|=35\mu m$。

3. 查公差表确定孔、轴的公差等级。

$$IT7=21\mu m，IT6=13\mu m$$

孔用 IT7，轴用 IT6

$$IT7+IT6=34\mu m<T_f=35\mu m$$

4. 由 $|es|=X_{min}$，查轴的基本偏差表，确定轴的基本偏差代号为 f。

5. 验算极限间隙。

并查出孔、轴的各极限偏差，可得 $X'_{min}=+20\mu m$，$X'_{max}=+54\mu m$。经验算可知，所选配合 $\phi30H7/f6$ 是合适的。

【例题 3.5】 孔、轴的公称尺寸为 $\phi30mm$，要求配合间隙为 $X_{max}=+20\mu m$，$Y_{max}=-16\mu m$。试确定公差配合。

解： 1. 无特殊规定，采用基孔制。

2. 计算配合公差：$T_f=|X_{max}-Y_{max}|=36\mu m$。

3. 查公差表确定孔、轴的公差等级。

$$IT7=21\mu m，IT6=13\mu m$$

所以，孔用 IT7，轴用 IT6

$$IT7+IT6=34\mu m<T_f=36\mu m$$

4. 查轴的基本偏差代号。由已知条件给定的最大间隙和最大过盈可知这一定是一个过渡配合。因此轴的基本偏差为下偏差，其值为 $ei=T_h-X_{max}=21-20=1\mu m$，查轴的基本偏差表，取轴的基本偏差代号为 k。

5. 验算最大间隙和最大过盈，并查出孔、轴的各极限偏差，可得

$$X'_{max}=+19\mu m，Y'_{max}=-15\mu m$$

符合设计要求，故选用的配和 $\phi30H7/k6$ 是合适的。

3.3.4 配制配合及其应用

所谓配制配合是以一个尺寸要素的实际尺寸来配制另一个要素，以获得要求间隙或过盈的一种工艺措施。

它一般应用于公差等级较高、单件小批生产的大尺寸的相配要素。配制配合采用与否由设计者根据零件的生产和使用情况决定。

1. 对配制配合零件的一般要求

1）先按功能要求选取标准的配合

配制的结果（实际间隙或过盈）应满足所选标准配合的极限间隙或极限过盈的要求。

2）确定基准件

一般选择难加工但能得到较高测量精度的那个要素作为基准件（先加工件一般情况下

是孔），并给它一个比较容易达到的公差等级或按"线性尺寸的未注公差"加工。

3）配制件的极限偏差与公差的确定

配制件（一般为轴）的公差可按满足功能要求的标准配合的配合公差来选取，其极限偏差和极限尺寸以基准件（先加工件）的实际尺寸为基数来确定，以满足配合要求的极限间隙或极限过盈值。

由于以满足配合要求的极限间隙或过盈为目的，所以配制件的公差比按标准配合进行互换性生产的单个零件公差大得多，其公差值接近于间隙配合公差或过盈配合公差。

2. 配制配合使用的注意事项

（1）配制配合仅限于尺寸极限方面的技术规定，不涉及其他技术要求，故其他几何公差和表面粗糙度方面的技术要求不能因采用配制配合而降低。

（2）测量准确度对于保证配制配合的性质影响极大。

要注意温度、几何误差对测量结果的影响，配制配合应采用尺寸相互比较的测量方法，并且在同样条件下测量，使用同一基准装置或校对量具，由同一组计量人员进行测量为佳。

3. 配制配合在图样上的标注

在设计图样上，用代号 MF（matchedfit）表示配制配合，并借用基准孔的代号 H 或基准轴的代号 h，分别表示"先加工件"为孔或轴。

在装配图和零件图的相应部位均应予以标注，在装配图上还要标明按功能要求选定的标准配合的代号。

【例题 3.6】 公称尺寸为 $\phi3000$mm 的孔和轴，配合的最大允许间隙为 0.415mm，最小允许间隙为 0.145mm。若采用配制配合如何进行公差的标注？

解： 按照配合要求，查表可确定标准配合为：$\phi3000$H6/f6 或 $\phi3000$F6/h6。

上述两种配合的最大间隙均为 0.415mm，最小间隙为 0.145mm，均满足功能要求。

若采用配制配合且以孔为先加工件，则在装配图上标注为：$\phi3000$H6/f6　MF（先加工件为孔）。

第一种情况：先加工件为孔，孔的公差带选用。

（1）若给先加工件（孔）一个较容易达到的公差，如 H8，则在零件图上标注为：$\phi3000$H8MF。

（2）若按"线性尺寸的未注公差"加工，则标注为：$\phi3000$MF。

第二种情况：配制件为轴，轴的公差带选用。

按照标准配合的极限间隙（$X_{max}=0.415$mm，$X_{min}=0.145$mm），可选取为：f7，即可满足要求。

在零件图上标注为：$\phi3000$f7MF　或　$\phi3000^{-0.145}_{-0.355}$MF。

在实际生产中，若以适当的测量方法测出先加工件（孔）的实际尺寸为 $\phi3000.195$mm，则配制件（轴）的极限尺寸计算如下：

$$d_{max}=3000.195+(-0.145)=3000.05(\text{mm})$$
$$d_{min}=3000.195+(-0.355)=2999.84(\text{mm})$$

3.4　大尺寸与小尺寸的孔、轴公差

3.4.1　大尺寸工件的标准公差与基本偏差

"大尺寸"指的是公称尺寸大于 500mm 的零件尺寸，通常指在＞3150～10000mm 范围内的零件尺寸。在矿山机械、飞机、船舶制造和大型的发电机组等行业中，经常会遇到大尺寸公差与配合的问题。

(1) 影响"大尺寸"加工误差的主要因素是测量误差。

"大尺寸"的孔、轴测量比较困难，测量时很难找到直径的真正位置，测量结果值往往小于实际值；"大尺寸"外径的测量，受测量方法和测量器具的限制，比测量内径更困难、更难掌握，测量误差也更大；"大尺寸"测量时的温度变化对测量误差有很大的影响；"大尺寸"测量中，基准的准确性和工件与量具中心轴线的同轴误差均对测量存在很大影响。

(2) 国家标准规定公称尺寸＞500～3150mm 的大尺寸段的轴的公差带见表 3-22，孔公差带见表 3-23，其中轴的公差带 41 种，孔的公差带 31 种。

表 3-22　公称尺寸＞500～3150mm 轴公差带

			g6	h6	js6	k6	m6	n6	p6	r6	s6	t6	u6
		f7	g7	h7	js7	k7	m7	m7	p7	r7	s7	t7	u7
d8	e8	f8		h8	js8								
d9	e9	f9		h9	js9								
d10				h10	js10								
d11				h11	js11								
				h12	js12								

表 3-23　公称尺寸＞500～3150mm 孔公差带

			G6	H6	JS6	K6	M6	N6
		F7	G7	H7	JS7	K7	M7	N7
D8	E8	F8		H8	JS8			
D9	E9	F9		H9	JS9			
D10				H10	JS10			
D11				H11	JS11			
				H12	JS12			

（3）在"大尺寸"段内配合一般采用同级配合。

国家标准没有推荐配合，但在实际中常用"配制公差"来处理问题，配制公差是以一个零件的提取尺寸来配制另一个零件的一种工艺措施。

（4）公称尺寸＞3150～10000mm 的标准公差与基本偏差。

国家标准规定了 5 个主尺寸段，在主尺寸段内各分别包含 2 个分尺寸段，具体范围见表 3-24；同时规定了公差等级，分为 IT6～IT18 共 13 个等级。

在表 3-24 中，将基本偏差分为 14 种，并且所有孔的基本偏差值与轴的基本偏差值大小相等、符号相反，即符合通用规则。

表 3-24 孔、轴的基本偏差数值（公称尺寸＞3150～10000mm）（GB/T 1801—2009）

轴的基本偏差		上极限偏差(es)						下极限偏差(ei)							
		d	e	f	g	h	js	k	m	n	p	r	s	t	u
公差等级							IT6～IT18								
公称尺寸/mm							符号								
大于	至	−	−	−				+	+	+	+	+	+	+	+
3150	3550	580	320	160		0	±IT/2				290	680	1600	2400	3600
3550	4000											720	1750	2600	4000
4000	4500	640	350	175		0					360	840	2000	3000	4600
4500	5000											900	2200	3300	5000
5000	5600	720	380	190							440	1050	2500	3700	5600
5600	6300											1100	2800	4100	6400
6300	7100	800	420	210		0					540	1300	3200	4700	7200
7100	8000											1400	3500	5200	8000
8000	9000	880	460	230							680	1650	4000	6000	9000
9000	10000											1750	4400	6600	10000
大于	至	+	+	+	+			−	−	−	−	−	−	−	−
公称尺寸/mm							符号								
公差等级							IT6～IT18								
孔的基本偏差		D	E	F	G	H	JS	K	M	N	P	R	S	T	U
		下极限偏差(EI)						上极限偏差(ES)							

3.4.2 小尺寸的孔、轴公差带

"小尺寸"是相对"大尺寸"和"中尺寸"而言，国家标准对"小尺寸"和"中尺寸"并没有严格的划分界线。

尺寸至 18mm 的零件，尤其是尺寸小于 3mm 的零件，在加工、检测、装配和使用等诸多方面与"中尺寸段"和"大尺寸段"不同，主要体现在加工误差和测量误差上。由于"小尺寸"零件刚性差，受切削力很容易变形，在加工过程中，"小尺寸"零件的定位和装夹都很困难，这就造成"小尺寸"零件的加工误差很大；在测量过程中，由于量具误差、温度变化和测量力等因素的影响，至少尺寸在 10mm 范围内的零件，测量误差和零件公称尺寸不成正比关系。

在国家标准 GB/T 1803—2003 中，规定了尺寸至 18mm 轴的公差带和孔的公差带，其中轴的公差带共 168 种见表 3-25，孔的公差带共 153 种见表 3-26。在表 3-25 中，方框内的 109 种轴的公差带与前文推荐选用的公差带一致，方框以外的 59 种是为小尺寸增加的推荐轴公差带。在表 3-26 中，方框内的 99 种孔的公差带与前文推荐选用的公差带一致，方框以外的 54 种是为小尺寸增加的推荐孔公差带。

表 3-25 公称尺寸至 18mm 轴的公差带(GB/T 1803—2003)

a	b	c	cd	d	e	ef	f	fg	g	h	j	js	k	m	n	p	r	s	u	v	x	z	za	zb	zc
										h1		js1													
										h2		js2													
						ef3	f3	fg3	g3	h3		js3	k3	m3	n3	p3	r3								
						ef4	f4	fg4	g4	h4		js4	k4	m4	n4	p4	r4	s4							
		c5	cd5	d5	e5	ef5	f5	fg5	g5	h5	j5	js5	k5	m5	n5	p5	r5	s5	u5	v5	x5	z5			
		c6	cd6	d6	e6	ef6	f6	fg6	g6	h6	j6	js6	k6	m6	n6	p6	r6	s6	u6	v6	x6	z6	za6		
		c7	cd7	d7	e7	ef7	f7	fg7	g7	h7	j7	js7	k7	m7	n7	p7	r7	s7	u7	v7	x7	z7	za7	zb7	zc7
	b8	c8	cd8	d8	e8	ef8	f8	fg8	g8	h8		js8	k8	m8	n8	p8	r8	s8	u8	v8	x8	z8	za8	zb8	zc8
a9	b9	c9	cd9	d9	e9	ef9	f9	fg9	g9	h9		js9	k9	m9	n9	p9	r9	s9	u9		x9	z9	za9	zb9	zc9
a10	b10	c10	cd10	d10	e10	ef10	f10			h10		js10	k10												
a11	b11	c11		d11						h11		js11													
a12	b12	c12								h12		js12													
a13	b13	c13								h13		js13													

表 3-26 公称尺寸至 18mm 孔的公差带(GB/T 1803—2003)

A	B	C	CD	D	E	EF	F	FG	G	H	J	JS	K	M	N	P	R	S	U	V	X	Z	ZA	ZB	ZC
										H1		JS1													
										H2		JS2													
						EF3	F3	FG3	G3	H3		JS3	K3	M3	N3	P3	R3								
						EF4	F4	FG4	G4	H4		JS4	K4	M4	N4	P4	R4								
					E5	EF5	F5	FG5	G5	H5		JS5	K5	M5	N5	P5	R5	S5							
			CD6	D6	E6	EF6	F6	FG6	G6	H6	J6	JS6	K6	M6	N6	P6	R6	S6	U6	V6	X6	Z6			
			CD7	D7	E7	EF7	F7	FG7	G7	H7	J7	JS7	K7	M7	N7	P7	R7	S7	U7	V7	X7	Z7	ZA7	ZB7	ZC7
	B8	C8	CD8	D8	E8	EF8	F8	FG8	G8	H8	J8	JS8	K8	M8	N8	P8	R8	S8	U8	V8	X8	Z8	ZA8	ZB8	ZC8

(续)

A9	B9	C9	CD9	D9	E9	EF9	F9	FG9	G9	H9	JS9	K9	M9	N9	P9	R9	S9	U9	X9	Z9	ZA9	ZB9	ZC9
A10	B10	C10	CD10	D10	E10	EF10				H10	JS10			N10									
A11	B11	C11		D11						H11	JS11												
A12	B12	C12								H12	JS12												
										H13	JS13												

对于"小尺寸",轴比孔难加工,所以在配合中多选用基轴制,而配合也多采用同级配合,少数配合相差1~3级,孔的公差等级也往往高于轴的公差等级。

"小尺寸"孔、轴公差带主要用于仪器仪表和钟表工业,由于国家标准没有推荐优先、常用和一般公差带的选用次序,也没有推荐配合,所以,选用公差带组成配合时可根据实际情况自行选用和组合。

习　题

1. 公称尺寸、极限尺寸、提取尺寸有何区别和联系?

2. 尺寸公差、极限偏差和提取偏差有何区别和联系?

3. 配合分为几类?各种配合中孔、轴公差带的相对位置分别有什么特点?配合公差等于相互配合的孔轴公差之和说明了什么?什么叫标准公差?什么叫基本偏差?它们与公差带有何联系?

4. 什么是标准公差因子?为什么要规定公差因子?

5. 试分析尺寸分段的必要性和可能性。

6. 什么是配合制?为什么要规定配合制?

7. 计算孔的基本偏差为什么有通用规则和特殊规则之分?它们分别是如何规定的?

8. 为什么优先采用基孔制?在什么情况下采用基轴制?

9. 什么是线性尺寸的未注公差?它分为几个等级?线性尺寸的未注公差如何表示?

10. 公差等级的选用应考虑哪些问题?

11. 间隙配合、过盈配合与过渡配合各适用于什么场合?

12. 孔轴配合的选择应考虑哪些问题?

13. 每类配合在选定松紧程度时应考虑哪些因素?

14. 什么是配制配合?其应用场合和应用目的是什么?如何选用配制配合?

15. 是非判断题(你认为对的在括号内填上"√",错的填上"×")

(1) 过渡配合的孔、轴结合,由于有些可能得到间隙,有些可能得到过盈,因此过渡配合可能是间隙配合,也可能是过盈配合。(　　)

(2) 孔与轴的加工精度越高,其配合精度越高。(　　)

(3) 一般说来,零件的提取尺寸越接近公称尺寸越好。(　　)

(4) 某配合的最大间隙 X_{max} 等于 $+20\mu m$,配合公差 T_f 等于 $30\mu m$,那么该配合一定是过渡配合。(　　)

(5) 配合的松紧程度取决于标准公差的大小。(　　)

（6）公差等级的选用应在保证使用要求的条件下，尽量选取较低的公差等级。（   ）

16. 利用有关表格查表确定下列孔或轴的极限偏差。

（1）$\phi50d8$ （2）$\phi90r8$ （3）$\phi40n6$

（4）$\phi40R7$ （5）$\phi50D9$ （6）$\phi30M7$

17. 根据表 3-27 中已知数据，填写表中各空格，并按适当比例绘制出各孔、轴的公差带图。

表 3-27 习题 17 的表   单位：mm

序号	尺寸标注形式	公称尺寸	极限尺寸		极限偏差		公差
			上极限尺寸	下极限尺寸	上极限偏差	下极限偏差	
1	孔 $\phi40^{+0.039}_{0}$						
2	轴		$\phi60.041$			+0.011	
3	孔	$\phi15$			+0.017		0.011
4	轴	$\phi90$		$\phi89.978$			0.022

18. 根据表 3-28 中已知数据，填写表中各空格，并按适当比例绘制出各对配合的尺寸公差带图和配合公差带图。

表 3-28 习题 18 的表   单位：mm

公称尺寸	孔			轴			X_{max} 或 Y_{min}	X_{min} 或 Y_{max}	T_f	配合种类
	ES	EI	T	es	ei	T				
$\phi50$		0			0.039		+0.103		0.078	
$\phi25$			0.021	0		0.013		−0.048		
$\phi80$		0.046		0			+0.035		0.076	

19. 某配合的公称尺寸是 $\phi30$mm，要求装配后的间隙在 $(+0.018\sim+0.088)$mm 范围内，试按照基孔制确定它们的配合代号。

20. 试计算孔 $\phi35^{+0.025}_{0}$mm 与轴 $\phi35^{+0.033}_{+0.017}$mm 配合中的极限间隙（或极限过盈），并指明配合性质。

21. $\phi18M8/h7$ 和 $\phi18H8/js7$ 中孔、轴的公差 $IT7=0.018$mm，$IT8=0.027$mm，$\phi18M8$ 孔的基本偏差为 +0.002，试分别计算这两个配合的极限间隙或极限过盈，并分别绘制出它们的孔、轴公差带图。

第4章
几何公差与检测

本章教学目标

本章首先介绍机械零件几何要素及几何公差的分类及代号、形状公差、方向公差、位置公差、跳动公差、基准与基准体系等概念，以此为基础提出公差原则及其处理方法，几何误差的评定方法与检测原则，还介绍了几何公差的图样标注规范。

本章教学要求

本章要求学生掌握几何要素、几何公差及其代号、公差原则和基准等概念，各种几何公差的定义、几何误差的测量方法、基准和基准体系的表达，在零件图上标注；熟悉几何公差的选择步骤与检测原则，熟悉各种公差原则的应用要求；了解位置度，其中几何公差图样表达、公差原则的应用是本章重点和难点。

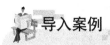

导入案例

T形槽方箱与工作台的应用

　　T形槽方箱用于零部件平行度、垂直度的检验和划线，万能方箱用于检验或划线精密工件的任意角度线；工作台的用途为：主要用于机床加工工作平面使用，上面有孔和T形槽，用来固定工件，常见的机床工作台有落地镗床工作台、T形槽方箱和落地镗床工作台，如图 4.01 所示。

(a)   (b)

图 4.01　常见的机床工作台

　　这些零件主要由不同形状的点线面构成，因而具有下列特点。

(1) 对零件几何形状要求高。

(2) 各几何要素相互间形成不同的位置关系。

(3) 各几何要素相互间形成不同的方向关系。

4.1　概　　述

　　任何机械产品都要经过图纸设计、机械加工和装配调试等过程，在加工过程中不论加工设备和方法如何精密、可靠，都不可避免地会出现误差。除了尺寸误差外，还存在有各种形状和位置方面的误差。例如，要求直、平、圆的地方达不到理想的直、平、圆，要求同轴、对称或位置准确的地方达不到绝对的同轴、对称或位置准确。实际加工所得到的零件形状和几何体的相互位置相对于其理想的形状和位置关系存在差异，这就是几何误差。

　　几何误差的存在是不可避免的，零件在使用过程中也不需要绝对消除这些误差，只需根据具体的功能要求，把误差控制在一定的范围内即可。有了允许的变动范围便可实现互换性生产，因此，在机械产品设计过程中需进行零件几何公差设计以保证产品质量，满足所需的性能要求。

　　为使设计零件的几何公差时有规可循，国际标准化组织制定了有关的标准，我国在此基础上制定了国家标准。几何公差涉及较多的国家标准，现行的有关标准主要如下。

　　GB/T 1182—2008《产品几何技术规范(GPS)几何公差　形状、方向、位置和跳动公差标注》。

　　GB/T 1184—1996《形状与位置公差　未注公差值》。

　　GB/T 4249—2009《产品几何技术规范(GPS)公差原则》。

GB/T 1958—2004《产品几何技术规范(GPS)几何公差　检测规定》。

GB/T 13319—2003《产品几何技术规范(GPS)几何公差　位置公差注法》。

GB/T 16671—2009《产品几何技术规范(GPS)几何公差　最大实体要求、最小实体要求和可逆要求》。

GB/T 17851—2010《产品几何技术规范(GPS)几何公差　基准和基准体系》（代替GB/T 17851—1999 形状和位置公差　基准和基准体系）。

还有一系列的误差评定检测标准，主要如下。

GB/T 11337—2004《产品几何量技术规范(GPS)平面度误差检测》。

JB/T 5996—1992《圆度测量　三测点法及其仪器的精度评定》。

JB/T 7557—1994《同轴度误差检测》。

GB/T 4380—2004《确定圆度误差的方法　两点、三点法》。

GB/T 7234—2004《产品几何量技术规范(GPS)圆度测量　术语定义及参数》。

GB/T 7235—2004《产品几何量技术规范(GPS)评定圆度误差的方法　半径变化量测量》。

GB/T 11336—2004《直线度误差检测》。

4.1.1　几何公差的基本术语与定义

几何公差的研究对象是构成零件几何特征的点、线、面，这些点、线、面统称为要素。一般在研究形状公差时，涉及的对象有线和面两类要素，在研究位置公差时，涉及的对象有点、线和面三类要素。几何公差就是研究这些要素在形状及其相互间方向或位置方面的精度问题。

几何要素如图 4.1 所示，可从不同角度分类。

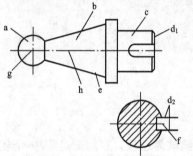

图 4.1　组成要素和导出要素

1. 按结构特征分类

1) 组成要素

即构成零件外形为人们直接感觉到的点、线、面，如图 4.1 的 a、b、c、d、e 等。

(1) 实际(组成)要素：由接近实际(组成)要素所限定的工件实际表面的组成要素部分。

(2) 提取组成要素：按照规定方法，由实际(组成)要素提取优先数目的点所形成的实际(组成)要素的近似替代。

(3) 拟合组成要素：按照规定方法由提取组成要素形成的并具有理想形状的组成要素。

2) 提取导出要素

由一个或几个提取组成要素得到的中心点、中心线或中心面，如图 4.1 中的 f、g、h 等。

2. 按所处部位分类

1) 被测要素

即图样中给出了几何公差要求的要素，是测量的对象，如图 4.2(a)中 $\phi16H7$ 孔的轴线、图 4.2(b)中的上平面。

2) 基准要素

即用来确定被测要素方向和位置的要素。基准要素在图样上都标有基准符号或基准代号，如图 4.2(a)中 $\phi30h6$ 的轴线、图 4.2(b)中的下平面。

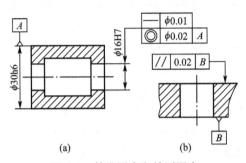

图 4.2　基准要素和被测要素

3. 按功能关系分类

1) 单一要素

指仅对被测要素本身给出形状公差的要素。

2) 关联要素

即对零件基准要素有功能要求的要素。如图 4.2(a)中 $\phi16H7$ 孔的轴线，相对于 $\phi30h6$ 圆柱面轴线有同轴度公差要求，此时 $\phi16H7$ 的轴线属关联要素。同理，图 4.2(b)中上平面相对于下平面有平行度要求，故上平面属关联要素。

4.1.2　几何公差的特征及其符号

国家标准将几何公差共分为 14 个项目，其中形状公差 6 个、方向公差 5 个、位置公差 5 个、跳动公差 2 个。几何公差的每一项目都规定了专门的符号，见表 4-1。

表 4-1　几何公差的几何特征与符号

公差类型	几何特征	符　号	有或无基准要求
形状公差	直线度	——	无
	平面度	▱	无
	圆度	○	无
	圆柱度	⌀	无
	线轮廓度	⌒	无
	面轮廓度	⌓	无

(续)

公差类型	几何特征	符 号	有或无基准要求
方向公差	平行度	//	有
	垂直度	⊥	有
	倾斜度	∠	有
	线轮廓度	⌒	有
	面轮廓度	⌒	有
位置公差	位置度	⊕	有
	同轴(同心)度	◎	有
	对称度	=	有
	线轮廓度	⌒	有
	面轮廓度	⌒	有
跳动公差	圆跳动	↗	有
	全跳动	↗↗	有

4.1.3 几何公差带

1. 几何公差带的基本概念

几何公差带是由一个或几个理想的几何线或面所限定的、由线性公差值表示其大小的区域。

为讨论方便，可以用图形来描绘允许提取要素变动的区域，这就是几何公差带图，它必须表明形状、大小、方向和位置关系。

几何公差标注是图样中对几何要素的形状、位置提出精度要求时做出的表示。一旦有了这一标注，也就明确了被控制的对象(要素)是谁，允许它有何种误差，允许的变动量多大，范围在哪里，提取要素只要做到在这个范围之内就为合格。在此前提下，被测要素可以具有任意形状，也可以占有任何位置。这使几何要素(点、线、面)在整个被测范围内均受其控制。

2. 几何公差带的四个要素

几何公差带的四个要素就是指几何公差带的形状、大小、方向和位置。

1）几何公差带的形状

几何公差带的形状是由要素本身的特征和设计要求确定的，常用的公差带形状有：一个圆内区域、两同心圆间的区域、两等距线或两平行直线之间的区域、一个圆柱内区域、两同轴圆柱面之间的区域、两等距或两平行平面之间的区域、一个圆球体内区域。

几何公差带呈何种形状，取决于被测要素的形状特征、公差项目和设计表达的要求。在某些情况下，被测要素的形状特征就确定了公差带形状。如被测要素是平面，则其公差带只能是两平行平面；被测要素是非圆曲面或曲线，其公差带只能是两等距曲面或两等距曲线。被测要素要由所检测的公差项目确定，如在平面、圆柱面上要求的是直线度公差项目，则要作一截面得到被测要素，被测要素此时呈平面（截面）内的直线。在多数情况下，除被测要素的特征外，设计要求对公差带形状起着决定性作用。如轴线的几何公差带可以是两平行直线、两平行平面或圆柱面，具体几何公差带形状依据设计的要求确定。

有时，几何公差的项目如同轴度，就已决定了几何公差带的形状。由于零件孔或轴的轴线是空间直线，同轴要求必是任意方向的，其公差带只有圆柱形一种。圆度公差带只可能是两同心圆，而圆柱度公差带则只有两同轴圆柱面间区域一种。

2）几何公差带的大小

公差带的大小是指公差标注中公差值的大小，它是指允许提取要素变动的全量，它的大小表明形状、位置精度的高低。按上述公差带的形状不同，可以是几何公差带的宽度或直径，这取决于被测要素的形状和设计的要求，设计时可在公差值前用符号 ϕ 加以区别。对于同轴度和任意方向上的轴线直线度、平行度、垂直度、倾斜度和位置度等要求，所给出的公差值应是直径值，公差值前必须加符号 ϕ。对于空间点的位置控制，有时要求任意方向控制，就是球状公差带，则符号为 $S\phi$。

对于圆度、圆柱度、轮廓度（包括线和面）、平面度、对称度和跳动等公差项目，公差值只能是宽度值。对于在一个方向上或一个给定平面内的直线度、平行度、垂直度、倾斜度和位置度所给出的公差值也均为宽度值。

公差带的宽度或直径值是控制零件几何精度的重要指标，一般情况下应根据 GB/T 1184—1996 来选择标准数值，如有特殊需要，也可另行规定。

3）几何公差带的方向

在评定几何误差时，形状公差带和位置公差带的放置方向直接影响误差评定的正确性。

对于形状公差带，其放置方向应符合最小条件（见几何误差评定）。对于方向公差带，由于控制的是方向，故其放置方向要与基准要素成绝对理想的方向关系，即平行、垂直或理论准确的其他角度关系。

对于位置公差，除点的位置度公差外，其他控制位置的公差带都有方向问题，其放置方向由相对于基准的理论正确尺寸确定。

4）几何公差带的位置

形状公差带只是用来限制被测要素的形状误差，本身不作位置要求。例如，圆度公差带限制被测截面圆的实际轮廓误差，至于该圆轮廓在哪个位置上、直径多大都不属于圆度公差控制范围之内，它们是由相应的尺寸公差控制的。实际上，只要求形状公差带在尺寸公差带内便可，允许在公差范围内任意浮动。

方向公差带强调的是相对于基准的方向关系，对提取要素的位置是不作控制的，而是由相对于基准的尺寸公差或理论正确尺寸控制。例如，机床导轨面对床脚底面的平行度要求，它只控制实际导轨面对床脚底面的平行方向是否合格，至于导轨面离地面的高度，由其对床脚底面的尺寸公差控制，被测导轨面只要位于尺寸公差内且不超过给定的平行度公差带，就视为合格。因此，导轨面高了，平行度公差带可移到尺寸公差带的上部位置，依被测要素离基准的距离不同，平行度公差带可以在尺寸公差带内上或下浮动变化。如果由理论正确尺寸定位，则几何公差带的位置由理论正确尺寸确定，其位置是固定不变的。

位置公差带强调的是相对于基准的位置（其必包含方向）关系，几何公差带的位置由相对于基准的理论正确尺寸确定，公差带是完全固定位置的。其中同轴度、对称度的公差带位置与基准（或其延伸线）位置重合，即理论正确尺寸为0，而位置度则应在 x、y、z 坐标上分别给出理论正确尺寸。

4.1.4 几何公差的标注

1. 公差框格及标注内容

公差框格是指注写公差要求并划分为两格或多格的矩形框格，如图4.3所示。公差框格在图样上一般应水平放置，若有必要，也允许竖直放置。

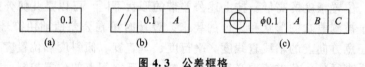

图4.3 公差框格

对于水平放置的公差框格，几何公差要求应自左往右依次填写几何特征符号、公差值、基准代号，对于需要限制被测要素在公差带内的形状，可在公差框格下方注明。

对于竖直放置的公差框格，应该由下往上依次填写有关内容，公差框格的格数由需要填写的内容决定。

2. 指引线

公差框格用指引线与被测要素联系起来，指引线由细实线和箭头构成，它从公差框格的一端引出，并保持与公差框格端线垂直，引向被测要素时允许弯折，但不得多于两次。

指引线的箭头需指向公差带的宽度方向或径向，如图4.4所示。

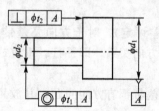

图4.4 几何公差标注示例

3. 基准符号与基准代号

1）基准符号

它为一涂黑的或空白的三角形。

2）基准代号

由基准符号、方框、连线和字母组成。无论基准符号的方向如何，基准代号的字母都应水平书写，如图4.5所示。

基准在图样上的表达方式：是在基准部位标注基准符号，再将表示基准的大写字母标注在公差框格内，如图 4.5 所示。

(a)   (b)

图 4.5　基准符号及代号

单一基准要素用大写拉丁字母 A、B、C、…表示，为不致引起误解，字母 E、F、I、J、M、O、P、R 不得采用。

公共基准由组成公共基准的两基准代号在中间加一横线组成，如 $A-B$。

在位置度公差中常采用三基面体系来确定要素间的相对位置，应将三个基准按第一基准、第二基准和第三基准的顺序从左至右依次分别标注在框格的各分格中，而不一定是按 A、B、C、…字母的顺序排列。三个基准面的先后顺序是根据零件的实际使用情况按一定的工艺要求确定的。通常第一基准选取最重要的表面，加工或安装时由三点定位，其余依次为第二基准(两点定位)和第三基准(一点定位)，基准的多少取决于对被测要素的功能要求。

4.1.5　几何公差的标注方法

1. 被测要素的标注

标注被测要素时，要特别注意公差框格的指引线箭头所指的位置和方向，箭头的位置和方向的不同表示有不同的公差要求解释，因此要严格按国家标准的规定进行标注。

(1) 被测要素为组成要素时，指示箭头应指在被测表面的可见轮廓线上，也可指在轮廓线的延长线上，且必须与尺寸线明显地错开，如图 4.6(a)所示。

(2) 视图中的一个面提出几何公差要求，有时可在该面上用一小黑点引出参考线，公差框格的指引线箭头则指在参考线上，如图 4.6(b)所示。

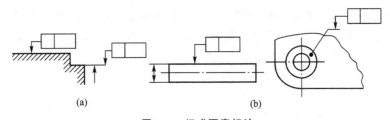

(a)   (b)

图 4.6　组成要素标注

(3) 当被测要素为导出要素，如中心点、圆心、轴线、中心线、中心平面时，指引线的箭头应对齐尺寸线，即与尺寸线的延长线相重合。若指引线的箭头与尺寸线的箭头方向一致时，可合并为一个，如图 4.7 所示。

当被测要素是圆锥体轴线时，指引线箭头应与圆锥体的大端或小端的尺寸线对齐。必要时也可在圆锥体上任一部位增加一个空白尺寸线与指引箭头对齐，如图 4.8(a)所示。当要限定局部部位作为被测要素时，必须用粗点划线示出该局部的范围并加注尺寸，如图 4.8(b)所示。

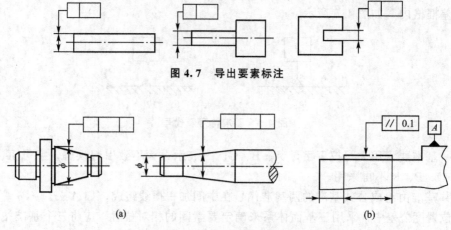

图 4.7　导出要素标注

图 4.8　锥体和局部要素标注

2. 基准要素的标注

（1）当基准要素是边线、表面等轮廓线或轮廓面时，基准符号三角形放置在要素的轮廓线（面）或其延长线上，与尺寸线明显错开，如图 4.9（a）所示。

（2）当受到图形限制基准三角形必须注在某个面上时，可在面上画出小黑点，基准三角形则置于该轮廓面引出线的水平线的参考线上，如图 4.9（b）所示应为环形表面。

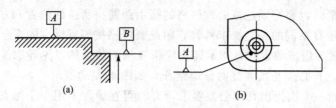

图 4.9　组成基准要素

（3）当基准是尺寸要素确定的轴线、中心平面或中心点时，基准三角形连线应与该要素的尺寸线对齐，如图 4.10（a）所示。基准三角形可代替基准要素尺寸的其中一个尺寸箭头，如图 4.10（b）所示。

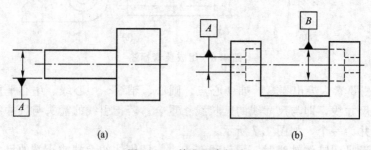

图 4.10　基准要素标注

（4）当以要素的局部范围作为基准时，必须用粗点划线示出其部位，并标注相应的范围和位置尺寸，如图 4.11 所示。

（5）当采用基准目标时，应在有关表面上给出适当的点、线或局部表面来代表基准要素。当基准目标为点时，用 45°的交叉粗实线表示(图 4.12(a))；当基准目标为直线时，用细实线表示，并在棱边上加 45°交叉粗实线(图 4.12(b))；当基准目标为局部表面时，以双点划线画出局部表面轮廓，中间画出斜 45°的细实线(图 4.12(c))。

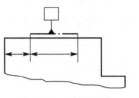

图 4.11　局部基准

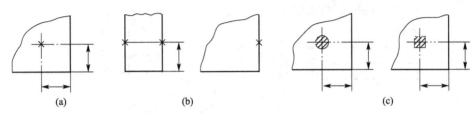

(a)	(b)	(c)

图 4.12　基准目标

3. 公差值的标注

（1）公差值表示公差带的宽度或直径，是控制误差量的指标。公差值的大小是几何公差精度高低的直接体现。

（2）公差值标注在公差框格的从左数第 2 格中，若是公差带宽度仅标注公差值 t，若是公差带直径则应视要素特征和设计要求，标注 ϕt 或 $S\phi t$。

4. 附加符号的标注

在几何公差标注中，为了进一步表达其他一些设计要求，可以使用标准规定的附加符号，在公差框格中进行进一步的标注，提出更加详细的要求。

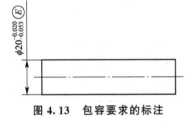

图 4.13　包容要求的标注

1) 包容要求Ⓔ的标注

对于极少数要素需严格保证其配合性质，并要求由尺寸公差控制其形状公差时，应标注包容要求符号Ⓔ，Ⓔ应加注在该要素尺寸极限偏差或公差带代号的后面，如图 4.13 所示。

2) 最大实体要求Ⓜ与最小实体要求Ⓛ的标注

当被测要素采用最大(最小)实体要求时，符号Ⓜ(Ⓛ)应置于公差框格内公差值的后面，如图 4.14(a)所示；当基准要素采用最大(小)实体要求时，符号Ⓜ(Ⓛ)应置于公差框格内基准名称字母后面，如图 4.14(b)、图 4.14(c)所示；当被测要素和基准要素都采用最大实体要求时，符号Ⓜ(Ⓛ)应同时置于公差值和基准名称字母的后面，如图 4.14(c)所示。

⊕	0.04 Ⓜ	A	⊕	0.04	AⓂ	⊕	0.04 Ⓜ	AⓂ
	(a)			(b)				(c)

图 4.14　最大实体要求标注

3) 可逆要求Ⓡ的标注

可逆要求应与最大实体要求或最小实体要求同时使用，其符号Ⓡ标注在Ⓜ或Ⓛ的后面。可逆要求用于最大实体要求时的标注方法如图 4.15 所示；可逆要求用于最小实体要求时的标注方法如图 4.16 所示。

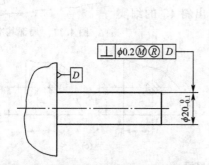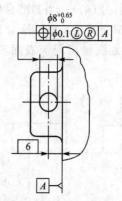

图 4.15　可逆要求用于最大实体要求标注　　图 4.16　可逆要求用于最小实体要求标注

4）延伸公差带Ⓟ的标注

延伸公差带符号Ⓟ标注在公差框格内的公差值的后面，同时也应加注在图样中延伸公差带长度数值的前面，如图 4.17 所示。

5）自由状态条件Ⓕ的标注

对于非刚性被测要素在自由状态时，若允许超出图样上给定的公差值，可在公差框格内标注出允许的几何公差值，并在公差值后面加注符号Ⓕ表示被测要素的几何公差是在自由状态条件下的公差值，未加Ⓕ则表示的是在受约束力情况下的公差值，如图 4.18 所示。

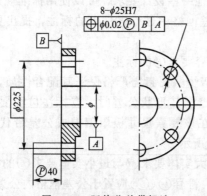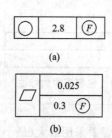

图 4.17　延伸公差带标注　　　　图 4.18　自由状态条件标注

5. 特殊规定

除了上述规定外，GB/T 1184 根据我国实际对下述方面作了专门的规定。

1）部分长度上的公差值标注

由于功能要求，有时不仅需限制被测要素在整个范围内的几何公差，还需要限制特定长度或特定面积上的几何公差。对部分长度上要求几何公差时的标注方法如图 4.19 所示。

图 4.19 表示每 200mm 的长度上，直线度公差值为 0.05mm，即要求在被测要素的整个范围内的任一个 200mm 长度均应满足此要求，属于局部限制。

如在部分长度内控制几何公差的同时，还需要控制整个范围内的几何公差值，其表示方法如图 4.20 的上一格标注所示。此时，两个要求应同时满足，属于进一步限制。

图 4.19　局部限制标注

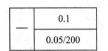

图 4.20　进一步限制

2）公共公差带的标注

当两个或两个以上的要素，同时受一个公差带控制，以保证这些要素共面或共线，可用一个公差框格表示，但需在框格内公差数值的后面加注公共公差带的符号 CZ，如图 4.21所示。若没有"共面"、"共线"的说明则只表明用同一数值、形状的公差带，不能实现共面控制。

3）螺纹、花键及齿轮的标注

在一般情况下，以螺纹轴线作为被测要素或基准要素时均为中径轴线，表示大径或小径的情况较少。因此规定：如被测要素和基准要素指中径轴线，则不需另加说明，如指大径轴线，则应在公差框格下部加注大径代号"*MD*"，如图 4.22 所示，小径代号则为"*LD*"。对于齿轮和花键轴线、节径轴线用"*PD*"表示；大径(外齿轮为顶圆，内齿轮为根圆直径)用"*MD*"表示；小径(外齿轮为根圆、内齿轮为顶圆直径)用"*LD*"表示。

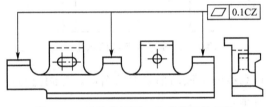

图 4.21　几处共用同一公差带时的标注

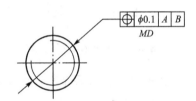

图 4.22　螺纹特指直径标注

4）全周符号的标注

对于所指为横截面周边的所有轮廓线或所有轮廓面的几何公差要求时，可在公差框格指引线的弯折处画一个细实线小圆圈，如图 4.23 所示。图 4.23(a)为线轮廓度要求，图 4.23(b)为面轮廓度要求。

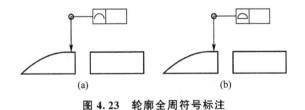

图 4.23　轮廓全周符号标注

5）理论正确尺寸的标注

对于要素的位置度、轮廓度或倾斜度，其尺寸由不带公差的理论正确位置、轮廓或角度确定，这种尺寸称"理论正确尺寸"。理论正确尺寸的表示采用框格表示，零件尺寸公差仅是由公差框格中位置度、轮廓度或倾斜度公差限定，如图 4.24 所示。

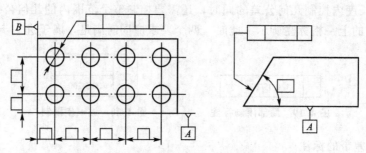

图 4.24　理论正确尺寸的标注

6) 基准目标的表示法

当需要在基准要素上指定某些点、线或局部表面来体现各基准平面时，应标注基准目标。基准目标按下列方法标注在图样上。

（1）当基准目标为点时，用"＊"表示，如图 4.25 所示。

（2）当基准目标为线时，用细实线表示，并在棱边上加"×"，如图 4.26 所示。

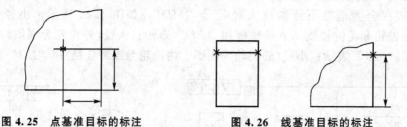

图 4.25　点基准目标的标注　　　　图 4.26　线基准目标的标注

（3）当基准目标为局部表面时，用双点划线绘出该局部表面的图形，并画上与水平成 45°的细实线，如图 4.27(a)、图 4.27(b)所示。

（4）基准目标代号在图样中的标注如图 4.28 所示。

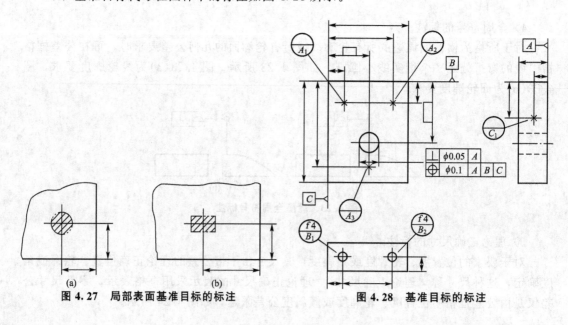

图 4.27　局部表面基准目标的标注　　　　图 4.28　基准目标的标注

4.2 形状公差带的界定

4.2.1 形状公差带的特点

形状公差有六个项目：直线度、平面度、圆度、圆柱度、线轮廓度、面轮廓度。本节介绍前四个公差项目，轮廓度项目单独一节介绍。被测要素有直线、平面和圆柱面。形状公差不涉及基准，形状公差带的方位可以浮动(用公差带判定实际被测要素是否位于它的区域内时，它的方位可以随实际被测要素的方位而变动)。形状公差带只能控制被测要素的形状误差。

4.2.2 直线度公差的定义和解释

直线度(Straightness)公差是单一实际直线所允许的变动量。用于控制平面内或用于控制空间直线的形状误差，其公差带根据情况有以下几种不同的形状。

1. 在给定平面内和给定方向上

直线度公差带是距离为公差值 t 的两个平行直线之间的区域，如图 4.29(a)所示。

图 4.29(b)直线度公差的含义为：在任一平行于图示投影面的平面内，被测平面的提取(实际)线应限定在间距等于 0.1mm 的两平行直线之间。

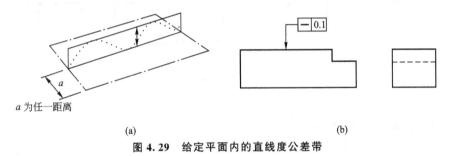

(a)   (b)

图 4.29　给定平面内的直线度公差带

2. 在给定的一个方向上

直线度公差带是距离为公差值 t 的两个平行平面所限定的区域，如图 4.30(a)所示。

图 4.30(b)所示直线度公差的含义为：提取(实际)的棱边应限定在间距等于 0.1mm 的两平行平面之间。

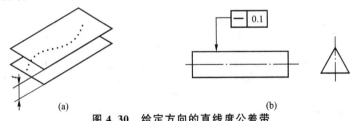

(a)   (b)

图 4.30　给定方向的直线度公差带

3. 在任意方向上

需在公差值前加注符号 ϕ，公差带为直径等于公差值 ϕt 的圆柱面所限定的区域，如

图 4.31(a)所示。

图 4.31(b)所示直线度公差的含义为：外圆柱面的提取导出中心线应限定在直径等于 $\phi0.08\mathrm{mm}$ 的圆柱面内。

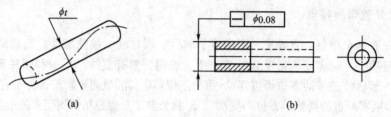

图 4.31　任意方向的直线度公差带

4.2.3　平面度公差的定义和解释

平面度公差带为间距等于公差值 t 的两平行平面所限定的区域，如图 4.32(a)所示。

图 4.32(b)所示平面度公差的含义为：提取(实际)表面应限定在间距等于 0.08mm 的两平行平面之间。

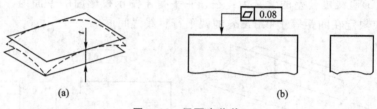

图 4.32　平面度公差

4.2.4　圆度公差的定义和解释

1. 给定横截面内

圆度公差带为给定横截面内，半径差等于公差值 t 的两同心圆所限定的区域，如图 4.33(a)所示。

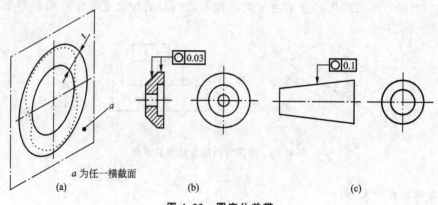

a 为任一横截面

图 4.33　圆度公差带

图 4.33(b)所示圆度公差的含义为：在圆柱面和圆锥面内，提取(实际)圆周应限定在半径差等于 0.03mm 的两共面同心圆之间。

2．任一横截面上

图 4.33(c)所示圆度公差的含义为：在圆锥面的任一横截面内，提取(实际)圆周应限定在半径差等于 0.1mm 的两同心圆之间。

4.2.5 圆柱度公差的定义和解释

圆柱度公差带为半径差等于公差值 t 的两同轴圆柱面所限定的区域，如图 4.34(a)所示。

图 4.34(b)所示圆柱度公差的含义为：提取(实际)圆柱面应限定在半径差等于 0.1mm 的两同轴圆柱面之间。

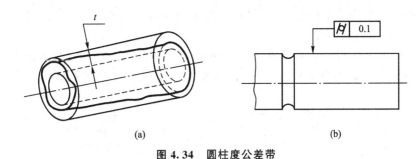

(a)　　　　　　　　(b)

图 4.34　圆柱度公差带

4.3 方向、位置和跳动公差带的界定

4.3.1 方向公差带的定义与注释

方向公差包括五个项目：平行度、垂直度、倾斜度、线轮廓度、面轮廓度。本节介绍前三个项目。被测要素有直线和平面，基准要素也有直线和平面。按被测要素相对于基准要素，有线对线、线对面、面对线和面对面四种情况。方向公差涉及基准，被测要素相对于基准要素必须保持图样给定的平行、垂直和倾斜所夹角度的方向关系，被测要素相对于基准的方向关系要求由理论正确角度来确定。方向公差带的方向是固定的，方向公差带在控制被测要素相对于基准平行、垂直和倾斜所夹角度方向误差的同时，能够自然地控制被测要素的形状误差。

国家标准 GB/T 1182—2008《产品几何技术规范(GPS)几何公差　形状、方向、位置和跳动公差标注》对平行度、垂直度和倾斜度等规定了方向公差带的定义、标注和解释。

1．平行度公差

1)线对基准体系的平行度公差

(1)公差带为间距等于公差值 t，平行于两基准的两平行平面所限定的区域，如图 4.35(a)所示。

图 4.35(b)所示平行度公差的含义为：提取(实际)中心线应限定在间距等于 0.1mm，

平行于基准轴线 A 和基准平面 B 的两平行平面之间。

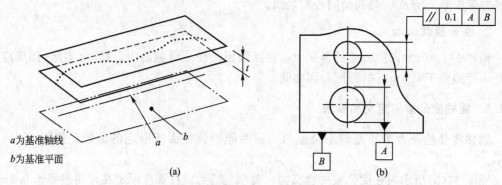

图 4.35 线对基准体系的平行度公差一

（2）公差带为间距等于公差值 t，平行于基准轴线 A 且垂直于基准平面 B 的两平行平面所限定的区域，如图 4.36(a)所示。

图 4.36(b)所示平行度公差的含义为：提取（实际）中心线应限定在间距等于 0.1mm 的两平行平面之间。该两平行平面平行于基准轴线 A 且垂直于基准平面 B。

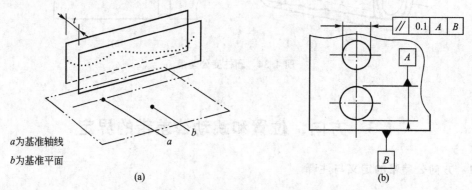

图 4.36 线对基准体系的平行度公差二

（3）公差带为平行于基准轴线和平行或垂直于基准平面，间距分别等于公差值 t_1 和 t_2，且相互垂直的两组平行平面所限定的区域，如图 4.37(a)所示。

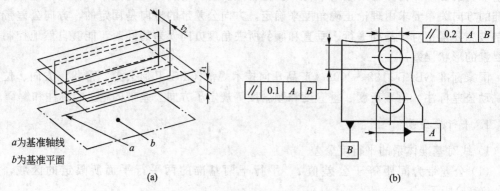

图 4.37 线对基准体系的平行度公差三

图 4.37(b)所示平行度公差的含义为：提取(实际)中心线应限定在平行于基准轴线 A 和平行或垂直于基准平面 B，间距分别等于公差值 0.1mm 和 0.2mm，且相互垂直的两组平行平面之间。

（4）公差带为间距等于公差值 t 的两平行直线所限定的区域，该两平行直线平行于基准平面 A，且处于平行于基准平面 B 的平面内，如图 4.38(a)所示。

图 4.38(b)所示平行度公差的含义为：提取(实际)线应限定在间距等于 0.02mm 的两平行直线之间。该两平行直线平行于基准平面 A，且处于平行于基准平面 B 的平面内。

注：标注中"LE"表示被测要素为线素。

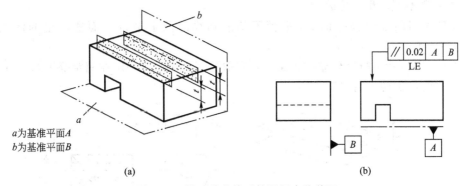

a 为基准平面 A
b 为基准平面 B

(a)　　　　　　　　　　　　　　(b)

图 4.38　线对基准体系的平行度公差四

2）线对基准线的平行度公差

若公差值前加注了符号 Φ，公差带为平行于基准轴线，直径等于公差值 ϕt 的圆柱面所限定的区域，如图 4.39(a)所示。

图 4.39(b)所示平行度公差的含义为：提取(实际)中心线应限定在平行于基准轴线 A，直径等于 $\phi 0.03$mm 的圆柱面内。

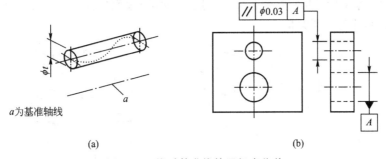

a 为基准轴线

(a)　　　　　　　　　　　　　　(b)

图 4.39　线对基准线的平行度公差

3）线对基准面的平行度公差

公差带为平行于基准轴线，间距等于公差值 t 的两平行平面所限定的区域，如图 4.40(a)所示。

图 4.40(b)所示平行度公差的含义为：提取(实际)中心线应限定在平行于基准平面 B，间距等于 0.01mm 的两平行平面之间。

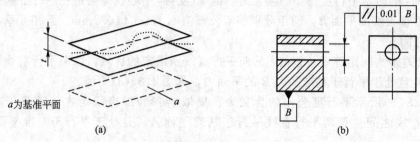

图 4.40　线对基准面的平行度公差

4）面对基准线的平行度公差

公差带为间距等于公差值 t，平行于基准轴线的两个平行平面所限定的区域，如图 4.41(a)所示。

图 4.41(b)所示平行度公差的含义为：提取（实际）表面应限定在间距等于 0.1mm，平行于基准轴线 C 的两平行平面之间。

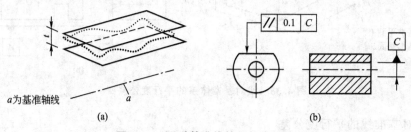

图 4.41　面对基准线的平行度公差

5）面对基准面的平行度公差

公差带为间距等于公差值 t，平行于基准平面的两平行平面所限定的区域，如图 4.42(a)所示。

图 4.42(b)所示平行度公差的含义为：提取（实际）表面应限定在间距等于 0.01mm 平行于基准 D 的两平行平面之间。

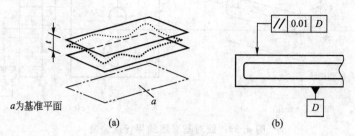

图 4.42　面对基准面的平行度公差

2. 垂直度公差

1）线对基准线的垂直度公差

公差带为间距等于公差值 t，垂直于基准线的两平行平面所限定的区域，如图 4.43(a)所示。

图 4.43(b)所示垂直度公差的含义为：提取(实际)中心线应限定在间距等于 0.06mm，垂直于基准轴线 A 的两平行平面之间。

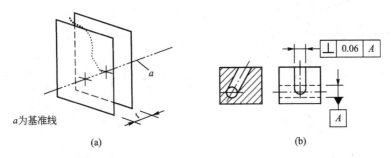

图 4.43　线对基准线的垂直度公差

2) 线对基准体系的垂直度公差

(1) 公差带为间距等于公差值 t 的两平行平面所限定的区域。该两平行平面垂直于基准平面 A，且平行于基准平面 B，如图 4.44(a)所示。

图 4.44(b)所示垂直度公差的含义为：圆柱面的提取(实际)中心线应限定在间距等于公差值 0.1mm 的两平行平面之间，该两平行平面垂直于基准平面 A，且平行于基准平面 B。

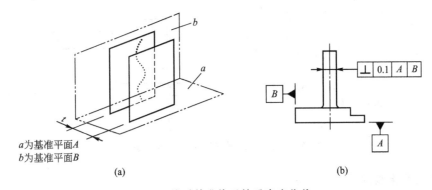

图 4.44　线对基准体系的垂直度公差一

(2) 公差带为间距分别等于公差值 t_1 和 t_2，且互相垂直的两组平行平面所限定的区域，该两组平行平面都垂直于基准平面 A，其中一组平行平面垂直于基准平面 B，另一组平行平面平行于基准平面 B，如图 4.45(a)、4.45(b)所示。

图 4.45(c)所示垂直度公差的含义为：圆柱的提取(实际)中心线应限定在间距分别等于 0.1mm 和 0.2mm，且相互垂直的两组平行平面内。该两平行平面垂直于基准平面 A，且垂直或平行于基准平面 B。

3) 线对基准面的垂直度公差

若公差值前加注了符号 Φ，公差带为直径等于公差值 t，轴线垂直于基准平面的圆柱面所限定的区域，如图 4.46(a)所示。

图 4.46(b)所示垂直度公差的含义为：圆柱的提取(实际)中心线应限定在直径等于 $\phi 0.01$mm，垂直于基准平面 A 的圆柱面内。

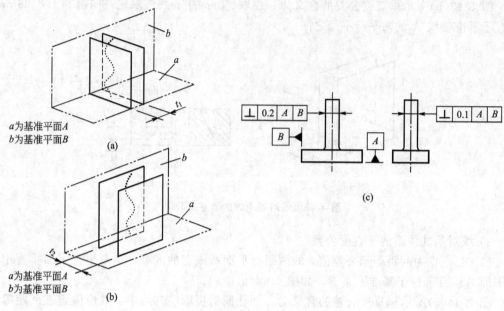

*a*为基准平面*A*
*b*为基准平面*B*

(a)

*a*为基准平面*A*
*b*为基准平面*B*

(b)

图 4.45　线对基准体系的垂直度公差二

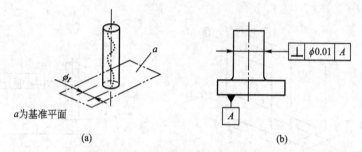

*a*为基准平面

(a)　　　　　　(b)

图 4.46　线对基准面的垂直度公差

4）面对基准线的垂直度公差

公差带为间距等于公差值 *t* 且垂直于基准轴线的两平行平面所限定的区域，如图 4.47(a)所示。

图 4.47(b)所示垂直度公差的含义为：提取（实际）表面应限定在间距等于 0.08mm 的两平行平面之间，该两平行平面垂直于基准轴线 *A*。

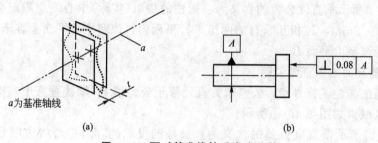

*a*为基准轴线

(a)　　　　　　(b)

图 4.47　面对基准线的垂直度公差

5）面对基准平面的垂直度公差

公差带为间距等于公差值 t，垂直于基准平面的两平行平面所限定的区域，如图 4.48(a) 所示。

图 4.48(b)所示垂直度公差的含义为：提取(实际)表面应限定在间距等于 0.08mm 垂直于基准平面 A 的两平行平面之间。

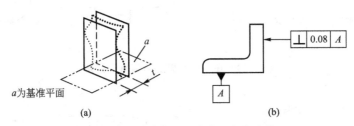

图 4.48　面对基准平面的垂直度公差

3. 倾斜度公差

1）线对基准线的倾斜度公差

（1）被测线与基准线在同一平面内。

公差带为间距等于公差值 t 的两平行平面所限定的区域。该两平行平面按给定角度倾斜于基准轴线，如图 4.49(a)所示。

图 4.49(b)所示倾斜度公差的含义为：提取(实际)中心线应限定在间距等于 0.08mm 的两平行平面之间，该两平行平面按理论正确角度 60°倾斜于公共基准轴线 $A-B$。

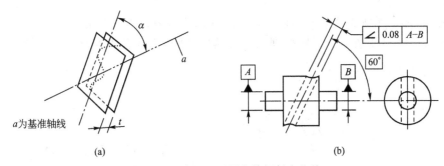

图 4.49　在同一平面上的倾斜度公差

（2）被测线与基准线在不同平面。

公差带为间距等于公差值 t 的两平行平面所限定的区域。该两平行平面按给定角度倾斜于基准轴线，如图 4.50(a)所示。

图 4.50(b)所示倾斜度公差的含义为：提取(实际)中心线应限定在间距等于 0.08mm 的两平行平面之间，该两平行平面按理论正确角度 60°倾斜于公共基准轴线 $A-B$。

2）线对基准面的倾斜度公差

（1）公差带为间距等于公差值 t 的两平行平面所限定的区域。该两平行平面按给定角度倾斜于基准平面，如图 4.51(a)所示。

图 4.51(b)所示倾斜度公差的含义为：提取(实际)中心线应限定在间距等于 0.08mm 的两平行平面之间，该两平行平面按理论正确角度 60°倾斜于公共基准平面 A。

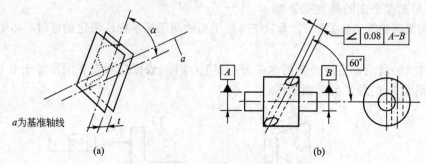

图 4.50 在不同平面上的倾斜度公差

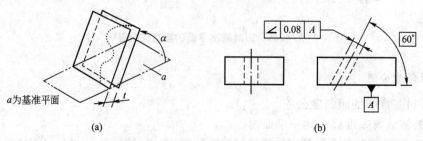

图 4.51 在一个方向上的倾斜度公差

（2）公差带前加注符号 ϕ，公差带为直径等于公差值 t 的圆柱面所限定的区域，该圆柱面公差带的轴线按给定角度倾斜于基准平面 A，且平行于基准平面 B，如图 4.52（a）所示。

图 4.52（b）所示倾斜度公差的含义为：提取（实际）中心线应限定在直径等于 $\phi0.1mm$ 的圆柱面内，该圆柱面的中心段按理论正确角度 60°倾斜于基准平面 A 且平行于基准平面 B。

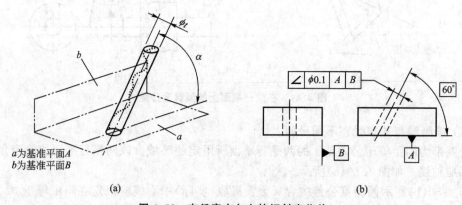

图 4.52 在任意方向上的倾斜度公差

3）面对基准线的倾斜度公差

公差带为间距等于公差值 t 的两平行平面所限定的区域。该两平行平面按给定角度倾斜于基准直线，如图 4.53（a）所示。

图 4.53（b）所示倾斜度公差的含义为：提取（实际）表面应限定在间距等于 0.1mm 的

两平行平面之间，该两平行平面按理论正确角度 75° 倾斜于基准轴线 A。

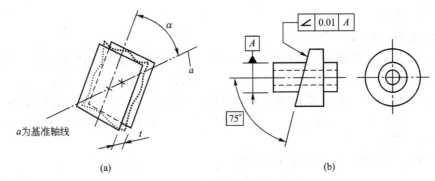

图 4.53   面对基准线的倾斜度公差

4）面对基准面的倾斜度公差

公差带为间距等于公差值 t 的两平行平面所限定的区域。该两平面按给定角度倾斜于基准面，如图 4.54(a) 所示。

图 4.54(b) 所示倾斜度公差的含义为：提取（实际）表面应限定在间距等于 0.08mm 的两平行平面之间，该两平行平面按理论正确角度 40° 倾斜于基准平面 A。

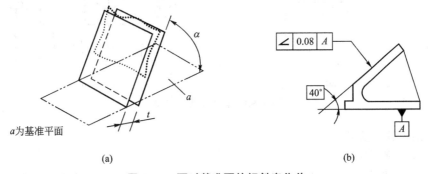

图 4.54   面对基准面的倾斜度公差

4.3.2   位置公差带的定义与注释

位置公差包括五个项目：位置度、同轴度、对称度、线轮廓度、面轮廓度。本节介绍前三个项目。位置度的被测要素有点、直线和平面，基准要素主要有直线和平面，给定位置度的被测要素相对于基准要素必须保持图样给定的正确位置关系，被测要素相对于基准的正确位置关系应由理论正确尺寸来确定。

同轴度的被测要素主要是回转体的轴线，基准要素也是轴线，且被测要素与基准要素的理想位置重合（定位尺寸为零），实质是回转体的被测轴线相对于基准轴线的位置度要求。

对称度的被测要素主要是槽类的中心平面，基准要素也是中心平面（或轴线），且被测要素与基准要素的理想位置重合（定位尺寸为零），实质是被测槽类的中心平面相对于基准中心平面（或轴线）的位置度要求。

位置公差涉及基准，公差带的方位（主要是位置）是固定的。位置公差带在控制被测要素相对于基准位置误差的同时，能够自然地控制被测要素相对于基准的方向误差和被测要素的形状误差。

1. 位置度公差

1) 点的位置度公差

公差值加注 $S\phi$，公差带为直径等于公差值 t 的圆球面所限定的区域，该圆球面中心的理论正确位置由基准 A、B、C 和理论正确尺寸确定，如图 4.55(a)所示。

图 4.55(b)所示位置度公差的含义为：提取（实际）球心应限定在直径等于 $S\phi0.3$mm 的球面内。该圆球的中心由基准平面 A、基准平面 B、基准中心平面 C 和理论正确尺寸 30mm、25mm 确定。

注：提取（实际）球心的定义尚未标准化。

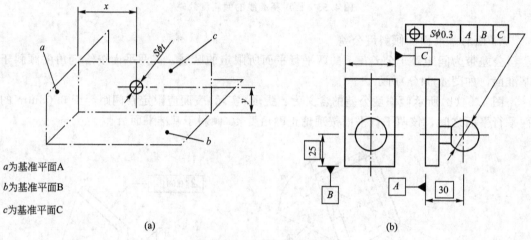

图 4.55　点的位置度公差

2) 线的位置度公差

(1) 给定一个方向。

公差带为间距等于公差值 t、对称于线的理论正确位置的两平行平面所限定的区域。线的理论正确位置由理论正确尺寸确定。公差只在一个方向给定，如图 4.56(a)所示。

图 4.56(b)所示位置度公差的含义为：各条刻线的提取（实际）中心线应限定在间距等于 0.1mm、对称于基准平面 A、B 和理论正确尺寸 25mm、10mm 确定的理论正确位置的两平行平面之间。

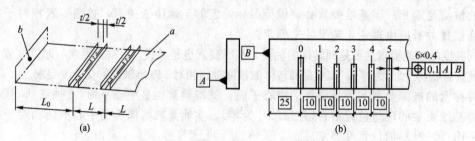

图 4.56　给定一个方向上线的位置度公差

（2）给定两个方向的公差。

公差带为间距分别等于公差值 t_1 和 t_2、对称于线的理论正确（理想）位置的两对相互垂直的平行平面所限定的区域，如图 4.57(a)、图 4.57(b)所示，线的理论正确位置由基准平面 C、A 和 B 及理论正确尺寸确定，该公差在基准体系的两个方向上给定。

图 4.57(c)所示位置度公差的含义为：各孔的测得（实际）中心线在给定方向上应各自限定在间距分别等于 0.05mm 和 0.2mm，且相互垂直的两对平行平面内。每对平行平面对称于由基准平面 C、A、B 和理论正确尺寸 20mm、15mm、30mm 确定的各孔轴线的理论正确位置。

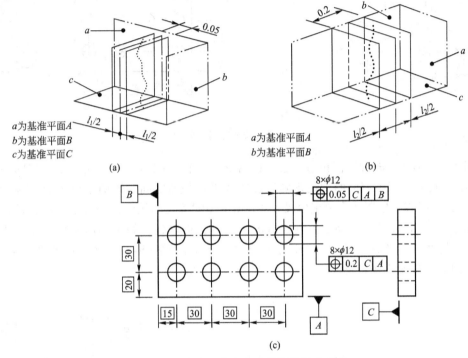

图 4.57　给定两个方向上线的位置度公差

（3）任意方向的公差。

公差之前加注符号 ϕ，公差带为直径等于公差值 t 的圆柱面所限定的区域，如图 4.58(a)所示。

图 4.58(b)所示的位置度公差的含义为：该圆柱面的轴线的位置应处于由基准平面 C、A、B 和理论尺寸 100mm、68mm 确定的理论正确位置上，提取（实际）中心线应限定在直径等于 ϕ0.08mm 的圆柱面内。

图 4.58(c)所示的位置度公差的含义为：该孔组的各孔的轴线的位置应处于由基准平面 C、A、B 和理论尺寸 20mm、15mm、30mm 确定的理论正确位置上，提取（实际）中心线应限定在直径等于 ϕ0.1mm 的各圆柱面内。

3）轮廓平面或者中心平面的位置度公差

公差带为间距等于公差值 t，且对称于被测面理论正确位置的两平行平面所限定的区域，平面的理论正确位置由基准平面和理论正确尺寸确定，如图 4.59(a)所示。

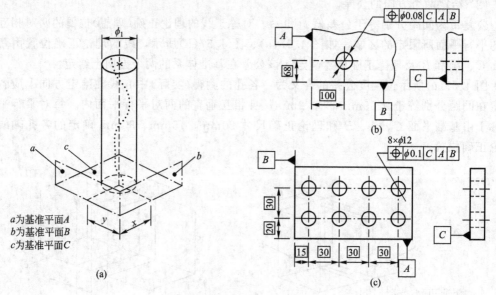

图 4.58　任意方向的公差

图 4.59(b)所示轮廓平面位置度公差的含义为：提取（实际）中心线应限定在间距等于0.05mm、且对称于被测面的理论正确位置的两平行平面之间。该两平行平面对称于由基准平面 A、基准轴线 B 和理论正确尺寸 15mm、105°确定的被测面的理论正确位置。

图 4.59(c)所示中心平面位置度公差的含义为：提取（实际）中心面应限定在间距等于0.05mm 的两平行平面之间。该两平行平面对称于由基准轴线 A 和理论正确角度 45°确定的各被测面的理论正确位置。

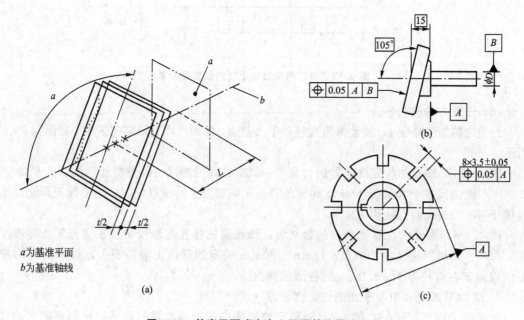

图 4.59　轮廓平面或者中心平面的位置度公差

2. 同轴度公差

1) 轴线的同轴度公差

公差之前加注符号 φ，公差带为直径等于公差值 t 的圆柱面所限定的区域，该圆柱面的轴线与基准轴线重合，如图 4.60(a)所示。

图 4.60(b)所示轴线的同轴度公差含义为：大圆柱的提取(实际)中心线应限定在直径等于 0.08mm，以公共基准轴线 A－B 为轴线的圆柱内。

图 4.60(c)所示轴线的同轴度公差含义为：大圆柱的提取(实际)中心线应限定在直径 0.1mm，以基准轴线 A 为轴线的圆柱内。

图 4.60(d)所示轴线的同轴度公差含义为：大圆柱的提取(实际)中心线应限定在直径 0.1mm，以垂直于基准平面 A 的基准轴线 B 为轴线的圆柱面内。

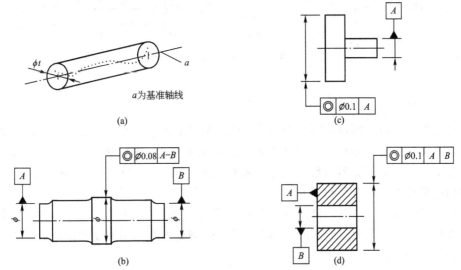

图 4.60　轴线的同轴度公差

2) 点的同心度公差

公差值前标注符号 φ，公差带为直径等于公差值 t 的圆周所限定的区域，该圆周的圆心与基准点重合，如图 4.61(a)所示。

图 4.61(b)所示点的同心度公差含义为：在任一横截面内，内圆的提取(实际)中心应限定在直径 0.1mm，以基准点 A 为圆心的圆周内。

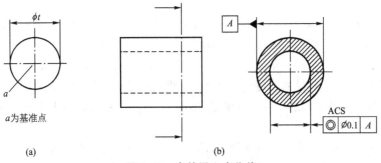

图 4.61　点的同心度公差

3. 对称度公差

中心平面的对称度公差带为间距等于公差值 t，对称于基准中心平面的两个平行平面所限定的区域，如图 4.62(a)所示。

图 4.62(b)所示中心平面的对称度公差含义为：提取（实际）中心面应限定在间距等于 0.08mm 且对称于基准中心平面 A 的两平行平面之间。

图 4.62(c)所示中心平面的对称度公差含义为：提取（实际）中心面应限定在间距等于 0.08mm，对称于公共基准中心平面 $A-B$ 的两平行平面之间。

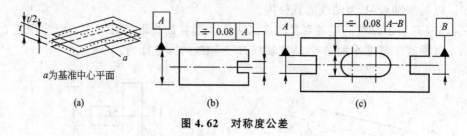

图 4.62 对称度公差

4.3.3 跳动公差

跳动公差包括两个项目：圆跳动和全跳动。圆跳动的被测要素有圆柱面、圆锥面和端面，基准要素是轴线，被测要素相对于基准要素回转一周，同时测头相对于基准不动。全跳动的被测要素有圆柱面和端面，基准要素是轴线，被测要素相对于基准要素回转多周，测头要同时相对基准进行移动。

跳动公差涉及基准，跳动公差带的方位（主要是位置）是固定的。跳动公差带在控制被测要素相对于基准位置误差的同时，能够自然地控制被测要素相对于基准的方向误差和被测要素的形状误差。

1. 圆跳动公差

1）径向圆跳动公差

公差带为在任一垂直于基准轴线的横截面内，半径差等于公差值 t，圆心在基准轴线上的两同心圆所限定的区域，如图 4.63(a)所示。

图 4.63(b)所示径向跳动公差含义为：在任一平行于基准平面 B、垂直于基准轴线 A 的截面上，提取（实际）圆应限定在半径差等于 0.1mm，圆心在基准轴线 A 上的两同心圆之间。

图 4.63(c)所示径向跳动公差含义为：在任一垂直于基准 A 的横截面内，提取（实际）圆应限定在半径差等于 0.2mm，圆心在基准轴线 A 上的两同心圆之间。

图 4.63(d)所示径向跳动公差含义为：在任一垂直于公共基准轴线 $A-B$ 的横截面内，提取（实际）圆应限定在半径之差等于 0.1mm，圆心在基准轴线 $A-B$ 上的两同心圆之间。

圆跳动通常用于整个要素，但也可规定只适用于局部要素的某一指定部分，如图 4.64(a)所示。

图 4.64(b)所示局部要素的圆跳动公差含义为：在任一垂直于基准轴线 A 的横截面内，提取（实际）圆弧应限定在半径之差等于 0.2mm，圆心在基准轴线 A 上的两同心圆弧之间。

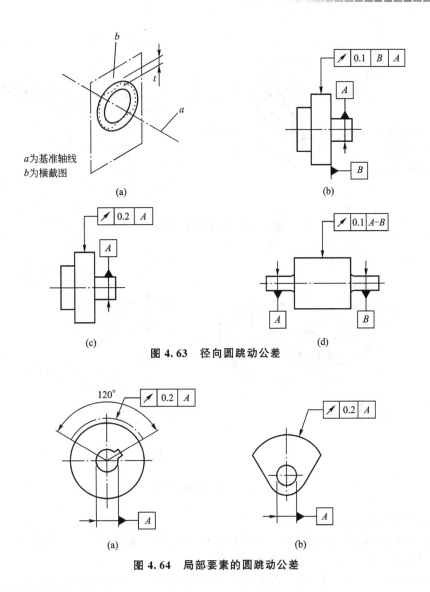

图 4.63　径向圆跳动公差

图 4.64　局部要素的圆跳动公差

2）轴向圆跳动公差

公差带为于基准轴线同轴的任意半径的圆柱截面上，间距等于公差值 t 的两圆所限定的圆柱面区域，如图 4.65（a）所示。

图 4.65（b）的轴向圆跳动公差带含义为：在与基准轴线 D 同轴的任一圆柱形截面上，提取（实际）圆应限定在轴向距离等于 0.1mm 的两个平行平面之间。

3）斜向圆跳动公差

公差带为与基准轴线同轴的某一圆锥截面上，间距等于公差值 t 的两圆所限定的圆锥面区域，如图 4.66（a）所示。除非另有规定，测量方向应沿被测表面的法向。

图 4.66（b）所示斜向圆跳动公差含义为：在与基准轴线 C 同轴的任一圆锥截面上，提取（实际）线应限定在素线方向间距等于 0.1mm 的两不等圆之间。

图 4.66（c）所示斜向圆跳动公差含义为：当标注公差的素线不是直线时，圆锥截面的锥角要随所测圆的实际位置而改变。

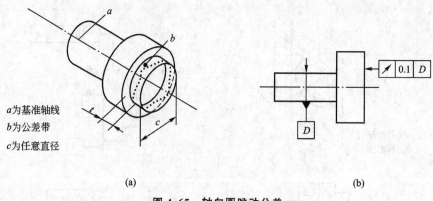

a为基准轴线
b为公差带
c为任意直径

(a)   (b)

图 4.65   轴向圆跳动公差

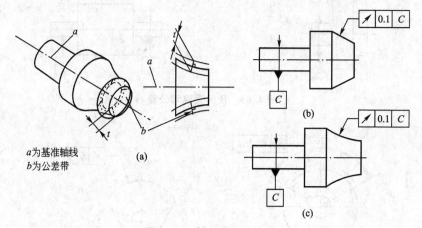

a为基准轴线
b为公差带

(a)

(b)

(c)

图 4.66   斜向圆跳动公差

4）给定方向的斜向圆跳动公差

公差带为在与基准轴线同轴的、具有给定锥角的任一圆锥截面上，间距等于公差值 t 的两不等圆所限定的区域，如图 4.67(a)所示。

图 4.67(b)所示斜向圆跳动公差含义为：在与基准轴线 C 同轴且具有给定角度 $60°$ 的任一圆锥截面上，提取(实际)圆应限定在素线方向间距等于 0.1mm 的两不等圆之间的区域。

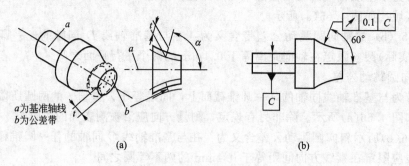

a为基准轴线
b为公差带

(a)   (b)

图 4.67   给定方向的斜向圆跳动公差

2. 全跳动公差

1) 径向全跳动公差

公差带为半径差等于公差值 t，与基准轴线同轴的两圆柱面所限定的区域，如图4.68(a)所示。

图4.68(b)所示径向全跳动公差含义为：提取(实际)表面应限定在半径差等于0.1mm，与公共基准轴线 $A - B$ 同轴的两圆柱面之间。

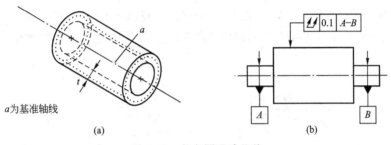

a为基准轴线

(a)   (b)

图4.68 径向圆跳动公差

2) 轴向全跳动公差

公差带为间距等于公差值 t，垂直于基准轴线的两平行平面所限定区域，如图4.69(a)所示。

图4.69(b)所示轴向全跳动公差含义为：提取(实际)表面应限定在间距等于0.1mm，垂直于基准轴线 D 的两平行平面之间。

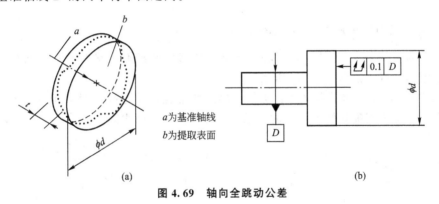

a为基准轴线
b为提取表面

(a)   (b)

图4.69 轴向全跳动公差

4.4 轮廓公差带的定义与注释

轮廓度公差分为两个项目：线轮廓度和面轮廓度。被测要素有曲线和曲面，轮廓度公差有的不涉及基准，其公差带的方位可以浮动；有的涉及基准(轮廓形状借助于基准方可得出)，基准要素有直线和平面，其公差带的方向、位置不固定。不涉及基准的轮廓度公差带只能控制被测要素的轮廓形状。涉及基准的轮廓度公差带在控制被测要素相对于基准方向误差或位置误差的同时，能够自然地控制被测要素的轮廓形状误差。

国家标准中分别规定了线轮廓度公差带、面轮廓度公差带的定义、标注和解释,根据是否存在基准,分别属于形状公差、方向公差、位置公差等。

4.4.1 无基准的轮廓度公差

1. 无基准的线轮廓度公差(见 GB/T 17852—1999)

公差带为直径等于公差值 t,圆心位于具有理论正确几何形状上的一系列圆的两包络线所限定的区域,如图 4.70(a)所示。

图 4.70(b)所示公差的含义为:在任一平行于图示投影面的截面内,提取(实际)轮廓线应限定在直径等于 0.04mm,圆心位于被测要素理论正确几何形状上的一系列圆的两包络线之间。

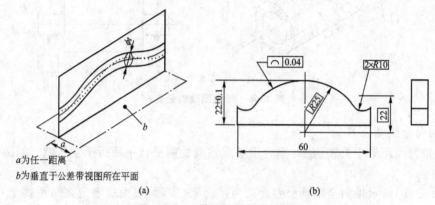

图 4.70 无基准的线轮廓度公差

2. 无基准的面轮廓度公差(见 GB/T 17852—1999)

公差带为直径等于公差值 t,球心位于被测要素理论正确形状上的一系列圆球的两包络面所限定的区域,如图 4.71(a)所示。

图 4.71(b)所示公差的含义为:提取(实际)轮廓面应限定在直径等于 0.02mm,球心位于被测要素理论正确几何形状上的一系列圆球的两包络面之间。

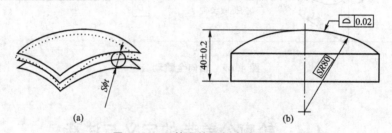

图 4.71 无基准的面轮廓度公差

4.4.2 相对于基准体系的轮廓度公差

1. 相对于基准的线轮廓度公差(见 GB/T 17852—1999)

公差带为直径等于公差值 t,圆心位于由基准平面 A 和基准平面 B 确定的被测要素理论正确几何形状上的一系列圆的两包络线所限定的区域,如图 4.72(a)所示。

图 4.72(b)所示公差的含义为：在任一平行于图示投影面的截面内，提取(实际)轮廓线应限定在直径等于 0.04mm，圆心位于由基准平面 A 和基准平面 B 确定的被测要素理论正确几何形状上的一系列圆的两包络线之间。

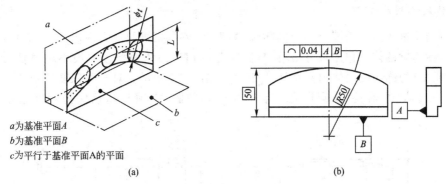

a 为基准平面 A
b 为基准平面 B
c 为平行于基准平面A的平面

(a)　　　　　　　　　　(b)

图 4.72　相对于基准的线轮廓度公差

2. 相对于基准的面轮廓度公差(见 GB/T 17852—1999)

公差带为直径等于公差值 t，球心位于由基准平面 A 确定的被测要素理论正确几何形状上的一系列圆球的两包络面所限定的区域，如图 4.73(a)所示。

图 4.73(b)所示公差的含义为：提取(实际)轮廓面应限定在直径等于 0.1mm，球心位于由基准平面 A 确定的被测要素理论正确几何形状上的一系列圆球的两包络面之间。

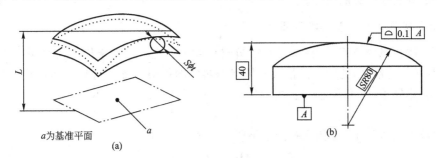

a 为基准平面
(a)　　　　　　　　　　(b)

图 4.73　相对于基准的面轮廓度公差

4.5　公差原则

公差原则是处理几何公差与尺寸公差关系的基本原则。公差原则有独立原则和相关原则，相关原则又可分成包容要求、最大实体要求(及其可逆要求)和最小实体要求(及其可逆要求)。

4.5.1　有关公差原则的术语及定义

1. 体外作用尺寸

在被测要素的给定长度上，与实际轴(外表面)体外相接的最小理想孔(内表面)的直径(或宽度)称为轴的体外作用尺寸 d_{fe}；与实际孔(内表面)体外相接的最大理想轴(外表面)

的直径（或宽度）称为孔的体外作用尺寸 D_{fe}，如图 4.74 所示。对于关联实际要素，该体外相接的理想孔（轴）的轴线（非圆形孔、轴则为中心平面）必须与基准保持图样给定的几何关系。

2. 体内作用尺寸

在被测要素的给定长度上，与实际轴（外表面）体内相接的最大理想孔（内表面）的直径（或宽度）称为轴的体内作用尺寸 d_{fi}；与实际孔（内表面）体内相接的最小理想轴（外表面）的直径（或宽度）称为孔的体内作用尺寸 D_{fi}，如图 4.74 所示。对于关联实际要素，体内相接的理想孔（轴）的轴线（非圆形孔、轴则为中心平面）必须与基准保持图样给定的几何关系。

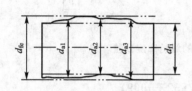 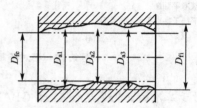

(a) 轴的提取尺寸和体内、外作用尺寸　　(b) 孔的提取尺寸和体内、外作用尺寸

图 4.74　提取尺寸和作用尺寸

作用尺寸是局部提取尺寸与几何误差综合形成的结果，作用尺寸是存在于实际孔、轴上的，表示其装配状态的尺寸。

3. 最大实体状态和最大实体尺寸

最大实体状态（MMC）是实际要素在给定长度上，处处位于极限尺寸之间并且实体最大时（占有材料量最多）的状态。最大实体状态对应的极限尺寸称为最大实体尺寸（MMS）。轴的最大实体尺寸 d_M 就是轴的上极限尺寸 d_{max}，即

$$d_M = d_{max} \tag{4-1}$$

孔的最大实体尺寸 D_M 就是孔的下极限尺寸 D_{min}，即

$$D_M = D_{min} \tag{4-2}$$

4. 最小实体状态和最小实体尺寸

最小实体状态（LMC）是实际要素在给定长度上，处处位于极限尺寸之间并且实体最小时（占有材料量最少）的状态。最小实体状态对应的极限尺寸称为最小实体尺寸（LMS）。显然，轴的最小实体尺寸 d_L 就是轴的下极限尺寸 d_{min}，即

$$d_L = d_{min} \tag{4-3}$$

孔的最小实体尺寸 D_L 就是孔的上极限尺寸 D_{max}，即

$$D_L = D_{max} \tag{4-4}$$

5. 最大实体实效状态和最大实体实效尺寸

最大实体实效状态（MMVC）是在给定长度上，实际要素处于最大实体状态，且其导出要素的形状或位置误差等于给出公差值时的综合极限状态。最大实体实效状态对应的体外作用尺寸称为最大实体实效尺寸（MMVS）。对于轴，它等于最大实体尺寸 d_M 加上带有

$$M$$ 的几何公差值 t ，即

$$d_{MV} = d_{max} + t \ M \qquad (4-5)$$

对于孔，它等于最大实体尺寸 D_{min} 减去带有 M 的几何公差值 t ，即

$$D_{MV} = D_{min} - t \ M \qquad (4-6)$$

6. 最小实体实效状态和最小实体实效尺寸

最小实体实效状态(LMVC)是在给定长度上，实际要素处于最小实体状态，且其导出要素的形状或位置误差等于给出公差值时的综合极限状态。最小实体实效状态对应的体内作用尺寸称为最小实体实效尺寸(LMVS)。

对于轴，其最小实体实效尺寸为

$$d_{LV} = d_{min} - t \ L \qquad (4-7)$$

对于孔，其最小实体实效尺寸为

$$D_{LV} = D_{max} + t \ L \qquad (4-8)$$

最大实体状态和最小实体状态只要求具有极限状态的尺寸，不要求具有理想形状。最大实体实效状态和最小实体实效状态只要求具有实效状态的尺寸，不要求具有理想形状。最大实体状态和最大实体实效状态由带有 M 的几何公差值 t 相联系；最小实体状态和最小实体实效状态由带有 L 的几何公差值 t 相联系。

7. 边界

边界是设计所给定的具有理想形状的极限包容面。这里需要注意，孔(内表面)的理想边界是一个理想轴(外表面)；轴(外表面)的理想边界是一个理想孔(内表面)。依据极限包容面的尺寸，理想边界有最大实体边界(MMB)、最小实体边界(LMB)、最大实体实效边界(MMVB)和最小实体实效边界(LMVB)，如图4.75所示。

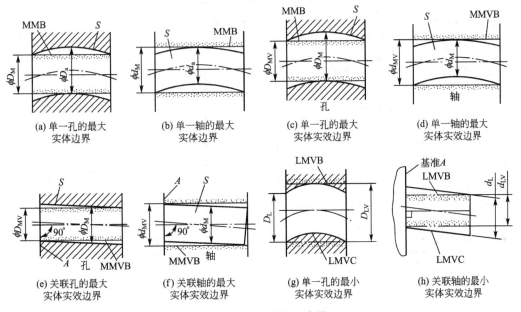

(a) 单一孔的最大实体边界
(b) 单一轴的最大实体边界
(c) 单一孔的最大实体实效边界
(d) 单一轴的最大实体实效边界
(e) 关联孔的最大实体实效边界
(f) 关联轴的最大实体实效边界
(g) 单一孔的最小实体实效边界
(h) 关联轴的最小实体实效边界

图4.75 理想边界示意图

各种理想边界尺寸的计算公式如下。

孔的最大实体边界尺寸为

$$MMB_D = D_M = D_{min}$$

轴的最大实体边界尺寸为

$$MMB_d = d_M = d_{max}$$

孔的最小实体边界尺寸为

$$LMB_D = D_L = D_{max}$$

轴的最小实体边界尺寸为

$$LMB_d = d_L = d_{min}$$

孔的最大实体实效边界尺寸为

$$MMVB_D = D_{MV} = D_M - t \,\text{Ⓜ} = D_{min} - t \,\text{Ⓜ}$$

轴的最大实体实效边界尺寸为

$$MMVB_d = d_{MV} = d_M + t \,\text{Ⓜ} = d_{max} + t \,\text{Ⓜ}$$

孔的最小实体实效边界尺寸为

$$LMVB_D = D_{LV} = D_L + t \,\text{Ⓛ} = D_{max} + t \,\text{Ⓛ}$$

轴的最小实体实效边界尺寸为

$$LMVB_d = d_{LV} = d_L - t \,\text{Ⓛ} = d_{min} - t \,\text{Ⓛ}$$

为方便记忆，将以上有关公差原则的术语及表示符号和公式列在表 4-2 中。

表 4-2　公差原则术语及对应的表示符号和公式

术　语	符号和公式	术　语	符号和公式
孔的体外作用尺寸	$D_{fe} = D_a - f$	最大实体尺寸	MMS
轴的体外作用尺寸	$d_{fe} = d_a + f$	孔的最大实体尺寸	$D_M = D_{min}$
孔的体内作用尺寸	$D_{fi} = D_a + f$	轴的最大实体尺寸	$d_M = d_{max}$
轴的体内作用尺寸	$d_{fi} = d_a - f$	最小实体尺寸	LMS
最大实体状态	MMC	孔的最小实体尺寸	$D_L = D_{max}$
最大实体实效状态	MMVC	轴的最小实体尺寸	$d_L = d_{min}$
最小实体状态	LMC	最大实体实效尺寸	MMVS
最小实体实效状态	LMVC	孔的最大实体实效尺寸	$D_{MV} = D_{min} - t\,\text{Ⓜ}$
最大实体边界	MMB	轴的最大实体实效尺寸	$d_{MV} = d_{max} + t\,\text{Ⓜ}$
最大实体实效边界	MMVB	最小实体实效尺寸	LMVS
最小实体边界	LMB	孔的最小实体实效尺寸	$D_{LV} = D_{max} + t\,\text{Ⓛ}$
最小实体实效边界	LMVB	轴的最小实体实效尺寸	$d_{LV} = d_{min} - t\,\text{Ⓛ}$

4.5.2　独立原则

独立原则是几何公差和尺寸公差不相干的公差原则，或者说几何公差和尺寸公差要求是各自独立的。

大多数机械零件的几何精度都是遵循独立原则的，尺寸公差控制尺寸误差，几何公差控制几何误差，图样上不需任何附加标注。尺寸公差包括线性尺寸公差、角度尺寸公差以及未注公差，都是独立公差原则的极好实例。

本书前面大部分插图的尺寸标注都采用的是独立原则，读者可以自行分析，这里不再赘述。

独立原则的适用范围较广，对尺寸公差、几何公差二者要求都严或一严一松或二者要求都松的情况下，使用独立原则都能满足使用要求。

例如，印刷机滚筒几何公差要求严、尺寸公差要求松，如图4.76(a)所示。

通油孔几何公差要求松、尺寸公差要求严，如图4.76(b)所示。

连杆的小头孔尺寸公差、几何公差二者要求都严，如图4.76(c)所示。

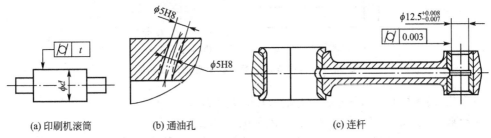

(a) 印刷机滚筒　　　　(b) 通油孔　　　　　　　(c) 连杆

图 4.76　独立原则的应用实例

4.5.3　包容要求

包容要求是指尺寸要素的非理想要素不得违反其最大实体边界(LMVB)的一种尺寸要素要求。

1. 包容要求的含义

包容要求是相关要求中的三种要求之一，适用包容要求的被测提取要素(单一要素)的实体(体外作用尺寸)应遵守最大实体边界；被测实际要素的局部提取尺寸受最小实体尺寸所限；形状公差 t 与尺寸公差 $T_h(T_S)$ 有关，在最大实体状态下给定的形状公差值为零；当被测实际要素偏离最大实体状态时，形状公差获得补偿，补偿量来自尺寸公差(被测实际要素偏离最大实体状态的量，相当于尺寸公差富余的量，可作补偿量)，补偿量的一般计算公式为

$$t = |\mathrm{MMS} - D_a(d_a)|$$

当被测实际要素为最小实体状态时，形状公差获得补偿量最多，这种情况下允许形状公差的最大值为

$$t_{max} = T_h \quad 或 \quad t_{max} = T_S \tag{4-9}$$

形状公差 t 与尺寸公差 $T_h(T_S)$ 的关系可以用动态公差图表示，如图4.77(b)所示。由于在最大实体尺寸时其形状公差值为零，故动态公差图的图形一般为直角三角形。

2. 包容要求的标注标记、应用与合格性判定

包容要求主要用于需要保证配合性质的孔、轴单一要素的中心轴线的直线度。包容要求在零件图样上的标注标记是在尺寸公差带代号后面加写Ⓔ，如图4.77(a)所示。符合包

容要求的被测实体（D_{fe}、d_{fe}）不得超越最大实体边界（MMB）；被测要素的局部提取尺寸（D_a、d_a）不得超越最小实体尺寸（LMS）。生产中采用光滑极限量规（一种成对的，按极限尺寸判定孔、轴合格性的定值量具，见第6章光滑极限量规）检验符合包容要求的被测实际要素，通规检验体外作用尺寸（D_{fe}、d_{fe}）是否超越最大实体边界，即通规测头模拟最大实体边界（MMB），通规测头通过为合格；止规检验局部提取尺寸（D_a、d_a）是否超越最小实体尺寸，即止规测头给出最小实体尺寸，止规测头止住（不通过）为合格。符合包容要求的被测实际要素的合格条件为

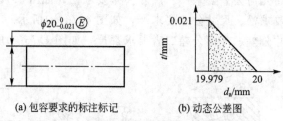

(a) 包容要求的标注标记   (b) 动态公差图

图 4.77　包容要求的标注标记与动态公差图

对于孔（内表面）：$D_{fe} \geqslant D_M = D_{min}$；$D_a \leqslant D_L = D_{max}$

对于轴（外表面）：$d_{fe} \leqslant d_M = d_{max}$；$d_a \geqslant d_L = d_{min}$

综上所述，在使用包容要求的情况下，图样上所标注的尺寸公差具有双重职能：①控制尺寸误差；②控制形状误差。

3. 包容要求的实例分析

【**例题 4.1**】　对图 4.77(a)做出解释。

解：(1) T、t 标注解释。

被测轴的尺寸公差 $T_S = 0.021$mm，$d_M = d_{max} = \phi20$mm，$d_L = d_{min} = \phi19.979$mm。

在最大实体状态下（$\phi20$mm）给定形状公差（轴线的直线度）$t = 0$，当被测要素尺寸偏离最大实体状态的尺寸时，形状公差获得补偿，当被测要素尺寸为最小实体状态的尺寸 $\phi19.979$mm 时，形状公差（直线度）获得补偿最多，此时形状公差（轴线的直线度）的最大值可以等于尺寸公差 T_S，即 $t_{max} = 0.021$mm。

(2) 动态公差图。T、t 的动态公差图如图 4.77(b)所示，形状为直角三角形。

(3) 遵守边界。遵守最大实体边界（MMB），其边界尺寸为 $d_M = \phi20$mm。

(4) 检验与合格条件。对于大批量生产，可采用光滑极限量规检验（用孔型的通规测头——模拟被测轴的最大实体边界）。其合格条件为

$$d_{fe} \leqslant \phi20\text{mm}；\quad d_a \geqslant \phi19.979\text{mm}$$

4.5.4　最大实体要求

最大实体要求是指尺寸要素的非理想要素不得违反其最大实体实效状态（MMVC）的一种尺寸要素要求，即尺寸要素的非理想要素不得超越其最大实体实效边界（MMVB）的一种尺寸要素要求。

1. 最大实体要求的动态公差

最大实体要求是相关公差原则中的三种要求之一，适用最大实体要求的被测提取要

素(多为关联要素)的实体(体外作用尺寸)应遵守最大实体实效边界;被测实际要素的局部提取尺寸同时受最大实体尺寸和最小实体尺寸所限;几何公差 t 与尺寸公差 T_h(或 T_S)有关,在最大实体状态下给定几何公差(多为位置公差)值 t_1 不为零;当被测实际要素偏离最大实体状态时,几何公差获得补偿,补偿量来自尺寸公差(即被测实际要素偏离最大实体尺寸的量,相当于尺寸公差富余的量,可作为补偿量),补偿量的一般计算公式为

$$t_2 = |MMS - D_a(d_a)| \tag{4-10}$$

当被测实际要素为最小实体状态时,几何公差获得补偿量最多,即

$$t_{2max} = T_h \quad 或 \quad t_{2max} = T_S$$

这种情况下允许几何公差的最大值为

$$t_{max} = t_{2max} + t_1 = T_h(T_S) + t_1 \tag{4-11}$$

几何公差 t 与尺寸公差 $T_h(T_S)$ 的关系可以用动态公差图表示,如图4.78(b)所示。由于给定几何公差值 t_1 不为零,故动态公差图的图形一般为直角梯形。

2. 最大实体要求的应用

最大实体要求主要用于需保证装配成功率的螺栓或螺钉连接处(即法兰盘上的连接用孔组或轴承端盖上的连接用孔组)的导出要素,一般是孔组轴线的位置度,还有槽类的对称度和同轴度。最大实体要求在零件图样上的标注标记是在几何公差框格内的几何公差给定值 t_1 后面加写Ⓜ,如图4.78(a)所示,公差带图如图4.78(b)所示。

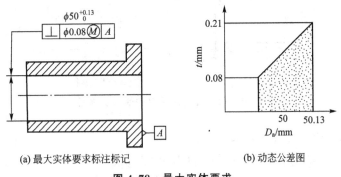

(a) 最大实体要求标注标记   (b) 动态公差图

图4.78 最大实体要求

当基准(导出要素如轴线)适用最大实体要求时,则在几何公差框格内的基准字母后面也加写Ⓜ,如图4.79所示。

符合最大实体要求的被测实体尺寸(D_{fe}、d_{fe})不得超越最大实体实效边界(MMVB);被测要素的局部提取尺寸(D_a、d_a)不得超越最大实体尺寸(MMS)和最小实体尺寸(LMS)。

生产中采用位置量规(只有通规,专为按最大实体实效尺寸判定孔、轴作用尺寸合格性而设计制造的定值量具,可以参考几何误差检验的相关标准和有关书籍)检验使用最大实体要求的被测实际要素的实体,位置量规(通规)检验体外作用尺寸(D_{fe}、d_{fe})是否超越最大实体实效边界,即位置量规测头模拟最大实体实效边界(MMVB),位置量规测头通过为合格;被测实际要素的局部提取尺寸(D_a、d_a)采用通用量具按两点法测量,以判定是否超越最大实体尺寸和最小实体尺寸,局部提取尺寸落入极限尺寸内为合格。

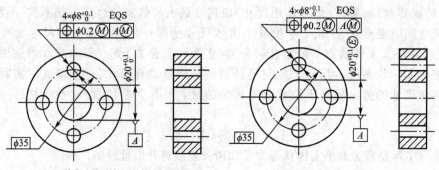

(a) 基准自身形状公差按未注要求   (b) 基准自身形状公差采用包容要求

图 4.79　基准(导出要素)适用最大实体要求

符合最大实体要求的被测实际要素的合格条件为

对于孔(内表面)：$D_{fe} \geqslant D_{MV} = D_{min} - t_1$；$D_{min} = D_M \leqslant D_a \leqslant D_L = D_{max}$

对于轴(外表面)：$d_{fe} \leqslant d_{MV} = d_{max} + t_1$；$d_{max} = d_M \geqslant d_a \geqslant d_L = d_{min}$

另外，若需要既遵守最大实体要求，又限制几何公差最大值时，可以采用图 4.80 所示的双框格几何公差值的标注方法。

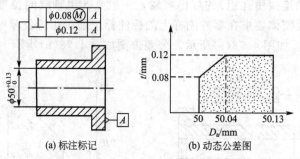

(a) 标注标记   (b) 动态公差图

图 4.80　几何公差值受限的最大实体要求

3. 可逆要求用于最大实体要求

在不影响零件功能的前提下，位置公差可以反过来补给尺寸公差，即位置公差有富余的情况下，允许尺寸误差超过给定的尺寸公差，显然在一定程度上能够降低工件的废品率。在零件图样上，可逆要求用于最大实体要求的标注标记是在位置公差框格的第二格内位置公差值后面加写$⑩⑧$，如图 4.81(a)所示。

此时，尺寸公差有双重职能：①控制尺寸误差；②协助控制几何误差。而位置公差也有双重职能：①控制几何误差；②协助控制尺寸误差。

可逆要求用于最大实体要求的动态公差图，由于尺寸误差可以超差的缘故，其图形形状由直角梯形(最大实体要求)转为直角三角形(相当于在直角梯形的基础上加一个三角形)，如图 4.81(b)所示。

4. 最大实体要求的实例分析

【例题 4.2】　对图 4.78(a)做出解释。

解：(1) T、t 标注解释。

被测孔的尺寸公差为 $T_h = 0.13mm$，$D_M = D_{min} = \phi 50mm$，$D_L = D_{max} = \phi 50.13mm$；

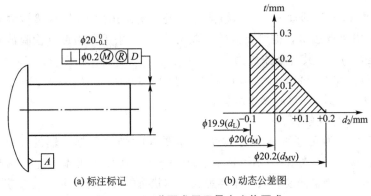

(a) 标注标记　　　　　　(b) 动态公差图

图 4.81　可逆要求用于最大实体要求

在最大实体状态下($\phi 50\text{mm}$)给定几何公差(垂直度)$t_1=0.08\text{mm}$，当被测要素尺寸偏离最大实体状态的尺寸时，几何公差(垂直度)获得补偿，当被测要素尺寸为最小实体状态的尺寸 $\phi 50.13\text{mm}$ 时，几何公差获得补偿最多，此时几何公差(垂直度)具有的最大值，等于给定几何公差 t_1 与尺寸公差 T_h 的和，即

$$t_{\max}=0.08+0.13=0.21\text{mm}$$

(2) 动态公差图。

T、t 的动态公差图如图 4.78(b)所示，形状为具有两个直角的梯形。

(3) 遵守边界。

被测孔遵守最大实体实效边界(MMVB)，其边界尺寸为

$$\text{DMV}=D_{\min}-t_1=\phi 50-\phi 0.08=\phi 49.92\text{mm}$$

(4) 检验与合格条件。

采用位置量规(轴型通规——模拟被测孔的最大实体实效边界)检验被测要素的体外作用尺寸 D_{fe}，采用两点法检验被测要素的局部提取尺寸 D_a。其合格条件为

$$D_{fe}\geqslant \phi 49.92\text{mm},\qquad \phi 50\leqslant D_a\leqslant \phi 50.13\text{mm}$$

【例题 4.3】 对图 4.80(a)做出解释。

解：(1) T、t 标注解释。

由图 4.80(a)可见，这是几何公差最大值受限的最大实体要求。尺寸公差为 $T_h=0.13\text{mm}$，即 $D_M=D_{\min}=\phi 50\text{mm}$，$D_L=D_{\max}=\phi 50.13\text{mm}$；在最大实体状态下($\phi 50\text{mm}$)给定几何公差 $t_1=0.08\text{mm}$，并给定几何公差最大值 $t_{\max}=0.12\text{mm}$。当被测要素尺寸偏离最大实体状态的尺寸时，或当被测要素尺寸为最小实体状态尺寸 $\phi 50.13\text{mm}$ 时，几何公差均可获得补偿。但最多可以补偿 $t_{\max}$ 与 t_1 的差值，即 $0.12-0.08=0.04\text{mm}$，几何公差(垂直度)具有的最大值就等于给定几何公差(垂直度)的最大值，即 $t_{\max}=0.12\text{mm}$。

(2) 动态公差图。

T、t 的动态公差图如图 4.80(b)所示，由于 $t_{\max}=0.12\text{mm}$，图形形状为具有三直角的五边形。

(3) 遵守边界。

遵守最大实体实效边界(MMVB)，其边界尺寸为

$$D_{MV}=D_{\min}-t_1=\phi 50-\phi 0.08=\phi 49.92\text{mm}$$

（4）检验与合格条件。

采用位置量规（轴型通规——模拟被测孔的最大实体实效边界）检验被测要素的体外作用尺寸 D_{fe}，采用两点法检验被测要素的提取尺寸 D_a，采用通用量具检验被测要素的几何误差（垂直度误差）$f_\perp$。其合格条件为

$$D_{fe} \geqslant \phi 49.92mm, \qquad \phi 50 \leqslant D_a \leqslant \phi 50.13mm, \qquad f_\perp \leqslant 0.12mm$$

【例题 4.4】 对图 4.81(a) 做出解释。

解：（1）T、t 标注解释。

图 4.81(a) 所示为可逆要求用于最大实体要求的轴线问题。轴的尺寸公差为 $T_s = 0.1mm$，即 $d_M = d_{max} = \phi 20mm$，$d_L = d_{min} = \phi 19.9mm$；在最大实体状态下（$\phi 20mm$）给定几何公差 $t_1 = 0.2mm$，当被测要素尺寸偏离最大实体状态的尺寸时，几何公差获得补偿，当被测要素尺寸为最小实体状态的尺寸 $\phi 19.9mm$ 时，几何公差获得补偿最多，此时几何公差具有的最大值等于给定几何公差 t_1 与尺寸公差 T_s 的和，即 $t_{max} = 0.2 + 0.1 = 0.3mm$。

（2）可逆要求的解释。

在被测要素轴的几何误差（轴线垂直度）小于给定几何公差的条件下，即 $f_\perp < 0.2mm$ 时，被测要素的尺寸误差可以超差，即被测要素轴的提取尺寸可以超出极限尺寸 $\phi 20mm$，但不可以超出所遵守的边界（最大实体实效边界）尺寸 $\phi 20.2mm$。图 4.81(b) 中横轴的 $\phi 20mm \sim \phi 20.2mm$ 为尺寸误差可以超差的范围（或称可逆范围）。

（3）动态公差图。

T、t 的动态公差图如图 4.81(b) 所示，其形状是三角形。

（4）遵守边界。

遵守最大实体实效边界（MMVB），其边界尺寸为

$$d_{MV} = d_{max} + t_1 = \phi 20 + \phi 0.2 = \phi 20.2mm$$

（5）检验与合格条件。

采用位置量规（孔型通规——模拟被测轴的最大实体实效边界）检验被测要素的体外作用尺寸 d_{fe}，采用两点法检验被测要素的提取尺寸 d_a。其合格条件为

$$d_{fe} \leqslant \phi 20.2mm, \qquad \phi 19.9 \leqslant d_a \leqslant \phi 20mm;$$

当 $f_\perp < 0.2mm$ 时，$\phi 19.9 \leqslant d_a \leqslant \phi 20.2mm$

4.5.5 最小实体要求

最小实体要求是指尺寸要素的非理想要素不得违反其最小实体实效状态（LMVC）的一种尺寸要素要求，即尺寸要素的非理想要素不得超越其最小实体实效边界（LMVB）的一种尺寸要素要求。

1. 最小实体要求的动态公差

最小实体要求也是相关公差原则中的三种要求之一，被测实际要素（关联要素）的实体（体内作用尺寸）遵循最小实体实效边界；被测实际要素的局部提取尺寸同时受最大实体尺寸和最小实体尺寸所限；几何公差 t 与尺寸公差 $T_h(T_s)$ 有关，在最小实体状态下给定几何公差（多为位置公差）值 t_1 不为零（一定大于零，当为零时，是一种特殊情况——最小实体要求的零几何公差）；当被测实际要素偏离最小实体状态时，几何公差获得补偿，补偿量来自尺寸公差（被测实际要素偏离最小实体状态的量，相当于尺寸公差富余的量，可作

补偿量），补偿量的一般计算公式为

$$t_2 = |\text{LMS} - D_a(d_a)| \qquad (4-12)$$

当被测实际要素为最大实体状态时，几何公差获得补偿量最多，即 $t_{2\max} = T_h(T_S)$，这种情况下允许几何公差的最大值为

$$t_{\max} = t_{2\max} + t_1 = T_h(T_S) + t_1 \qquad (4-13)$$

几何公差 t 与尺寸公差 $T_h(T_S)$ 的关系可以用动态公差图表示，如图 4.82(b) 所示。由于给定几何公差值 t_1 不为零，故动态公差图的图形一般为直角梯形。

2. 最小实体要求的应用与检测

最小实体要求主要用于需要保证最小壁厚处（如空心的圆柱凸台、带孔的小垫圈等）的导出要素，一般是中心轴线的位置度、同轴度等。最小实体要求在零件图样上的标注标记是在几何公差框格的几何公差给定值 t_1 后面加写 ⓛ，如图 4.82(a) 所示。

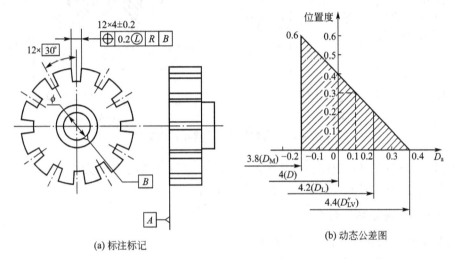

(a) 标注标记　　　　　　　　　(b) 动态公差图

图 4.82　最小实体要求

当基准（导出要素如轴线）也使用最小实体要求时，则在几何公差框格内的基准字母后面也加写 ⓛ。符合最小实体要求的被测实体（D_{fi}、d_{fi}）不得超越最小实体实效边界（LMVB）；被测要素的局部提取尺寸（D_a、d_a）不得超越最大实体尺寸（MMS）和最小实体尺寸（LMS）。目前尚没有检验用量规，因为按最小实体实效尺寸判定孔、轴体内作用尺寸的合格性问题，在于量规无法实现检测过程（量规测头不可能进入被测要素的体内，除非是刀具，但真是刀具又不可以，检测过程不能破坏工件）。生产中一般采用通用量具检验被测实际要素的体内作用尺寸（D_{fi}、d_{fi}）是否超越最小实体实效边界，即测量足够多点的数据，用绘图法（在测量具备很好条件时，当然用三坐标机测量并由计算机处理测量数据更好）求得被测要素的体内作用尺寸（D_{fi}、d_{fi}），再判定其是否超越最小实体实效边界（LMVB），不超越为合格；被测实际要素的局部提取尺寸（D_a、d_a）按两点法测量，以判定是否超越最大实体尺寸和最小实体尺寸，局部提取尺寸落入极限尺寸内为合格。符合最小实体要求的被测实际要素的合格条件为

对于孔（内表面）：$D_{fi} \leqslant D_{LV} = D_{\max} + t_1$；$D_{\min} = D_M \leqslant D_a \leqslant D_L = D_{\max}$

对于轴（外表面）：$d_{fi} \geqslant d_{LV} = d_{\min} - t_1$；$d_{\max} = d_M \geqslant d_a \geqslant d_L = d_{\min}$

3. 可逆要求用于最小实体要求

在不影响零件功能的前提下，位置公差可以反过来补给尺寸公差，即位置公差有富余的情况下，允许尺寸误差超过给定的尺寸公差，显然在一定程度上能够降低工件的废品率。在零件图样上，可逆要求用于最小实体要求的标注标记是在位置公差框格的第二格内位置公差值后面加写 $Ⓛ Ⓡ$，如图 4.83(a)所示。

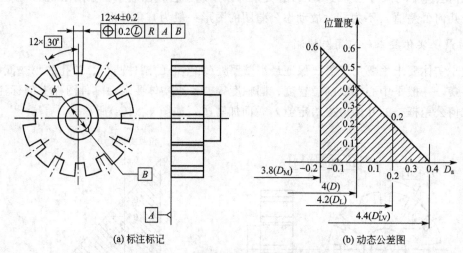

(a) 标注标记　　　　　　(b) 动态公差图

图 4.83　可逆要求用于最小实体要求

此时尺寸公差有双重职能：①控制尺寸误差；②协助控制几何误差。而位置公差也有双重职能：①控制几何误差；②协助控制尺寸误差。

4. 最小实体要求的实例分析

【例题 4.5】 对图 4.82(a)做出解释。

解：（1）T、t 标注解释。

被测槽宽的尺寸公差 $T_h=0.4\text{mm}$，$D_M=D_{min}=3.8\text{mm}$，$D_L=D_{max}=4.2\text{mm}$；在最小实体状态下给定几何公差(位置度)$t_1=0.2\text{mm}$，当被测要素尺寸(槽宽)偏离最小实体状态的尺寸 4.2mm 时，几何公差位置度获得补偿，当被测要素尺寸为最大实体状态的尺寸 3.8mm 时，几何公差位置度获得补偿最多，此时几何公差具有的最大值等于给定几何公差 t_1 与尺寸公差 T_h 的和，即 $t_{max}=0.2+0.4=0.6\text{mm}$。

（2）动态公差图。

T、t 的动态公差图如图 4.82(b)所示，图形为具有两个直角的梯形。

（3）遵守边界。

遵守最小实体实效边界(LMVB)，其边界尺寸为

$$D_{LV}=D_{max}+t_1=4.2+0.2=4.4\text{mm}$$

（4）合格条件。

被测要素的体内作用尺寸 D_{fi} 和局部提取尺寸 D_a 的合格条件为

$$D_{fi}\leqslant 4.4\text{mm}, \qquad 3.8\text{mm}\leqslant D_a\leqslant 4.2\text{mm}$$

【例题 4.6】 对图 4.83(a)做出解释。

解：（1）T、t 标注解释。

图 4.83(a)所示为可逆要求用于最小实体要求的槽的位置度问题。

槽宽的尺寸公差为 $T_h=0.4\text{mm}$，即 $D_M=D_{\min}=3.8\text{mm}$，$D_L=D_{\max}=4.2\text{mm}$；在最小实体状态下(4.2mm)给定位置度公差 $t_1=0.2\text{mm}$，当被测要素尺寸(槽宽的尺寸)偏离最小实体状态的尺寸时，位置度公差获得补偿，当被测要素尺寸为最大实体状态的尺寸 3.8mm 时，位置度公差获得补偿最多，此时位置度公差具有的最大值可以等于给定位置度公差 t_1 与尺寸公差 T_h 之和，即

$$t_{\max}=0.2+0.4=0.6\text{mm}$$

（2）可逆解释。

在被测要素槽的位置度误差小于给定位置度公差的条件下，即当 $f<0.2\text{mm}$ 时，被测要素槽的尺寸误差可以超差，即被测要素槽的提取尺寸可以超出极限尺寸 4.2mm，但不可以超出所遵守边界的尺寸 4.4mm。图 4.83(b)中横轴的 4.2～4.4 为槽的尺寸误差可以超差的范围(或称可逆范围)。

（3）动态公差图。

T、t 的动态公差图如图 4.83(b)所示，其形状是三角形。

（4）遵守边界。

遵守最小实体实效边界(LMVB)，其边界尺寸为

$$D_{LV}=D_{\max}+t_1=4.2+0.2=4.4\text{mm}$$

（5）合格条件。

被测要素的体内作用尺寸 D_{fi} 和被测要素的局部提取尺寸 D_a，其合格条件为：

$$D_{fi}\leqslant4.4\text{mm}, \quad 3.8\leqslant D_a\leqslant4.2\text{mm};$$

当 $f<0.2\text{mm}$ 时，$3.8\leqslant d_a\leqslant4.4\text{mm}$

综上所述，公差原则是解决生产一线尺寸误差与几何误差关系等实际问题的常用规则。但由于相关原则的术语、概念较多，各种要求适用范围迥然不同，为便于理解，把相关原则的三种要求进行了详细比较，列在表 4-3～表 4-4 中，供读者参考。

表 4-3 三种相关要求的标注、检验方法与适用范围比较

相关原则	标注标记	几何公差的给定状态及 t_1 值	几何公差获尺寸公差补偿量的计算公式	检验方法及量具	适用范围
包容要求	Ⓔ	最大实体状态下给定 $t_1=0$	$|MMS-D_a (d_a)|$	采用光滑极限量规，通规检测 $D_{fe}(d_{fe})$，止规检测 $D_a(d_a)$	保证配合性质的单一要素
最大实体要求	Ⓜ，可逆要求为ⓂⓇ	最大实体状态下给定 $t_1>0$	$|MMVS-D_a (d_a)|$	$D_{fe}(d_{fe})$ 采用位置量规，$D_a(d_a)$ 采用两点法测量	保证容易装配的关联导出要素
最小实体要求	Ⓛ，可逆要求为ⓁⓇ	最小实体状态下给定 $t_1>0$	$|LMS-D_a (d_a)|$	尚无量规，几何误差采用通用量具，$D_a(d_a)$ 采用两点法测量	保证最小壁厚的关联导出要素

表 4-4　三种相关要求边界与补偿公式的比较

相关原则	遵守的理想边界	边界名称 边界尺寸计算公式 孔/轴		几何公差 t 与尺寸公差 T_h（T_s）关系	最大实体状态 最小实体状态	
包容要求	最大实体边界	$MMB_D = D_M = D_{min}$	$MMB_d = d_M = d_{max}$	$t_1 = 0$	$t_{max} = T_h(T_s)$	
最大实体要求	最大实体实效边界	$MMVB_D = D_{MV} = D_{min} - t_1$	$MMVB_d = d_{MV} = d_{max} + t_1$	$t_1 > 0$	$t_{max} = T_h(T_s) + t_1$	
最小实体要求	最小实体实效边界	$LMVB_D = D_{LV} = D_{max} + t_1$	$LMVB_d = d_{LV} = d_{min} - t_1$	$t_{max} = T_h(T_s) + t_1$	$t_1 > 0$	

表 4-5　三种相关要求的动态公差图与可逆要求比较

相关原则	几何形状	可逆要求的使用
包容要求	一般为直角三角形，限制几何公差最大值则为具有两个直角的梯形	不适用。尺寸公差只能补给几何公差
最大实体要求	一般为具有两个直角的梯形，限制几何公差最大值则为具有三个直角的五边形，适用可逆要求时（不限制几何公差最大值）则为直角三角形	适用。不仅尺寸公差能补给几何公差；相反，在一定条件下尺寸公差也可以获得来自于几何公差的补偿
最小实体要求	一般为具有两个直角的梯形，限制几何公差最大值则为具有三个直角的五边形，适用可逆要求时（不限制几何公差最大值）则为直角三角形	适用。不仅尺寸公差能补给几何公差；相反，在一定条件下尺寸公差也可以获得来自于几何公差的补偿

4.6　几何公差的选用

4.6.1　几何公差的国家标准

实际零件上所有的要素都存在几何误差，根据国家标准规定，凡是一般机床加工能保证的几何精度，其几何公差值按 GB/T 1184—1996《几何公差　未注公差值》执行，不必在图样上具体注出。当几何公差值大于或小于未注公差值时，则应按规定在图样上明确标注出几何公差。

按国家标准的规定，对 14 项几何公差，除线、面轮廓度及位置度未规定公差等级外，其余项目均有规定，其中，直线度、平面度、平行度、垂直度、倾斜度、同轴度、对称度、圆跳动、全跳动划分为 12 级，即 1～12 级，1 级精度最高，12 级精度最低；圆度、圆柱度划分为 13 级，即 0～12 级，最高级为 0 级，12 级精度最低。各项目的各级公差值见表 4-6～表 4-9。对于位置度，国家标准规定了位置度数系，见表 4-10。

表 4-6　直线度和平面度公差值　　　　　　　　　　　　　　单位：μm

主参数 L/mm	公差等级											
	1	2	3	4	5	6	7	8	9	10	11	12
	公　差　值											
≤10	0.2	0.4	0.8	1.2	2	3	5	8	12	20	30	60
>10~16	0.25	0.5	1	1.5	2.5	4	6	10	15	25	40	80
>16~25	0.3	0.6	1.2	2	3	5	8	12	20	30	50	100
>25~40	0.4	0.8	1.5	2.5	4	6	10	15	25	40	60	120
>40~63	0.5	1	2	3	5	8	12	20	30	50	80	150
>63~100	0.6	1.2	2.5	4	6	10	15	25	40	60	100	200
>100~160	0.8	1.5	3	5	8	12	20	30	50	80	120	250
>160~250	1	2	4	6	10	15	25	40	60	100	150	300
>250~400	1.2	2.5	5	8	12	20	30	50	80	120	200	400
>400~630	1.5	3	6	10	15	25	40	60	100	150	250	500

主参数 L 图例

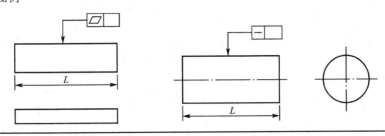

表 4-7　圆度和圆柱度公差值　　　　　　　　　　　　　　单位：μm

主参数 d(D)/mm	公差等级												
	0	1	2	3	4	5	6	7	8	9	10	11	12
	公　差　值												
≤3	0.1	0.2	0.3	0.5	0.8	1.2	2	3	4	6	10	14	25
>3~6	0.1	0.2	0.4	0.6	1	1.5	2.5	4	5	8	12	18	30
>6~10	0.12	0.25	0.4	0.6	1	1.5	2.5	4	6	9	15	22	36
>10~18	0.15	0.25	0.5	0.8	1.2	2	3	5	8	11	15	27	43
>18~30	0.2	0.3	0.6	1	1.5	2.5	4	6	9	13	21	33	52
>30~50	0.25	0.4	0.6	1	1.5	2.5	4	7	11	16	25	39	62
>50~80	0.3	0.5	0.8	1.2	2	3	5	8	13	19	30	46	74
>80~120	0.4	0.6	1	1.5	2.5	4	6	10	15	22	35	54	87
>120~180	0.6	1	1.2	2	3.5	5	8	12	18	25	40	63	100
>180~250	0.8	1.2	2	3	4.5	7	10	14	20	29	46	72	115

（续）

主参数 $d(D)$ /mm	公差等级												
	0	1	2	3	4	5	6	7	8	9	10	11	12
	公差值												
>250~315	1	1.6	2.5	4	6	8	12	16	23	32	52	81	130
>315~400	1.2	2	3	5	7	9	13	18	25	36	57	89	140
>400~500	1.5	2.5	4	6	8	10	15	20	27	40	63	97	155

主参数 L 图例

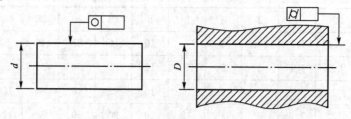

表 4-8 平行度、垂直度和圆柱倾斜度公差值　　　　　单位：μm

主参数 L/mm	公差等级											
	1	2	3	4	5	6	7	8	9	10	11	12
	公差值											
≤10	0.4	0.8	1.5	3	5	8	12	20	30	50	80	120
>10~16	0.5	1	2	4	6	10	15	25	40	60	100	150
>16~25	0.6	1.2	2.5	5	8	12	20	30	50	80	120	200
>25~40	0.8	1.5	3	6	10	15	25	40	60	100	150	250
>40~63	1	2	4	8	12	20	30	50	80	120	200	300
>63~100	1.2	2.5	5	10	15	25	40	60	100	150	250	400
>100~160	1.5	3	6	12	20	30	50	80	120	200	300	500
>160~250	2	4	8	15	25	40	60	100	150	250	400	600
>250~400	2.5	5	10	20	30	50	80	120	200	300	500	800
>400~630	3	6	12	25	40	60	100	150	250	400	600	1000

主参数 L 图例

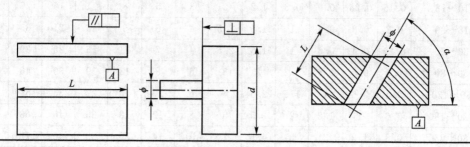

表 4-9 同轴度、对称度、圆跳动和全跳动公差值 单位：μm

主参数 L、B、$d(D)$/mm	公差等级											
	1	2	3	4	5	6	7	8	9	10	11	12
	公 差 值											
≤1	0.4	0.6	1	1.5	2.5	4	6	10	15	25	40	60
>1~3	0.4	0.6	1	1.5	2.5	4	6	10	20	40	60	120
>3~6	0.5	0.8	1.2	2	3	5	8	12	25	50	80	150
>6~10	0.6	1	1.5	2.5	4	6	10	15	30	60	100	200
>10~18	0.8	1.2	2	3	5	8	12	20	40	80	120	250
>18~30	1	1.5	2.5	4	6	10	15	25	50	100	150	300
>30~50	1.2	2	3	5	8	12	20	30	60	120	200	400
>50~120	1.5	2.5	4	6	10	15	25	40	80	150	250	500
>120~250	2	3	5	8	12	20	30	50	100	200	300	600
>250~500	2.5	4	6	10	15	25	40	60	120	250	400	800

主参数 L 图例

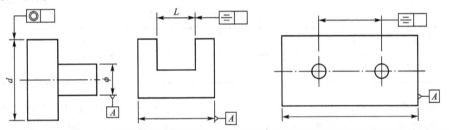

表 4-10 位置度数系

1	1.2	1.5	2	2.5	3	4	5	6	8
1×10^n	1.2×10^n	1.5×10^n	2×10^n	2.5×10^n	3×10^n	4×10^n	5×10^n	6×10^n	8×10^n

注：n 为正整数。

4.6.2 未注几何公差的规定

图样上没有具体注明几何公差值的要素，根据国家标准规定，其几何精度由未注几何公差来控制，按以下规定执行。

(1) GB/T 1184—1996 对未注直线度、平面度、垂直度、对称度和圆跳动各规定了 H、K、L 三个公差等级，其公差值见表 4-11~表 4-14。

表 4-11 直线度和平面度未注公差值 单位：mm

公差等级	公称长度范围					
	≤10	>10~30	>30~100	>100~300	>300~1000	>1000~3000
H	0.02	0.05	0.1	0.2	0.3	0.4
K	0.05	0.1	0.2	0.4	0.6	0.8
L	0.1	0.2	0.4	0.8	1.2	1.6

表 4 - 12　垂直度未注公差值　　　单位：mm

公差等级	公称长度范围			
	≤100	>100～300	>300～1000	>1000～3000
H	0.2	0.3	0.4	0.5
K	0.4	0.6	0.8	1
L	0.6	1	1.5	2

表 4 - 13　对称度未注公差值　　　单位：mm

公差等级	公称长度范围			
	≤100	>100～300	>300～1000	>1000～3000
H	0.5			
K	0.6		0.8	1
L	0.6	1	1.5	2

表 4 - 14　圆跳动未注公差值　　　单位：mm

公差等级	H	K	L
公差值	0.1	0.2	0.5

（2）圆度的未注公差值等于直径公差值，但不能大于表 4 - 9 中的径向圆跳动值。

（3）圆柱度的未注公差值不做规定，但圆柱度误差由圆度、直线度和素线平行度误差三部分组成，而其中每一项误差均由它们的注出公差或未注公差控制。

（4）平行度的未注公差值等于尺寸公差值或直线度和平面度未注公差值中的较大者。

（5）同轴度的未注公差值可以取等于圆跳动的未注公差值。

（6）线轮廓度、面轮廓度、倾斜度、位置度和全跳动的未注公差值均由各要素的注出或未注线性尺寸公差或角度公差控制。

4.6.3　几何公差的选用

机械零件的几何误差直接影响零部件的旋转精度、连接强度和密封性以及承载均匀性等，因此，正确、合理地选用几何公差，对保证机器或仪器的功能要求和提高经济效益具有十分重要的意义。

几何公差的选用主要包括几何公差项目的选择、公差值的选择、公差原则的选择和基准的选择。

1. 几何公差项目的选择

几何公差项目的选择原则是：根据要素的几何特征、结构特点及零件的使用要求，并考虑检测的方便和经济效益。

形状公差项目主要是按要素的几何形状特征确定的，因此要素的几何特征自然是选择单一要素公差项目的基本依据。例如，控制平面的形状误差选择平面度；控制圆柱面的形状误差应选择圆度或圆柱度。

位置公差项目是按要素间几何方位关系确定的，所以关联要素的公差项目应以它与基准间的几何方位关系为基本依据。例如，对轴线、平面可规定定向和位置公差；对点只能规定位置公差；回转类零件才可以规定同轴度公差和跳动公差。

零件的功能要求不同，对几何公差应提出不同的要求。例如，减速器转轴的两个轴颈的几何精度，由于在功能上它们是转轴在减速器箱体上的安装基准，因此要求它们同轴，可以规定对它们公共轴线的同轴度公差或径向圆跳动公差。

考虑检测的方便性，有时可将所需的公差项目用控制效果相同或相近的公差项目来代替。例如，要素为一圆柱面时，圆柱度是理想的项目，但是由于圆柱度检测不方便，故可选用圆度、直线度和素线平行度几个分项等进行控制。又如，径向圆跳动可综合控制圆度和同轴度误差，而径向圆跳动检测简单易行，所以在不影响设计要求的前提下，可尽量选用径向圆跳动公差项目。

2. 几何公差值的选择

公差值的选择原则是：在满足零件功能要求的前提下，考虑工艺经济性和检测条件，选择最经济的公差值。

根据零件功能要求、结构、刚性和加工经济性等条件，采用类比法选择公差值，按表 4-15～表 4-18 确定要素的几何公差值时，还应考虑以下几点。

表 4-15　直线度、平面度公差等级应用举例

公差等级	应用举例
0, 1	高精度量仪主轴，高精度机床主轴，滚动轴承的滚珠和滚柱
2	精密测量仪主轴、外套、套阀，纺锭轴承，精密机床主轴轴颈，针阀圆柱表面，喷油泵柱塞及柱塞套
3	高精度外圆磨床轴承，磨床砂轮主轴套筒，喷油嘴针、阀体，高精度轴承内外圈等
4	较精密机床主轴、主轴箱孔，高压阀门、活塞、活塞销、阀体孔，高压油泵柱塞，较高精度滚动轴承配合轴，铣削动力头箱体孔
5	一般计量仪器主轴，测杆外圆柱面，一般机床主轴轴颈及轴承孔，柴油机、汽油机的活塞、活塞销，与 P6 级滚动轴承配合的轴颈
6	一般机床主轴及前轴承孔，泵、压缩机的活塞、汽缸，汽油发动机凸轮轴，纺机锭子，减速传动轴轴颈，拖拉机曲轴主轴颈，与 P6 级滚动轴承配合的外壳孔
7	大功率低速柴油机曲轴轴颈、活塞、活塞销、连杆、汽缸，高速柴油机箱体轴承孔，千斤顶或压力油缸活塞，机车传动轴，水泵及通用减速器转轴轴颈
8	低速发动机、大功率曲柄轴轴颈，内燃机曲轴轴颈，柴油机凸轮轴承孔
9	空气压缩机缸体，通用机械杠杆与拉杆用套筒销子，拖拉机活塞环、套筒孔
10	印染机布辊，绞车、吊车、起重机滑动轴承轴颈等

表 4-16　圆度、圆柱度公差等级应用举例

公差等级	应用举例
1，2	精密量具、测量仪器以及精度要求很高的精密机械零件，如 0 级样板平尺、0 级宽平尺、工具显微镜等精密测量仪器的导轨面
3	1 级宽平尺工作面、1 级样板平尺的工作面，测量仪器圆弧导轨，测量仪器的测杆
4	0 级平板，测量仪器的 V 形导轨，高精度平面磨床的 V 形导轨和滚动导轨，轴承磨床及平面磨床的床身导轨
5	1 级平板，2 级宽平尺，3 级平板，自动车床床身底面，摩托车曲轴箱体，汽车变速箱壳体，车床挂轮的平面
6	普通机床导轨面，卧式镗床、铣床的工作台，机床主轴箱的导轨，柴油机机体结合面
7	2 级平板、机床的床头箱体、滚齿机床身导轨、摇臂钻底座工作台、液压泵盖结合面、减速器壳体结合面，0.02mm 游标卡尺尺身的直线度
8	自动车床底面、柴油机汽缸体、连杆分离面、缸盖结合面，汽车发动机缸盖，曲轴箱结合面，法兰连接面
9，10	3 级平板，自动车床床身底面，摩托车曲轴箱体，汽车变速箱壳体，车床挂轮的平面
11，12	用于易变形的薄片、薄壳零件表面、支架等要求不高的结合面

表 4-17　平行度、垂直度、倾斜度、端面圆跳动公差等级应用举例

公差等级	应用举例
1	高精度机床、测量仪器、量具等主要工作面和基准面
2，3	精密机床、测量仪器、量具、夹具的工作面和基准面，精密机床的导轨，精密机床主轴轴向定位面，滚动轴承座圈端面，普通机床的主要导轨，精密刀具、量具的工作面和基准面，光学分度头心轴端面
4，5	普通机床导轨，重要支承面，机床主轴孔对基准的平行度，精密机床重要零件，计量仪器、量具、模具的工作面和基准面，床头箱体重要孔，通用减速器壳体孔，齿轮泵的油孔端面，发动机轴和离合器的凸缘，汽缸支承端面，安装精密滚动轴承壳体孔的凸肩
6，7，8	一般机床的工作面和基准面，压力机和锻锤的工作面，中等精度钻模的工作面，机床一般轴承孔对基准的平行度，变速器箱体孔，主轴花键对定心直径部位表面轴线的平行度，一般导轨、主轴箱体孔、刀架、砂轮架、汽缸配合面对基准轴线，活塞销孔对活塞中心线的垂直度，滚动轴承内、外圈端面对轴线的垂直度
9，10	低精度零件，重型机型滚动轴承端盖，柴油机、曲轴颈、花键轴和轴肩端面，带式运输机法兰盘等端面对轴线的垂直度，减速器壳体平面

表 4-18　同轴度、对称度、径向跳动公差等级应用举例

公差等级	应用举例
1，2	旋转精度要求很高、尺寸公差高于 1 级的零件，如精密测量仪器的主轴和顶尖，柴油机喷油嘴针阀
3，4	机床主轴轴颈，砂轮轴轴颈，汽轮机主轴，测量仪器的小齿轮轴，安装高精度齿轮的轴颈

（续）

公差等级	应用举例
5	机床主轴轴颈，机床主轴箱孔，计量仪器的测杆，涡轮机主轴，柱塞油泵转子，高精度滚动轴承外圈，一般精度轴承内圈
6，7	内燃机曲轴，凸轮轴轴颈，柴油机机体主轴承孔，水泵轴，油泵柱塞，汽车后桥输出轴，安装一般精度齿轮的轴颈，涡轮盘，普通滚动轴承内圈，印刷机传墨辊的轴颈，键槽
8，9	内燃机凸轮轴孔，水泵叶轮，离心泵体，汽缸套外径配合面对工作面，运输机机械滚筒表面，棉花精梳机前、后滚子，自行车中轴

（1）在同一要素上给出的形状公差值应小于位置公差值，即 $t_{形状} < t_{位置}$。如同一平面上，平面度公差值应小于该平面对基准平面的平行度公差值。

（2）圆柱形零件的形状公差，除轴线直线度以外，一般情况下应小于其尺寸公差。如最大实体状态下，形状公差在尺寸公差之内，形状公差包含在位置公差带内。

（3）选用形状公差等级时，应考虑结构特点和加工的难易程度，在满足零件功能要求的前提下，对于下列情况应适当降低 1～2 级精度。

① 细长的轴或孔。

② 距离较大的轴或孔。

③ 宽度大于二分之一长度的零件表面。

④ 线对线和线对面相对于面对面的平行度。

⑤ 线对线和线对面相对于面对面的垂直度。

（4）选用形状公差等级时，还应注意协调形状公差与表面粗糙度之间的关系。通常情况下，表面粗糙度的数值约占形状误差值的 20%～25%。

（5）在通常情况下，零件被测要素的形状误差比位置误差小得多，因此，给定平行度或垂直度公差的两个平面，其平面度的公差等级应不低于平行度或垂直度的公差等级；同一圆柱面的圆度公差等级应不低于其径向圆跳动公差等级。

3. 公差原则的选择

公差原则的选择原则是：根据被测要素的功能要求，综合考虑各种公差原则的应用场合和采用该种公差原则的可行性和经济性。

公差原则主要根据被测要素的功能要求、零件尺寸大小和检测方便来选择，并应考虑充分利用给出的尺寸公差带，还应考虑用被测要素的几何公差补偿其尺寸公差的可能性。

按独立原则给出的几何公差是固定的，不允许几何误差值超出图样上标注的几何公差值。而相关要求给出的几何公差是可变的，在遵守给定边界的条件下，允许几何公差值增大。

有时独立原则、包容要求和最大实体要求都能满足某种同一功能要求，但在选用它们时应注意到它们的经济性和合理性。

例如，孔或轴采用包容要求时，它的形状误差可以根据零件的实际尺寸进行调整，从而使整个尺寸公差带得到充分利用，技术经济效益较高。但另一方面，包容要求所允许的形状误差的大小，完全取决于提取尺寸偏离最大实体尺寸的数值。如果孔或轴的提取尺寸处处皆为最大实体尺寸或者趋近于最大实体尺寸，那么它必须具有理想形状或者接近于理想形状才合格，而实际上极难加工出这样精确的形状。

又如，从零件尺寸大小和检测方便来看，按包容要求用最大实体边界控制形状误差，对于中小型零件，便于使用量规检验。但是，对于大型零件，就难以使用笨重的量规检验。在这种情况下按独立原则的要求进行检测就比较容易实现。表4-19对公差原则的应用场合进行了总结，供选择公差原则时参考。

表4-19 公差原则的应用实例

公差原则	应用场合
独立原则	尺寸精度与几何精度需要分别满足要求，如齿轮箱体孔、连杆活塞销孔、滚动轴承内圈及外圈滚道
	尺寸精度与几何精度要求相差较大，如滚筒类零件、平板、通油孔、导轨、汽缸
	尺寸精度与几何精度之间没有联系，如滚子链条的套筒或滚子内、外圆柱面的轴线与尺寸精度，发动机连杆上尺寸精度与孔轴线间的位置精度
	未注尺寸公差或未注几何公差，如退刀槽、倒角、圆角
包容要求	用于单一要素，保证配合性质，如 $\phi40H7$ 孔与 $\phi40h7$ 轴配合，保证最小间隙为零
最大实体要求	用于导出要素，保证零件的可装配性，如轴承盖上用于穿过螺钉的通孔，法兰盘上用于穿过螺栓的通孔，同轴度的基准轴线
最小实体要求	保证零件强度和最小壁厚

4. 基准的选择

基准是确定关联要素间方向和位置的依据。在选择位置公差项目时，需要正确选用基准。选择基准时，一般应从以下几方面考虑。

（1）根据零件各要素的功能要求，一般以主要配合表面，如轴颈、轴承孔、安装定位面、重要的支承面等作为基准。例如，轴类零件常以两个轴承为支承运转，其运动轴线是安装轴承的两轴颈共有轴线，因此，从功能要求来看，应选这两处轴颈的公共轴线（组合基准）为基准。

（2）根据装配关系应选零件上相互配合、相互接触的定位要素作为各自的基准。例如，盘、套类零件一般是以其内孔轴线径向定位装配或以其端面轴向定位，因此根据需要可选其轴线或端面作为基准。

（3）根据加工定位的需要和零件结构，应选择较宽大的平面、较长的轴线作为基准，以使定位稳定。对结构复杂的零件，一般应选三个基准面，根据对零件使用要求影响的程度，确定基准的顺序。

（4）根据检测的方便，应选择在检测中装夹定位的要素作为基准，并尽可能将装配基准、工艺基准与检测基准统一起来。

4.7 几何误差的评定与检测原则

4.7.1 最小包容区域

几何误差是指被测提取(实际)要素对其理想要素的变动量,几何误差值若小于或等于相应的几何公差值,则认为被测要素合格。而理想要素的位置应符合最小条件,即理想要素处于符合最小条件的位置时,实际单一要素对理想要素的最大变动量为最小。如图 4.84 所示,评定给定平面内的直线度误差时,理想直线可能的方向为 A_1-B_1, A_2-B_2, A_3-B_3,相应评定的直线度误差值分别为 f_1、f_2、f_3。

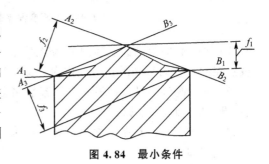

图 4.84 最小条件

为了对评定的形状误差有一确定的数值,因此规定被测实际要素与其理想要素间的相对关系应符合最小条件,显然,理想直线应选择符合最小条件的方向 A_1-B_1,f_1 即为实际被测直线的直线度误差值,应小于或等于给定的公差值。

评定形状误差时,按最小条件的要求,用最小包容区域的宽度或直径来评定形状误差值。所谓最小包容区域是指包容实际被测要素时具有最小宽度或直径的包容区域。各个形状误差项目的最小包容区域的形状分别与各自的公差带形状相同,但前者的宽度或直径由实际被测要素本身决定。此外,在满足零件功能要求的前提下,也允许采用其他评定方法来评定形状误差值。

4.7.2 几何误差的评定

1. 形状误差的评定

1) 直线度误差值的评定

直线度误差用最小包容区域法来评定。如图 4.85 所示,由两条平行直线包容实际被测直线时,实际被测直线上至少有高、低相间三点分别与这两条平行直线接触,称为"相间准则",这两条平行直线之间的区域即为最小包容区域,该区域的宽度 f 即为符合定义的直线度误差值,直线度误差值还可以用两端点连线法来评定。

2) 平面度误差值的评定

平面度误差值用最小包容区域法来评定。如图 4.86所示,由两个平行平面包容实际被测平面时,实际被测平面上至少有四个极点或者三个极点分别与这两个平行平面接触,且具有下列形式之一。

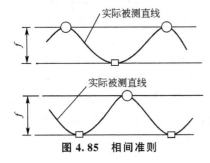

图 4.85 相间准则

(1) 至少有三个高(低)极点与一个平面接触,有一个低(高)极点与另一个平面接触,并且这一个极点的投影落在上述三个极点连成的三角形内,称为"三角形准则",如

图 4.86(a)所示。

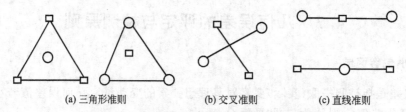

(a) 三角形准则　　　　　　(b) 交叉准则　　　　　(c) 直线准则

图 4.86　平面度误差最小包容区域判别准则

（2）至少有两个高极点和两个低极点分别与这两个平行平面接触，并且高极点连线与低极点连线在空间呈交叉状态，称为"交叉准则"，如图 4.86(b)所示。

（3）一个高（低）极点在另一个包容平面上的投影位于两个低（高）极点的连线上，称为"直线准则"，如图 4.86(c)所示。

那么，这两个平行平面之间的区域即为最小包容区域，该区域的宽度 f 即为符合定义的平面度误差值。

平面度误差值的评定方法还有三点法和对角线法。三点法就是以实际被测平面上任意选定的三点所形成的平面作为评定基准，并以平行于此基准平面的两包容平面之间的最小距离作为平面度误差值；对角线法是以通过实际被测平面的一条对角线的两端点的连线、且平行于另一条对角线的两端点连线的平面作为评定基准，并以平行于此基准平面的两包容平面之间的最小距离作为平面度误差值。

3）圆度误差值的评定

圆度误差值用最小包容区域法来评定。如图 4.87 所示，由两个同心圆包容实际被测圆时，实际被测圆上至少有四个极点内、外相间地与这两个同心圆接触，则这两个同心圆之间的区域即为最小包容区域，该区域的宽度 f，即这两个同心圆的半径差就是符合定义的圆度误差值。圆度误差值还可以用最小二乘法、最小外接圆法或最大内接圆法来评定。

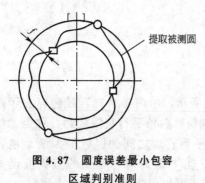

提取被测圆

图 4.87　圆度误差最小包容
区域判别准则

4）圆柱度误差值的评定

圆柱度误差值可按最小包容区域法评定，即作半径差为最小的两同轴圆柱面包容实际被测圆柱面，构成最小包容区域，最小包容区域的径向宽度即为符合定义的圆柱度误差值。但是，按最小包容区域法评定圆柱度误差值比较麻烦，通常采用近似法评定。

采用近似法评定圆柱度误差值时，是将测得的实际轮廓投影于与测量轴线相垂直的平面上，然后按评定圆度误差的方法，用透明膜板上的同心圆去包容实际轮廓的投影，并使其构成最小包容区域，即内外同心圆与实际轮廓线投影至少有四点接触，内外同心圆的半径差即为圆柱度误差值，显然，这样的内外同心圆是假定的共轴圆柱面，而所构成的最小包容区域的轴线又与测量基准轴线的方向一致，因而评定的圆柱度误差值略有增大。

2.方向误差值的评定

如图 4.88 所示，评定方向误差时，理想要素相对于基准 A 的方向应保持图样上给定的几何关系，即平行、垂直或倾斜于某一理论正确角度，按实际被测要素对理想要素的最大变动量为最小构成最小包容区域。方向误差值用对基准保持所要求方向的方向最小包容区域的宽度 f 或直径 ϕf 来表示。方向最小包容区域的形状与方向公差带的形状相同，但前者的宽度或直径由实际被测要素本身决定。

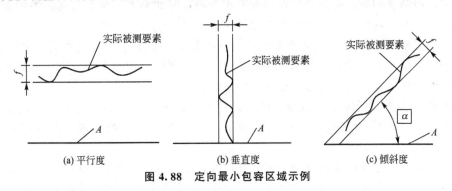

图 4.88　定向最小包容区域示例

3. 位置误差值的评定

评定位置误差时，理想要素相对于基准的位置由理论正确尺寸来确定。以理想要素的位置为中心来包容实际被测要素时，应使其具有最小宽度或最小直径，来确定定位最小包容区域。位置误差值的大小用定位最小包容区域的宽度 f 或直径 ϕf 来表示。位置度最小包容区域的形状与位置公差带的形状相同，如图 4.89 所示。

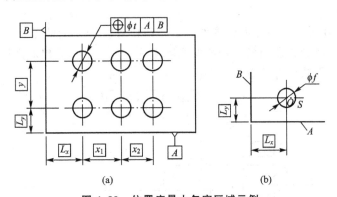

图 4.89　位置度最小包容区域示例

评定图 4.89(a)所示零件上第一孔的轴线的位置度误差时，被测轴线可以用心轴来模拟体现，实际被测轴线用一个点表示，理想轴线的位置由基准 A、B 和理论正确尺寸 L_x、L_y 确定，用点 O 表示，以点 O 为圆心，以 OS 为半径作圆，则该圆内的区域就是位置最小包容区域，位置度误差值 $\phi f = 2 \times OS$。

4.7.3　几何误差的检测原则

由于被测零件的结构特点、尺寸大小和精度要求以及检测设备条件等不同，同一几何公差项目可以用不同的检测方法来检测。为了正确地测量几何误差，合理选择检测方案，GB/T 1958—2004《产品几何技术规范（GPS）几何公差　检测规定》中规定了五个检测原则。

1. 与理想要素比较原则

与理想要素比较原则是指测量时将实际被测要素与相应的理想要素作比较，在比较过程中获得测量数据，按这些数据来评定几何误差值。该检测原则应用最为广泛。

运用该检测原则时，必须要有理想要素作为测量时的标准。根据几何误差的定义，理想要素是几何学上的概念，测量时采用模拟法将其具体地体现出来。

例如，刀口尺的刃口、平尺的轮廓线、一条拉紧的弦线、一束光线都可作为理想直线；平台和平板的工作面、水平面、样板的轮廓面等可作为理想平面，用自准仪和水平仪测量直线度和平面度误差时就是应用这样的要素。

理想要素也可以用运动的轨迹来体现。例如，纵向、横向导轨的移动构成了一个平面；一个点绕一轴线作等距回转运动构成了一个理想圆，由此形成了圆度误差的测量方案。

模拟理想要素是几何误差测量中的标准样件，它的误差将直接反映到测得值中，是测量总误差的重要组成部分。几何误差测量的极限测量总误差通常占给定公差值的 10% ~ 33%，因此，模拟理想要素必须具有足够的精度。

2. 测量坐标值原则

由于几何要素的特征总是可以在坐标系中反映出来，因此，利用坐标测量机或其他测量装置，对被测要素测出一系列坐标值，再经数据处理，就可以获得几何误差值。测量坐标值原则是几何误差中的重要检测原则，尤其在轮廓度和位置度误差测量中的应用更为广泛。

例如，图 4.90 所示为一方形板零件，其孔组位置度误差的测量可利用一般坐标测量装置，由基准 A、B 分别测出各孔轴线的实际坐标尺寸，然后算出对理论正确尺寸的偏差值 Δx_i 和 Δy_i，按下式计算位置度误差值：

$$\phi f_i = \sqrt{(\Delta x_i)^2 + (\Delta y_i)^2}$$

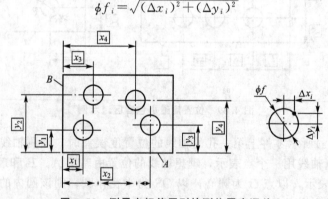

图 4.90　测量坐标值原则检测位置度误差

3. 测量特征参数原则

特征参数是指被测要素上能直接反映几何误差变动的、具有代表性的参数。"测量特征参数原则"就是通过测量被测要素上具有代表性的参数来评定几何误差。

例如，圆度误差一般反映在直径的变动上，因此常以直径为圆度的特征参数，即用千分尺在实际表面同一正截面内的几个方向上测量直径的变动量，取最大的直径差值的二分之一作为该截面内的圆度误差值。显然，应用测量特征参数原则测得的几何误差与按定义确定的几何误差相比，只是一个近似值，因为特征参数的变动量与几何误差值之间一般没有确定的函数关系，但测量特征参数原则在生产中易于实现，是一种应用较为普遍的检测原则。

4. **测量跳动原则**

测量跳动原则是针对测量圆跳动和全跳动的方法而提出的检测原则。

例如，测量径向圆跳动和轴向圆跳动，如图4.91所示，被测实际圆柱面绕基准轴线回转一周的过程中，被测实际圆柱面的形状误差和位置误差使位置固定的指示表的测头做径向移动，指示表最大与最小示值之差，即为在该测量截面内的径向圆跳动误差。

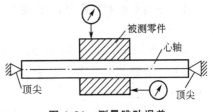

图4.91 测量跳动误差

实际被测端面绕基准轴线回转一周的过程中，位置固定的指示表的测头做轴向移动，指示表最大与最小示值之差即为轴向圆跳动误差。

5. **控制实效边界原则**

按最大实体要求给出几何公差时，要求被测实际要素不得超越图样上给定的实效边界。这个原则适用于采用最大实体要求的场合，判断被测实际要素是否超越实效边界的有效方法是综合量规检验法，即采用光滑极限量规或位置量规的工作表面来模拟体现图样上给定的边界，来检测实际被测要素。若被测要素的实际轮廓能被量规通过，则表示合格，否则不合格。

习 题

1. 比较对同一被测要素时下列公差项目间的区别和联系。
(1) 圆度公差与圆柱度公差。
(2) 圆度公差与径向圆跳动公差。
(3) 同轴度公差与径向圆跳动公差。
(4) 直线度公差与平面度公差。
(5) 平面度公差与平行度公差。
(6) 平面度公差与端面全跳动公差。
2. 哪些几何公差的公差值前应该加注"ϕ"？
3. 几何公差带由哪几个要素组成？形状公差带、轮廓公差带、方向公差带、位置公差带、跳动公差带的特点各是什么？
4. 国家标准规定了哪些公差原则或要求？它们主要用在什么场合？
5. 国家标准规定了哪些几何误差检测原则？
6. 判断题
(1) 平面度公差带与轴向全跳动公差带的形状是相同的。（　　　）
(2) 直线度公差带一定是距离为公差值 t 的两平行平面之间的区域。（　　　）

（3）圆度公差带和径向圆跳动公差带形状是不同的。（   ）

（4）形状公差带的方向和位置都是浮动的。（   ）

（5）几何公差按最大实体要求与尺寸公差相关时，要求实际被测要素遵守最大实体边界。（   ）

（6）位置度公差带的位置可以是固定的，也可以是浮动的。（   ）

（7）最大实体要求和最小实体要求都只能用于导出要素。（   ）

7. 选择题

（1）径向全跳动公差带的形状与_____的公差带形状相同。

A. 同轴度　　　　　B. 圆度　　　　　C. 圆柱度　　　　　D. 轴线的位置度

（2）若某平面对基准轴线的轴向全跳动为 0.04mm，则它对同一基准轴线的轴向圆跳动一定_____。

A. 小于 0.04mm　　B. 不大于 0.04mm　C. 等于 0.04mm　　D. 不小于 0.04mm

（3）设某轴的尺寸为 $\phi25_{-0.05}^{\ 0}$ mm，其轴线直线度公差为 $\phi0.05$mm，则其最小实体实效尺寸 d_{LV} 为_____。

A. 25.05mm　　　　B. 24.95mm　　　　C. 24.90mm　　　　D. 24.80mm

（4）_____是给定平面内直线度最小包容区域的判别准则。

A. 三角形准则　　　B. 相间准则　　　　C. 交叉准则　　　　D. 直线准则

8. 填空题

（1）方向公差带和位置公差带的方向或位置由（   ）和（   ）确定。

（2）孔的最大实体实效尺寸 D_{MV} 等于（   ）尺寸与其导出要素的（   ）之差。

（3）圆跳动公差可以分为（   ）圆跳动公差、（   ）圆跳动公差和（   ）圆跳动公差三种。

（4）组成要素的尺寸公差与其导出要素的几何公差的相关要求可以分为（   ）要求、（   ）要求和（   ）要求三种。

（5）公差原则中的包容要求适用于单一要素。包容要求表示提出要素要遵守（   ）边界，其局部提取尺寸不得超出最小实体尺寸。

（6）标准中规定公称尺寸为 30～50mm 时，IT8＝39μm，则对于图样标注为 $\phi40h8$ 时，其最大实体尺寸为（   ）mm，最小实体尺寸为（   ）mm，对于图样标注为 $\phi40H8$ 时，其最大实体尺寸为（   ）mm，最小实体尺寸为（   ）mm。

9. 设某轴的直径为 $\phi30_{-0.3}^{-0.1}$ mm，遵守包容要求，其轴线直线度公差为 $\phi0.2$mm，试画出其动态公差图。若同轴的提取尺寸处处为 29.75mm，其轴线直线度公差可增大至何值？

10. 设某轴的尺寸为 $\phi35_{\ 0}^{+0.25}$ mm，其轴线直线度公差为 $\phi0.05$mm，求其最大实体实效尺寸 D_{MV}。

11. 将下列各项几何公差要求标注在图 4.92 上。

（1）$\phi160f6$ 圆柱表面对 $\phi85K7$ 圆孔轴线的圆跳动公差为 0.03mm。

（2）$\phi150f6$ 圆柱表面对 $\phi85K7$ 圆孔轴线的圆跳动公差为 0.02mm。

（3）厚度为 20mm 的安装板左端面对 $\phi150f6$ 圆柱面的垂直度公差为 0.03mm。

（4）安装板右端面对 $\phi160f6$ 圆柱面轴线的垂直度公差为 0.03mm。

（5）$\phi125H6$ 圆孔的轴线对 $\phi85K7$ 圆孔轴线的同轴度公差为 $\phi0.05$mm。

(6) 5×φ21mm 孔对由与 φ160f6 圆柱面轴线同轴、直径尺寸 φ210mm 确定并均匀分布的理想位置的位置度公差为 φ0.125mm。

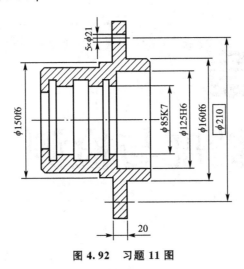

图 4.92 习题 11 图

第5章
表面粗糙度与检测

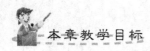 本章教学目标

　　机械零件的表面粗糙度对零件的使用性能有很大影响，也充分反映了机械产品的质量。为了保证机械产品的使用性能，应该正确选择表面粗糙度参数、正确标注，选定合理的参数评定方法。

 本章教学要求

　　要求学生掌握表面粗糙度术语、评定参数和表面粗糙度标注等概念及各种评定参数及其代号的表达，了解常用测量方法与测量仪器的工作原理，其中表面粗糙度术语、评定参数与表面粗糙度的选用是重点和难点，涉及测量仪器与图样表达等方面的运用能力。

![导入案例]

表面粗糙度检验是机械零件检验过程中的常规检测项目，如图 5.01 所示表面粗糙度测量仪就是专门测量机械零件表面结构参数的仪器。这类仪器的特点是测量精密、效率高。

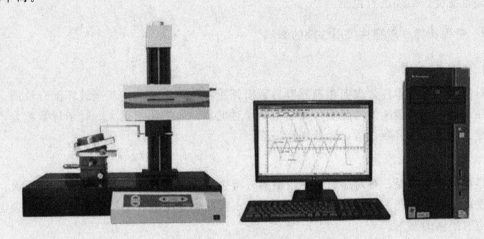

图 5.01　表面粗糙度测量仪

请思考这类工具检测的表面粗糙度参数有哪些？如果对零件表面结构参数提出相应要求，如何表达这些设计要求？

5.1　表面粗糙度的概念及其作用

表面粗糙度是零件表面加工后形成的具有较小间距和峰谷组成的微观几何形状特性。表面粗糙度对机械零件的使用性能、可靠性和寿命有着直接影响。

我国对表面粗糙度标准进行了多次修订，本章以 GB/T 3505—2009《产品几何技术规范(GPS)表面结构 轮廓法 术语、定义及表面结构参数》、GB/T 1031—2009《产品几何技术规范(GPS) 表面结构 轮廓法 表面粗糙度参数及其数值》、GB/T 131—2006《产品几何技术规范(GPS) 技术产品文件中表面结构的表示法》等系列国家标准为基础进行介绍，此外还简要介绍国家标准 GB/T 3505 与 GB/T 131 的术语、定义的演变情况。

5.1.1　表面特征的意义

零件的表面轮廓是指物体与周围介质区分的物理边界。由于加工形成的实际表面一般处于非理想状态，根据其特征可以分为：表面粗糙度误差(Roughness)、表面形状误差(Primary Profile)、表面波纹度(Waviness)和表面缺陷。

通常，波距小于 1mm 的属于表面粗糙度；波距在 1~10mm 的属于表面波纹度；波距大于 10mm 的属于形状误差。显然，上述传统划分方法并不严谨。实际上表面形状误差、表面粗糙度以及表面波纹度之间并没有确定的界线，它们通常与生成表面的加工工艺和工件的使用功能有关。近年来，国际标准化组织(ISO)加强了对表面滤波方法和技术的研究，对复合的表面特征采用软件或硬件滤波的方式，获得与使用功能相关联的表面特征评定参数。

表面粗糙度不但影响零件的耐磨性、强度、抗腐蚀性、配合性质的稳定性，而且还影响零件的密封性、外观和检测精度等。因此，在保证零件尺寸、形状和位置精度的同时，对表面粗糙度也必须进行控制。

5.1.2 表面粗糙度对零件使用性能的影响

1. 影响配合性质

对间隙配合的零件，表面粗糙就容易磨损，使间隙很快增大，甚至破坏配合性质。特别是在小尺寸、高精度的情况下，表面粗糙度对配合性质的影响更大。对于过盈配合，表面粗糙会减小实际有效过盈，降低连接强度。

2. 影响零件强度

零件表面越粗糙，则对应力集中越敏感，特别是在交变载荷的作用下，影响更大。例如，发动机的曲轴往往因为这种原因破坏，所以对曲轴这类零件的沟槽或圆角处的表面粗糙度应有严格的要求。

3. 影响零件的耐磨损性

两个零件当它们接触并产生相对运动时，零件工作表面之间的摩擦会增加能量的耗损，因为需要克服起伏不平的表面峰谷之间的阻力。表面越粗糙，摩擦系数就越大，因摩擦而消耗的能量也就越大。此外，表面越粗糙，配合表面间的实际有效接触面积越小，单位压力越大，故更易磨损。

因此，减少零件表面的粗糙程度，可以减小摩擦系数，对工作机械可以提高传动效率，对动力机械可以减少摩擦损失，增加输出功。此外，还可以减少零件表面的磨损，延长机器的使用寿命。但是，表面过于光洁会不利于润滑油的储存，易使工作面间形成半干摩擦甚至干摩擦，反而使摩擦系数增大，从而加剧磨损。同时，由于配合表面过于光洁，还增加零件接触表面之间的吸附力，也会使摩擦系数增大，加速磨损。

4. 影响零件的抗腐蚀性

表面越粗糙，则积聚在零件表面上的腐蚀性气体或液体也越多，而且会通过表面的微观凹谷向零件表面层渗透，使腐蚀加剧。

5. 影响零件的疲劳强度

微观几何形状误差的轮廓谷是造成应力集中的因素，零件越粗糙，对应力集中越敏感，特别是当零件承受交变载荷时，由于应力集中的影响，使疲劳强度降低，导致零件表面产生裂纹而损坏。

6. 影响机器和仪器的工作精度

表面粗糙不平，摩擦系数大，磨损也大，不仅会降低机器或仪器零件运动的灵敏性，而且影响机器或仪器工作精度的保持。由于粗糙表面的实际有效接触面积小，在相同负荷下，接触表面的单位面积压力增大，使表面层的变形增大，即表面层的接触刚度变差，影响机器的工作精度。因此，零件表面粗糙度越小，机器或仪器的工作精度越高。

5.1.3 表面波纹度对零部件性能的影响

表面波纹度对零部件性能的影响除部分与表面粗糙度相同外，还有其自身的特点，特别是对某些产品性能的影响尤为突出。

对于滚动轴承，其工作时产生振动的主要因素是表面波纹度。因为形状误差主要反映零件表面的低频分量，而这些低频分量对轴承振动的影响要远远小于高频分量。滚珠的波纹度会使钢球的单体振动值上升，从而使滚动轴承的整体振动和噪声增大。实验表明，滚动轴承的振动和噪声与零件的表面波纹度成正比，波纹度的大小直接影响滚动轴承的多项性能指标。将轴承滚道和滚动体的表面波纹度控制在一定范围内，对提高滚动轴承的精度和延长其使用寿命有重要作用。

波纹度对机械接触式密封件的性能有重要影响。随着波纹度幅值的增加，流体膜承受的负荷将明显增加，泄漏量也将迅速增加。从密封设计和使用要求看，对一个给定的工况，波纹度幅值有相应的最优值。

对于计算机磁盘，硬盘的表面波纹度已成为制约其读写速度的瓶颈。这是由于表面波纹度会引起工作过程中磁头和硬盘表面之间气隙的变动，尽管磁头有跟随功能，但当硬盘转速很高时，气隙的变动可能使磁头响应不及时，从而造成磁头与硬盘碰撞，导致信息丢失、设备损坏等严重后果。

另外，表面波纹度对光学介质表面的光散射具有不可忽视的影响。近年来的研究发现，当光学介质的表面粗糙度要求已提高到纳米水平时，反射率并无明显提高，其原因就是由于波纹度的影响。

5.2 表面粗糙度的评定

5.2.1 一般术语

1. 轮廓滤波器

轮廓滤波器是将轮廓分成长波与短波成分的滤波器，包括 λ_s 轮廓滤波器、λ_c 轮廓滤波器、λ_f 轮廓滤波器三种，如图 5.1 所示。

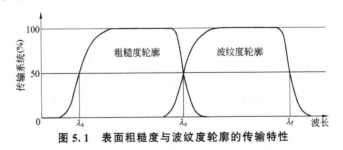

图 5.1 表面粗糙度与波纹度轮廓的传输特性

λ_s 轮廓滤波器是确定存在于表面上的粗糙度与比它更短的波的成分之间相交界限的滤波器。

λ_c 轮廓滤波器是确定粗糙度与波纹度之间相交界限的滤波器。

λ_f 轮廓滤波器是确定存在于表面上的波纹度与比它更长的波的成分之间相交界限的滤波器。

2. 轮廓

轮廓分为表面轮廓、原始轮廓、粗糙度轮廓与波纹度轮廓。

表面轮廓是指一个指定平面与实际表面相交所形成的轮廓。

原始轮廓是指通过 λ_s 轮廓滤波器后的总轮廓。

粗糙度轮廓是指对原始轮廓采用 λ_c 轮廓滤波器抑制长波成分以后形成的轮廓，是经过人为修正的轮廓。

波纹度轮廓是指对原始轮廓连续采用 λ_f 和 λ_c 两个轮廓滤波器以后形成的轮廓，采用 λ_f 轮廓滤波器抑制长波成分，而采用 λ_c 轮廓滤波器抑制短波成分，这是经过人为修正的轮廓。

3. 取样长度（sampling length）

取样长度是在轮廓 X 轴方向判别轮廓不规则特征的长度。规定这段长度是为了限制和减弱其他几何形状误差，特别是表面波纹度对表面粗糙度测量结果的影响。取样长度应与被测表面的粗糙度相适应。表面越粗糙，取样长度应越大。

4. 评定长度 l_n（evaluation length）

评定长度是用于评定被评定轮廓的 X 轴方向上的长度，包含一个或几个取样长度。

5. 中线（Mean lines）

中线是具有几何轮廓形状并划分轮廓的基准线。

用 λ_c 滤波器抑制长波轮廓成分后对应的中线称为粗糙度轮廓中线（mean line for the roughness profile）。

用 λ_f 滤波器抑制长波轮廓成分后对应的中线称为波纹度轮廓中线（mean line for the waviness profile）。

对原始轮廓进行最小二乘拟合，按标称形状所获得的中线称为原始轮廓中线（mean line for the primary profile）。

基准线有下列两种：轮廓最小二乘中线、轮廓算术平均中线。

1）轮廓最小二乘中线

轮廓的最小二乘中线是在取样长度范围内，实际被测轮廓线上的各点至该线的距离平方和为最小，如图5.2所示。即

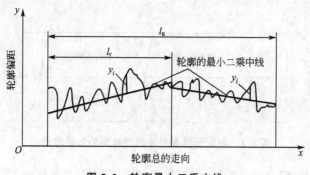

图5.2 轮廓最小二乘中线

$$\int_0^l y^2 \mathrm{d}x = \min$$

2) 轮廓算术平均中线

轮廓的算术平均中线是在取样长度范围内，将实际轮廓划分上下两部分，且使上下面积相等的直线，如图 5.3 所示。即

$$F_1 + F_2 + \cdots + F_n = G_1 + G_2 + \cdots + G_m$$

轮廓算术平均中线往往不是唯一的，在一簇算术平均中线中只有一条与最小二乘中线重合。在实际评定和测量表面粗糙度时，使用图解法时可用算术平均中线代替最小二乘中线。

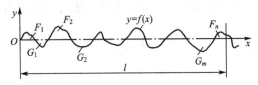

图 5.3 轮廓算术平均中线

5.2.2 几何参数

1. 轮廓峰(profile peak)

轮廓与轮廓中线相交，相邻两交点之间的轮廓外凸部分为轮廓峰，如图 5.4 所示。

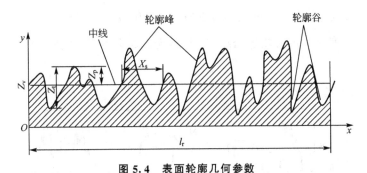

图 5.4 表面轮廓几何参数

2. 轮廓谷(profile valley)

轮廓与轮廓中线相交，相邻两交点之间的轮廓内凹部分为轮廓谷，如图 5.4 所示。

3. 轮廓单元(profile element)

轮廓峰与相邻轮廓谷的组合为轮廓单元。

4. 轮廓单元宽度 X_s(profile element width)

一个轮廓单元与 X 轴相交线段的长度为轮廓单元宽度，如图 5.4 所示。

5. 轮廓单元高度 Z_t(profile element height)

一个轮廓单元的轮廓峰高与轮廓谷深之和为轮廓单元高度，如图 5.4 所示。

6. 轮廓峰高 Z_p（profile peak height）

轮廓最高点到 X 轴线的距离为轮廓峰高，如图 5.4 所示。

7. 轮廓谷深 Z_v（profile valley height）

轮廓谷的最低点距 X 轴线的距离为轮廓谷深，如图 5.4 所示。

5.2.3 表面轮廓参数

1. 轮廓的算术平均偏差 Ra（arithmetical mean deviation of the assessed profile）

在一个取样长度 l_r 内纵坐标 $Z(x)$ 绝对值的算术平均值。记为 Ra。如图 5.5 所示。

$$Ra = \frac{1}{l_r}\int_0^{l_r}|Z(x)|\,\mathrm{d}x$$

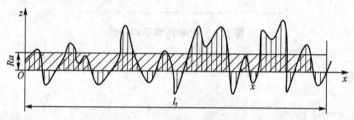

图 5.5 轮廓的算术平均偏差 Ra

2. 轮廓的最大高度 Rz（maximum height of profile）

在一个取样长度内，最大轮廓峰高 Z_p 与最大轮廓谷深 Z_v 之和，记为 Rz，如图 5.6 所示。

$$Rz = Z_p + Z_v = \max\{Z_{p_i}\} + \max\{Z_{v_i}\}$$

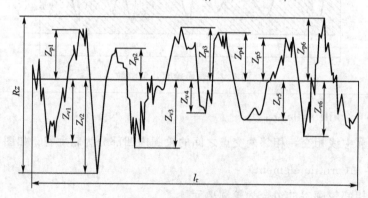

图 5.6 表面轮廓参数

3. 轮廓单元的平均宽度 Rsm（mean width of the profile elements）

在一个取样长度内，粗糙度轮廓单元宽度的平均值，如图 5.7 所示。

$$Rsm = \frac{1}{m}\sum_{i=1}^{m}X_{si}$$

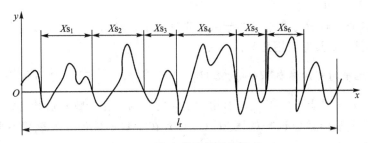

图 5.7 轮廓单元的平均宽度

4. 轮廓支承长度率 $Rmr(c)$（material ratio of the profile）

在给定水平截面高度 c 上轮廓的实体材料长度 $Ml(c)$ 与评定长度 l_n 的比率，即

$$Rmr(c) = \frac{Ml(c)}{l_n}$$

$Rmr(c)$ 与表面轮廓形状有关，是反映表面耐磨性能的指标。如图 5.8 所示，在给定水平位置时，图 5.8(b)的表面比 5.8(a)的实体材料长度大，所以，图 5.8(b)所示的表面耐磨。

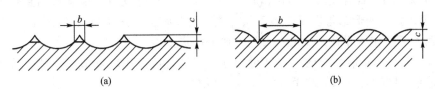

图 5.8 表面粗糙度的不同形状

5.3 表面粗糙度的选用

表面粗糙度的选用主要包括评定参数及其参数值的选用两个内容。

5.3.1 表面粗糙度评定参数的选用

1. 幅度参数的选择

表面粗糙度幅度参数选取的原则：确定表面粗糙度时，可首先在幅度参数（Ra、Rz）中选取，只有当幅度参数不能满足表面的功能要求时，才选取附加参数作为附加项目。

评定表面粗糙度参数时，在幅度参数（峰和谷）常用的参数值范围内（Ra 为 $0.025\sim 6.3\mu m$，Rz 为 $0.1\sim 25\mu m$）优先选用 Ra。因为它最完整、最全面地表征了零件表面的轮廓特征。通常采用电动轮廓仪测量零件表面的 Ra，电动轮廓仪的测量范围为 $0.02\sim 8\mu m$。

Rz 是反映最大高度的参数，通常用光学仪器测量 Rz，其测量范围为 $0.1\sim 60\mu m$，由于它只反映了峰顶和谷底的几个点，故反映出的表面信息有局限性，不如 Ra 全面。

当表面要求耐磨性时，采用 Ra 较为合适。

对疲劳强度来说，表面只要有较深的痕迹，就容易产生疲劳裂纹而导致损坏，因此，

这种情况采用 Rz 为好。

另外，在仪表、轴承行业中，由于某些零件很小，难以取得一个规定的取样长度，用 Ra 有困难，采用 Rz 具有实用意义。

2. 轮廓单元平均宽度参数 Rsm 的选用

由于幅度参数为主要评定参数，而轮廓单元的平均宽度参数和形状特征参数为附加参数，所以零件所有表面都应选择幅度参数，只有在少数零件的重要表面有特殊使用要求时，才附加选择轮廓单元平均宽度参数等附加参数。

零件的表面粗糙度对表面的可漆性影响较大。例如，汽车外形薄钢板，除去控制高度参数 $Ra(0.9\sim1.3\mu m)$ 外，还需进一步控制轮廓单元的平均宽度 $Rsm(0.13\sim0.23mm)$；又如，为了使电机定子硅钢片的功率损失最少，应使其 Ra 为 $1.5\sim3.2\mu m$，Rsm 约为 $0.17mm$；再如，冲压钢板时，尤其是深冲时，为了使钢板和冲模之间有良好的润滑，避免冲压时引起裂纹，除了控制 Ra 外，还要控制轮廓单元平均宽度参数。另外，受交变载荷作用的应力界面除用 Ra 外也还要用 Rsm。

3. 轮廓的支承长度率 $Rmr(c)$ 的选用

由于 $Rmr(c)$ 能直观反映实际接触面积的大小，它综合反映了峰高和间距的影响，而摩擦、磨损、接触变形都与实际接触面积有关，故此时适宜选用参数 $Rmr(c)$。至于在多大 $Rmr(c)$ 之下确定水平截距 c 值，要经过研究确定。

$Rmr(c)$ 是表面耐磨性能的一个度量指标，但测量仪器比较复杂和昂贵。另外，选用 $Rmr(c)$ 时必须同时给出水平截距 c 值。

5.3.2 表面粗糙度参数值的选用

表面粗糙度评定参数值选择的一般原则：在满足功能要求的前提下，尽量选用较大的表面粗糙度参数值，以便于加工，降低生产成本，获得较好的经济效益。

表面粗糙度评定参数值选用通常采用类比法。

1. 具体选用时注意事项

(1) 同一零件上，工作表面的粗糙度应比非工作表面要求严，$Rmr(c)$ 值应大，其余评定参数值应小。

(2) 对于摩擦表面，速度越高，单位面积压力越大，则表面粗糙度值应越小，尤其是对滚动摩擦表面应更小。

(3) 受交变载荷时，特别是在零件圆角、沟槽处要求应严。

(4) 配合性质要求稳定可靠时，表面的粗糙度要求必须严。例如，小间隙配合表面、受重载作用的过盈配合表面，都应选择较小的表面粗糙度值。

(5) 确定零件配合表面的粗糙度时，应与其尺寸公差相协调。通常，尺寸、几何公差值小，表面粗糙度 Ra 值或 Rz 值也要小；尺寸公差等级相同时，轴比与其配合孔的表面粗糙度数值要小。

此外，还应考虑其他一些特殊因素和要求。例如，凡有关标准已对表面粗糙度做出规定的标准件或常用典型零件，均应按相应的标准确定其表面粗糙度参数值。

2. 国家标准推荐数值

国家标准对 Ra、Rz、Rsm 以及 $Rmr(c)$ 的参数值推荐数值见表 5-1～表 5-4，具体参数数值选用时优先选择推荐数值。

表 5-1 Ra 的参数值(摘自 GB/T 1031—2009) 单位：μm

0.012	0.2	3.2	50
0.025	0.4	6.3	100
0.05	0.8	12.5	
0.1	1.6	25	

表 5-2 Rz 的参数值(摘自 GB/T 1031—2009) 单位：μm

0.025	0.4	6.3	100
0.05	0.8	12.5	200
0.1	1.6	25	400
0.2	3.2	50	800

注：这里的 Rz 对应 GB/T 3505—1983 的 Ry。

表 5-3 Rsm 的参数值(摘自 GB/T 1031—2009) 单位：mm

0.006	0.05	0.4	3.2
0.0125	0.1	0.8	6.3
0.025	0.2	1.6	12.5

表 5-4 $Rmr(c)$ 的参数值(%)(摘自 GB/T 1031—2009)

10	25	50	80
15	30	60	90
20	40	70	

选用 $Rmr(c)$ 时必须同时给出截面高度 c 值，它可用 μm 或 Rz 的百分数表示。Rz 的百分数系列为：5%、10%、15%、20%、25%、30%、40%、50%、60%、70%、80%、90%。

相应的取样长度国家标准规定数值见表 5-5、表 5-6、表 5-7。

表 5-5 取样长度(l_r)的数值 单位：mm

l_r	0.08	0.25	0.8	2.5	8	25

表 5-6 Ra 参数值与取样长度 l_r 值的对应关系

$Ra/\mu m$	l_r/mm	l_n/mm ($l_n = 5 \times l_r$)
≥0.008～0.02	0.08	0.4
>0.02～0.1	0.25	1.25
>0.1～2.0	0.8	4.0
>2.0～10.0	2.5	12.5
>10.0～80.0	8.0	40.0

表 5-7 Rz 参数值与取样长度 l_r 值的对应关系

$Rz/\mu m$	l_r/mm	$l_n/mm(l_n=5\times l_r)$
≥0.025～0.10	0.08	0.4
>0.10～0.50	0.25	1.25
>0.50～10.0	0.8	4.0
>10.0～50.0	2.5	12.5
>50～320	8.0	40.0

取样长度的数值由表 5-5 给出的系列中选取。

注意：一般情况下，在测量 Ra、Rz 时，推荐按表 5-6 和表 5-7 选用对应的取样长度，此时取样长度值的标注在图样上和技术文件中可省略，在本书中采用"默认"表示。

表面粗糙度参数值应用实例见表 5-8。

表 5-8 表面粗糙度参数值应用实例

$Ra/\mu m$	$Rz/\mu m$	加工方法	应用举例
≤80	≤320	粗车、粗刨、粗铣、钻、毛锉、锯断	粗糙工作面，一般很少用
≤20	≤80		粗加工表面，如轴端面、倒角、螺钉和铆钉孔表面、齿轮及皮带轮侧面、键槽底面及焊接前焊缝表面
≤10	≤40	车、刨、铣、镗、钻、粗铰	轴上不安装轴承、齿轮处的非配合表面，筋间的自由装配表面，轴和孔的退刀槽等
≤5	≤20	车、刨、铣、镗、磨、拉、粗刮、滚压	半精加工表面，箱体、支架、套筒等和其他零件结合而无配合要求的表面，需要发蓝的表面，机床主轴的非工作表面
≤2.5	≤10	车、刨、铣、镗、磨、拉、刮、滚压、铣齿	接近于精加工表面，衬套、轴承、定位销的压入孔表面，中等精度齿轮齿面，低速传动的轴颈，电镀前金属表面等
≤1.25	≤6.3	车、镗、磨、拉、刮、精铰、滚压、磨齿	圆柱销、圆锥销，与滚动轴承配合的表面，普通车床导轨面，内、外花键定心表面，中速转轴轴颈等
≤0.63	≤3.2	精镗、磨、刮、精铰、滚压	要求配合性质稳定的配合表面，较高精度车床的导轨面，高速工作的轴颈及衬套工作表面
≤0.32	≤1.6	精磨、珩磨、研磨、超精加工	精密机床主轴锥孔，顶尖锥孔，发动机曲轴表面，高精度齿轮齿面，凸轮轴表面等
≤0.16	≤0.8	精磨、研磨、普通抛光	活塞表面，仪器导轨表面，液压阀的工作面，精密滚动轴承的滚道
≤0.08	≤0.4	超精磨、精抛光、镜面磨削	精密机床主轴颈表面，量规工作面，测量仪器的摩擦面，滚动轴承的钢球、滚珠表面
≤0.04	≤0.2		特别精密或高速滚动滚动轴承的滚道、钢球、滚珠表面，测量仪器中的中等精度配合表面，保证高度气密的结合表面

（续）

$Ra/\mu m$	$Rz/\mu m$	加工方法	应用举例
≤0.02	≤0.1	镜面磨削、超精研	精密仪器的测量面，仪器中的高精度配合表面，大于100mm的量规工作表面等
≤0.01	≤0.05		高精度量仪、量块的工作表面，光学仪器中的金属镜面，高精度坐标镗床中的镜面尺等

5.4 表面粗糙度的标注

5.4.1 表面粗糙度的符号与代号

表面粗糙度的符号及含义见表5-9。

表5-9 表面粗糙度的符号及含义

符　　号	意义与说明
 √	表示表面用去除材料的方法获得，如车、铣、钻、镗、磨、剪切、抛光、腐蚀、电火花加工、气割等。如不加注粗糙度数值，仅要求去除材料
 √	表示表面可用任意方法获得。当不加注粗糙度参数或有关说明时，仅适用于简化代号标注
 √（带圆）	表示表面用不去除材料的方法获得，如铸、锻、冲压、热轧、冷轧、粉末冶金等或者是用于保持原供应状况或保持上道工序状况
 √ √ √	在上述三个符号的长边上均可加一横线，用于标注有关参数和说明
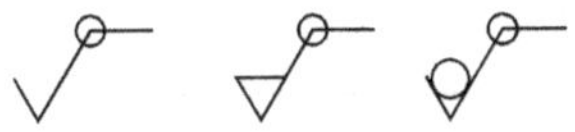 √ √ √	在上述三个符号上均可加一小圆，表示所有表面具有相同的粗糙度要求

有关表面粗糙度的各项参数符号及补充要求的注写位置，如图5.9所示。图中位置a：标注表面粗糙度结构参数代号、极限值和传输带或取样长度。传输带或取样长度后应有一斜线"/"，之后是表面粗糙度参数代号，最后是数值。标注格式如下。

$$0.0025-0.8/Rz \quad 6.3（传输带标注）$$
$$-0.8/Rz \qquad 6.3（取样长度标注）$$
$$0.008-0.5/16/R \quad 10（图形法标注）$$

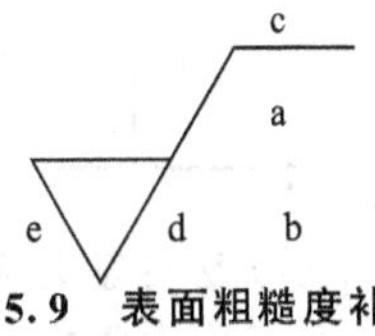

位置a和b：注写两个或多个表面粗糙度要求。

图5.9 表面粗糙度补充要求的注写位置图

147

位置 c：注写加工方法、涂层、表面处理或其他说明。

位置 d：注写表面纹理和方向，如"="、"X"、"R"等符号（表 5-10）。

位置 e：注写加工余量，以 mm 为单位给出数值。

表 5-10　加工纹理符号及说明

符　号	示　意　图	说　明
=	纹理方向	纹理平行于视图所在的投影面
⊥	纹理方向	纹理垂直于视图所在的投影面
P	P	纹理呈微粒、突起，无方向
X	纹理方向	纹理呈两相交的方向
C	C	纹理呈近似同心圆且与表面中心相关
R	R	纹理呈近似放射状且与表面圆心相关

注写方向总的原则是使表面结构的注写和读取方向一致，如图 5.10 所示。

表面结构要求可标注在轮廓线上，其符号应从材料外指向并接触表面，必要时，表面结构符号也可用带箭头或黑点的指引线引出标注，如图 5.11 所示。

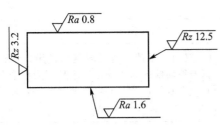

图 5.10　表面粗糙度要求的注写方向图

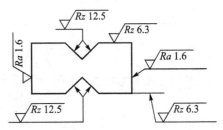

图 5.11　表面粗糙度要求在轮廓线上的标注

5.4.2　表面粗糙度的标注实例

1．图样标注示例

表面粗糙度要求可标注在几何公差框格的上方，如图 5.12 所示。在不致引起误解时，表面粗糙度要求也可以标注在给定的尺寸线上，如图 5.13 所示。

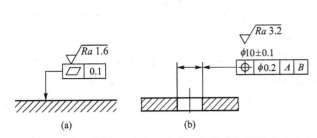

图 5.12　表面结构要求标注在几何公差框格的上方

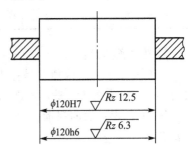

图 5.13　表面结构要求标注在尺寸线上

2．表面粗糙度参数标注示例

常用表面粗糙度标注方式见表 5-11。

表 5-11　表面粗糙度参数标注图例

序号	符　号	含义和解释
1	$\diagup Rz\,0.4$	表示不允许去除材料，单向上限值，默认传输带，R 轮廓，粗糙度的最大高度 $0.4\mu m$，评定长度为 5 个取样长度（默认），"16％规则"（默认）
2	$\sqrt{Rz\max 0.2}$	表示去除材料，单向上限值，默认传输带，R 轮廓，粗糙度的最大高度最大值为 $0.2\mu m$，评定长度为 5 个取样长度（默认），"最大规则"
3	$\sqrt{0.008-0.8/Ra\,3.2}$	表示去除材料，单向上限值，传输带 $0.008\sim0.8mm$，R 轮廓，算术平均偏差 $3.2\mu m$，评定长度为 5 个取样长度（默认），"16％规则"（默认）
4	$\sqrt{-0.8/Ra3\,3.2}$	表示去除材料，单向上限值，传输带：根据 GB/T 6062，取样长度为 $0.8\mu m$（λ_s 默认 $0.0025mm$），R 轮廓，算术平均偏差 $3.2\mu m$，评定长度包含 3 个取样长度，"16％规则"（默认）

（续）

序号	符　号	含义和解释
5	$\sqrt{\begin{array}{l}U\,Ra\,max\,3.2\\L\,Ra\,0.8\end{array}}$	表示不允许去除材料，双向极限值，两极限值均使用默认传输带，R 轮廓，上限值：算术平均偏差 $3.2\mu m$，评定长度为 5 个取样长度（默认），"最大规则"；下限值：算术平均偏差 $0.8\mu m$，评定长度为 5 个取样长度（默认），"16％规则"（默认）
6	$\sqrt{0.0025-0.1/Rx\,0.2}$	表示任意加工方法，单向上限值，传输带 $\lambda_s=0.0025mm$，$A=0.1mm$，评定长度 3.2mm（默认），粗糙度图形参数，粗糙度图形最大深度 $0.2\mu m$，"16％规则"（默认）
7	$\sqrt[\diagup]{10/R\,10}$	表示不允许去除材料，单向上限值，传输带 $\lambda_s=0.008mm$（默认），$A=0.5mm$（默认），评定长度 10mm，粗糙度图形参数，粗糙度图形平均深度 $10\mu m$，"16％规则"（默认）
8	$\sqrt{-0.3/6/AR\,0.09}$	表示任意加工方法，单向上限值，传输带 $\lambda_s=0.008mm$（默认），$A=0.3mm$（默认），评定长度 6mm，粗糙度图形参数，粗糙度图形平均间距 $0.09\mu m$，"16％规则"（默认）

需要注意的是：

表 5－11 中"上限值"是指表面粗糙度参数的所有实测值中超过规定值的个数少于总数的 16％；"最大值"是指表面粗糙度参数的所有实测值不得超过规定值。

U、L：表示表面粗糙度值双向限制，U 代表粗糙度上限值要求，L 代表粗糙度下限值要求。

传输带是两个定义的滤波器之间的波长范围，或者是两个定义极限值之间的波长范围（适用于图形法表示的表面粗糙度）。

A：表示短波长度界限，适用于表面粗糙度图形法标注。

AR：粗糙度图形参数，表示粗糙度图形平均宽度。

Rx：粗糙度图形参数，表示粗糙度图形最大深度。

R：粗糙度图形参数，表示粗糙度图形平均深度。

5.5　表面粗糙度的测量

常用的表面粗糙度检测方法有：光切法、干涉法、针描法、比较法及印模法等。

5.5.1　光切法

光切法是应用光切原理测量表面粗糙度的一种测量方法，属于间接测量法，测量结果需要计算后得出。

常用仪器是光切显微镜（又称双管显微镜）。该仪器适宜于测量用车、铣、刨等加工方法所加工的金属零件的平面或外圆表面。光切法主要用于测量 Rz 值，微观不平度平均值的测量范围为 $0.8\sim80\mu m$。双管显微镜是利用光切法来测量表面粗糙度的。

光切法的测量原理可用图 5.14 来说明。在图 5.14(a)中，P_1、P_2 阶梯面表示被测表面，其阶梯高度为 h。A 为一扁平光束，当它从 $45°$ 方向投射在阶梯表面上时，就被折射成 S_1 和 S_2 两段，经 B 方向反射后，就可在显微镜内看到 S_1 和 S_2 两段光带的放大像 S_1'' 和 S_2''；同样，S_1 和 S_2 之间的距离 h 也被放大为 S_1'' 和 S_2'' 之间的距离 h''，只要我们用测微目镜测出 h'' 的值，就可以根据放大关系算出 h 的值。

图 5.14(b) 是双管式光切显微镜的光学系统。

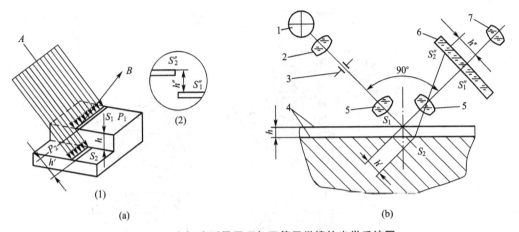

图 5.14　光切法测量原理与双管显微镜的光学系统图
1—光源；2—聚光镜；3—光栏(窄缝)；4—工件表面；5—透镜；6—分划板；7—目镜

显微镜有照明管和观察管，两管轴线互成 $90°$。在照明管中，光源 1 通过聚光镜 2、窄缝 3 和透镜 5，以 $45°$ 角的方向投射在被测工件表面 4 上，形成一狭细光带。光带边缘的形状即为光束与工件表面相交的曲线，工件在 $45°$ 截面上的表面形状，此轮廓曲线的波峰在 S_1 点反射，波谷在 S_2 点反射，通过观察管的透镜 5，分别成像在分划板 6 上的 S_1'' 点和 S_2'' 点，h'' 是峰谷影像的高度差。

测量笨重零件及内表面(如孔、槽等表面)的粗糙度时，可用石蜡、低熔点合金或其他印模材料压印在被检验表面上，取得被检表面的复制模型，放在双管显微镜上间接地测量被检表面的粗糙度。

用双管显微镜可测量车、铣、刨或其他类似方法加工的金属零件的表面，但不便于检验用磨削或抛光等方法加工的零件表面。

5.5.2　干涉法

干涉法是利用光波干涉原理测量表面粗糙度的一种测量方法，一般用于测量表面粗糙度要求高的表面。常用测量仪器是干涉显微镜，其测量范围为 $1\sim0.03\mu m$，测量误差为 $\pm5\%$。

干涉显微镜光学系统如图 5.15(a) 所示，由光源 1 发出的光线经聚光镜 2、滤色片 3、光栏 4 及透镜 5 成平行光线，射向底面半镀银的分光镜 7 后分为两束：一束光线通过补偿镜 8、物镜 9 到平面反射镜 10，被反射又回到分光镜 7，再由分光镜 7 经聚光镜 11 到反射镜 16，由反射镜 16 反射进入目镜 12 的视野；另一束光线向上通过物镜 6，投射到被测零件表面，由被测表面反射回来，通过分光镜 7、聚光镜 11 到反射镜 16，由反射镜 16 反射也进入目镜 12 的视野。这样，在目镜 12 的视野内即可观察到这两束光线因光程差而形成的干涉带图形。若被测表面粗糙不平，干涉带即成弯曲形状（图5.15(b)）。由测微目镜可读出相邻两干涉带距离 a 及干涉带弯曲高度 b。由于光程差每增加光波波长 λ 的二分之一即形成一条干涉带，故被测表面粗糙度的实际高度 $H = b\lambda/2a$。若将反射镜16移开，使光线通过照像物镜15及反射镜14到毛玻璃13上，在毛玻璃处即可拍摄干涉带图形的照片。

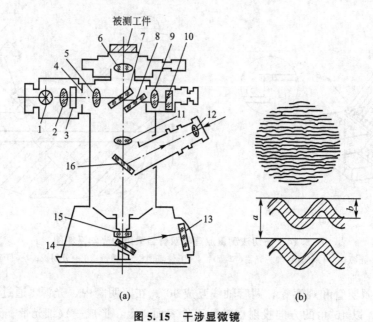

图 5.15 干涉显微镜

1—光源；2—聚光镜；3—滤色片；4—光栏；5—透镜；6，9—物镜；7—分光镜；
8—补偿镜；10，14，16—反射镜；11—聚光镜；12—目镜；13—毛玻璃；15—照像物镜

单色光用于检验有着同样加工痕迹的表面，此时得到的是黑色与彩色条纹交替呈现的干涉带图形。当加工痕迹不规则时，则用白色光源，此时得到的干涉图形在黑色条纹两边，将是对称分布的若干彩色条纹。用压电陶瓷PZT驱动平面反射镜10，并用光电探测器CCD取代目镜，则可将干涉显微镜改装成光学轮廓仪，将测量所得动态干涉信号输入计算机处理，则可迅速得到一系列表面粗糙度的评定参数及轮廓图形。

5.5.3 针描法

针描法是利用仪器的测针在被测表面上轻轻划过，测出表面粗糙度 Ra 值及其他参数的一种测量方法。

常用仪器是电动轮廓仪，该仪器可直接显示 Ra 值，适宜于测量 Ra 值在 $0.025\sim5\mu\text{m}$ 内的表面粗糙度。

电动轮廓仪的工作原理如图5.16所示。测量时，仪器的金刚石触针针尖与被测表面相接触，当触针以一定速度沿着被测表面移动时，由于被测表面轮廓峰谷起伏，使触针作垂直于轮廓方向的上下运动，这种机械的上下移动通过传感器转换成电信号，对电信号进行处理后，可在仪器上直接显示出 Ra 值，也可经放大器驱动记录装置，画出被测的轮廓图形。

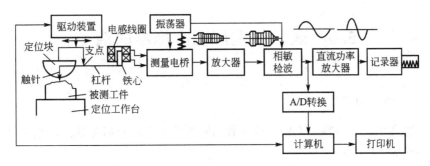

图 5.16 电动轮廓仪的工作原理

触针和定位块(导头)在驱动装置的驱动下沿工件表面滑行,触针随着表面的不平而上下移动,与触针相连的杠杆另一端的磁心也随之运动,使接入电桥两臂的电感发生变化,从而使电桥输出与触针位移成比例的信号。测量信号经放大和相敏检波后,形成能反映触针位置(大小和方向)的信号。该信号经过直流功率放大,推动记录笔,便可在记录纸上得到工件表面轮廓的放大图。信号经 A/D 转换后,可由计算机采集、计算,输出表面粗糙度各评定参数和轮廓曲线。

接触式粗糙度测量仪的缺点是:受触针圆弧半径(可小到 $1\sim2\text{mm}$)的限制,难以探测到表面实际轮廓的谷底,影响测量精度,且被测表面可能被触针划伤。

这类仪器的优点是:①可以直接测量某些难以测量的零件表面(如孔、槽等)的粗糙度;②可以直接测出算术平均偏差 Ra 等评定参数;③可以给出被测表面的轮廓图形;④使用简便、测量效率高。

正是这个原因,使这种仪器在工业生产中得到了广泛的应用。

5.5.4 比较法

比较法是将被测零件表面与标有一定评定参数值的表面粗糙度样板直接进行比较,从而估计出被测表面粗糙度的一种测量方法。

比较时,可用肉眼或用手摸感觉判断,还可以借助放大镜或比较显微镜判断;另外,选择样板时,样板的材料、表面形状、加工方法、加工纹理方向等应尽可能与被测表面一致。

粗糙度样板的材料、形状及制造工艺应尽可能与工件相同,否则会产生较大的误差。在生产实际中,也可直接从工件中挑选样品,用仪器测定粗糙度值后作样板使用。

比较法使用简便,适宜于车间检验,但其判断的准确性在很大程度上取决于检验人员的经验,故常用于对表面粗糙度要求较低的表面进行评定。

5.5.5 印模法

印模法是利用一些无流动性和弹性的塑性材料贴合在被测表面上,将被测表面的轮廓复制成模,然后测量印模,从而来评定被测表面的粗糙度。

此方法适用于某些既不能使用仪器直接测量,也不便于用样板相对比的表面,如深孔、盲孔、凹槽、内螺纹等。

5.6　表面粗糙度国家标准的演变

5.6.1　GB/T 3505 的演变

国家标准在术语、参数等方面积极吸收国际标准及其最新研究成果，新旧国家标准参数术语对照见表 5 - 12。

表 5 - 12　表面粗糙度基本术语与参数符号对照表

基本术语	2009 版	2000 版	1983 版
取样长度	l_r	l_r	l
评定长度	l_n	l_n	l_n
纵坐标值	$Z(x)$	$Z(x)$	y
轮廓峰高	Z_p	Z_p	y_p
轮廓谷深	Z_v	Z_v	y_v
轮廓单元高度	Z_t		
轮廓单元宽度	X_s		
轮廓最大高度	Rz	Rz	Ry
轮廓的算术平均偏差	Ra	Ra	Ra
轮廓单元的平均宽度	Rsm	Rsm	sm
轮廓支承长度率	$Rmr(c)$	$Rmr(c)$	
十点高度			Rz
轮廓单元的平均高度	R_c	R_c	R_c
相对支承长度率	Rmr		t_p

5.6.2　GB/T 131 的演变

表面结构的表示法在图形标注方面都进行了变更，GB/T131 新旧国家标准标注对照见表 5 - 13。

表 5 - 13　图形标注对照表

序号	GB/T 131 的版本			主要问题说明示例
	1983（第 1 版）	1993（第 2 版）	2006（第 3 版）	
1	$\frac{1.6}{\bigvee}$	$\frac{1.6}{\bigvee}\ \frac{1.6}{\bigvee}$	$\bigvee Ra\,1.6$	Ra 只采用 "16％规则"
2	$\frac{Ry\,3.2}{\bigvee}$	$\frac{Ry\,3.2}{\bigvee}\ \frac{Ry\,3.2}{\bigvee}$	$\bigvee Rz\,1.6$	除了 Ra "16％规则" 的参数

（续）

序号	GB/T 131 的版本			主要问题说明示例
	1983（第1版）	1993（第2版）	2006（第3版）	
3		1.6_{max}	$Ra_{max}\,1.6$	最大规则
4	$1.6/0.8$	$1.6/0.8$	$-0.8/\,Ra\,1.6$	Ra 加取样长度
5			$0.025-0.8/\,Ra\,1.6$	传输带
6	$Ry\,3.2/0.8$	$Ry\,3.2/0.8$	$-0.8/\,Rz\,6.3$	除 Ra 外其他参数及取样长度
7	$\begin{array}{c}1.6\\Ry\,6.3\end{array}$	$\begin{array}{c}1.6\\Ry\,6.3\end{array}$	$\begin{array}{c}Ra\,1.6\\Rz\,6.3\end{array}$	Ra 及其他参数
8		$Ry\,3.2$	$Rz_3\,1.6$	评定长度中的取样长度个数默认为5个，如果不是必须将具体个数标出
9			$LRz\,1.6$	下限值
10	$\begin{array}{c}3.2\\1.6\end{array}$	$\begin{array}{c}3.2\\1.6\end{array}$	$\begin{array}{c}URa\,3.2\\LRz\,1.6\end{array}$	上、下限值

注：新的 Rz 为原 Ry 的定义，原 Ry 符号不再使用。

习　题

1. 表面粗糙度对零件的使用性能有哪些影响？
2. 设计时如何协调尺寸公差、形状公差和表面粗糙度参数值之间的关系？
3. 为何规定取样长度和评定长度？两者有何关系？
4. 评定表面粗糙度的主要轮廓参数有哪些？分别论述其含义及其代号。
5. 将下列要求标注在图5.17上，各加工面均采用去除材料法获得。

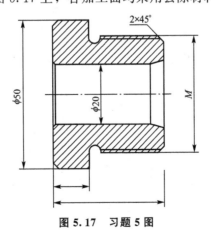

图 5.17　习题 5 图

（1）直径为 $\phi50$mm 的圆柱外表面粗糙度 Ra 的允许值为 3.2μm；

（2）左端面的表面粗糙度 Ra 的允许值为 1.6μm；

（3）直径为 $\phi50$mm 的圆柱的右端面的表面粗糙度 Ra 的允许值为 1.6μm；

（4）内孔表面粗糙度 Ra 的允许值为 0.4μm；

（5）螺纹工作面的表面粗糙度 Rz 的最大值为 1.6μm，最小值为 0.8μm；

（6）其余各加工面的表面粗糙度 Ra 的允许值为 25μm。

6. 试用类比法确定轴 $\phi80$s5 和孔 $\phi80$S6 的表面粗糙度 Ra 的上限允许值。

7. $\phi65$H7/d6 与 $\phi65$H7/h6 相比，哪种配合应选用较小的表面粗糙度参数值？为什么？

第6章

光滑工件尺寸的
检验与极限量规设计

 本章教学目标

为了使零件符合规定的精度要求，关键是确定合适的质量验收标准及正确选用测量器具。本章主要介绍《产品几何技术规范(GPS)光滑工件尺寸的检验》和《光滑极限量规技术条件》两个国家标准。

 本章教学要求

要求学生掌握误收、误废、安全裕度、验收极限、极限量规等概念及极限量规的设计方法；了解测量仪器的不确定度，其中验收极限确定、工作量规的设计依据与量规公差带的计算是重点和难点。

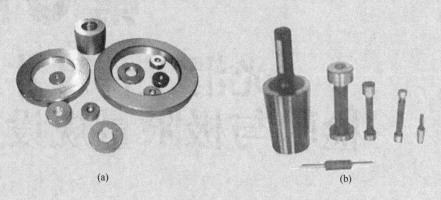

尺寸检验是机械加工中的基本工序，如图 6.01 所示极限量规就是进行尺寸合格性检验的。这些量具检验零件的共同特点为：使用量大、生产批量大、尺寸要求较严格、检验效率高。

(a)   (b)

图 6.01　极限量规

请思考这些量规是怎样使用的？如果采用极限量规检验，如何完成极限量规设计？

"极限与配合"制度的建立，给互换性生产创造了条件。但是，为了使零件符合图样规定的精度要求，除了要保证加工零件所用的设备和工艺装备具有足够的精度和稳定性外，质量检验也是十分重要的问题，而质量检验的关键是确定合适的质量验收标准及正确选用测量器具。为此，我国制定了《产品几何技术规范（GPS）光滑工件尺寸的检验》（GB/T 3177—2009）和《光滑极限量规技术条件》（GB/T 1957—2006）两个国家标准，本章主要介绍这两个标准。

6.1　光滑工件尺寸的检验

加工完成的工件其提取尺寸应位于上和下极限尺寸之间，包括提取尺寸正好等于上或下极限尺寸，都应该认为是合格的。但由于测量误差的存在，提取尺寸并非工件尺寸的真值，特别是提取尺寸在极限尺寸附近时，加上形状误差的影响极易造成错误判断。因此，为了保证测量精度，如何处理测量结果以及如何正确地选择测量器具，国家标准《产品几何技术规范（GPS）光滑工件尺寸的检验》（GB/T 3177—2009）对此作了相应规定。本节主要讨论关于验收极限、验收原则和安全裕度的确定问题。

6.1.1　工件验收原则、安全裕度与验收极限

1. 工件验收原则

所用验收方法应只接收位于规定的极限尺寸以内的工件。

把不合格的工件判为合格品称为"误收"；而把合格的工件判为废品称为"误废"。因此，

如果只根据测量结果是否超出图样给定的极限尺寸来判断其合格性，有可能会造成误收或误废。为防止受测量误差的影响而使工件的提取尺寸超出两个极限尺寸范围，必须规定验收极限。

2. 验收极限

验收极限是判断所检验工件尺寸合格与否的尺寸界限。国家标准中规定了两种验收极限的确定方式。

1）采用内缩方案确定验收极限

验收极限是从规定的最大实体尺寸（MMS）和最小实体尺寸（LMS）分别向工件公差带内移动一个安全裕度 A，如图 6.1 所示。

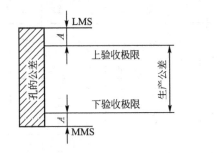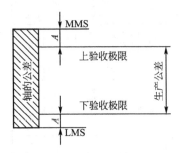

图 6.1　验收极限

孔尺寸的验收极限为

上验收极限＝最小实体尺寸（LMS）－安全裕度（A）

下验收极限＝最大实体尺寸（MMS）＋安全裕度（A）

轴尺寸的验收极限为

上验收极限＝最大实体尺寸（MMS）－安全裕度（A）

下验收极限＝最小实体尺寸（LMS）＋安全裕度（A）

按内缩方案验收工件，并合理地选择内缩的安全裕度 A，将会没有或很少有误收，并能将误废量控制在所要求的范围内。

2）采用不内缩方案确定验收极限

验收极限等于规定的最大实体尺寸（MMS）和最小实体尺寸（LMS），即安全裕度 $A=0$。此方案使误收和误废都有可能发生。

按照 GB/T 3177—2009 确定的验收原则对位于规定的极限尺寸之外的工件应拒收，为此需要根据被测工件的精度高低和相应的极限尺寸，确定其安全裕度（A）和验收极限。

生产上，要按去掉安全裕度（A）的公差加工工件。一般称去掉安全裕度（A）的工件公差为生产公差，它小于工件公差。

3. 安全裕度（A）值的确定

确定安全裕度（A）值应综合考虑技术和经济两方面因素。A 值较大时，虽可用较低精度的测量器具进行检验，但减少了生产公差，故加工经济性较差；A 值较小时，加工经济性较好，但要使用精度高的测量器具，故测量器具成本高，所以也提高了生产成本。因此，确定安全裕度（A）值应按被检验工件的公差大小来确定，一般为工件公差的 1/10。

国家标准对 A 值有明确的规定，见表 6-1。

表6-1 安全裕度(A)与计量器具的不确定度允许值(u_1)

单位：μm

公称尺寸/mm		6					7					8					9					10				
大于	至	T	A	u_1 I	u_1 II	u_1 III	T	A	u_1 I	u_1 II	u_1 III	T	A	u_1 I	u_1 II	u_1 III	T	A	u_1 I	u_1 II	u_1 III	T	A	u_1 I	u_1 II	u_1 III
—	3	6	0.6	0.54	0.9	1.4	10	1.0	0.9	1.5	2.3	14	1.4	1.3	2.1	3.2	25	2.5	2.3	3.8	5.6	40	4.0	3.6	6.0	9.0
3	6	8	0.8	0.72	1.2	1.8	12	1.2	1.1	1.8	2.7	18	1.8	1.6	2.7	4.1	30	3.0	2.7	4.5	6.8	48	4.8	4.3	7.2	11
6	10	9	0.9	0.81	1.4	2.0	15	1.5	1.4	2.3	3.4	22	2.2	2.0	3.3	5.0	36	3.6	3.3	5.4	8.1	58	5.8	5.2	8.7	13
10	18	11	1.1	1.0	1.7	2.5	18	1.8	1.7	2.7	4.1	27	2.7	2.4	4.1	6.1	43	4.3	3.9	6.5	9.7	70	7.0	6.3	11	16
18	30	13	1.3	1.2	2.0	2.9	21	2.1	1.9	3.2	4.7	33	3.3	3.0	5.0	7.4	52	5.2	4.7	7.8	12	84	8.4	7.6	13	19
30	50	16	1.6	1.4	2.4	3.6	25	2.5	2.3	3.8	5.6	39	3.9	3.5	5.9	8.8	62	6.2	5.6	9.3	14	100	10	9.0	15	23
50	80	19	1.9	1.7	2.9	4.3	30	3.0	2.7	4.5	6.8	46	4.6	4.1	6.9	10	74	7.4	6.7	11	17	120	12	11	18	27
80	120	22	2.2	2.0	3.3	5.0	35	3.5	3.2	5.3	7.9	54	5.4	4.9	8.1	12	87	8.7	7.8	13	20	140	14	13	21	32
120	180	25	2.5	2.3	3.8	5.6	40	4.0	3.6	6.0	9.0	63	6.3	5.7	9.5	14	100	10	9.0	15	23	160	16	15	24	36
180	250	29	2.9	2.6	4.4	6.5	46	4.6	4.1	6.9	10	72	7.2	6.5	11	17	115	12	10	17	26	185	18	17	28	42
250	315	32	3.2	2.9	4.8	7.2	52	5.2	4.7	7.8	12	81	8.1	7.3	12	18	130	13	12	19	29	210	21	19	32	47
315	400	36	3.6	3.2	5.4	8.1	57	5.7	5.1	8.4	13	89	8.9	8.0	13	20	140	14	13	21	32	230	23	21	35	52
400	500	40	4.0	3.6	6.0	9.0	63	6.3	5.7	9.5	14	97	9.7	8.7	15	22	155	16	14	23	35	250	25	23	38	56

（续）

公差等级	公称尺寸/mm 大于	至	11 T	11 A	11 u_1 I	11 u_1 II	11 u_1 III	12 T	12 A	12 u_1 I	12 u_1 II	13 T	13 A	13 u_1 I	13 u_1 II	14 T	14 A	14 u_1 I	14 u_1 II	15 T	15 A	15 u_1 I	15 u_1 II	16 T	16 A	16 u_1 I	16 u_1 II
	—	3	60	6.0	5.4	9.0	14	100	10	9.0	15	140	14	13	21	250	25	23	38	400	40	36	60	600	60	54	90
	3	6	75	7.5	6.8	11	17	120	12	11	18	180	18	16	27	300	30	27	45	480	48	43	72	750	75	68	110
	6	10	90	9.0	8.1	14	20	150	15	14	23	220	22	20	33	360	36	32	54	580	58	52	87	900	90	81	140
	10	18	110	11	10	17	25	180	18	16	27	270	27	24	41	430	43	39	65	700	70	63	110	1100	110	100	170
	18	30	130	13	12	20	29	210	21	19	32	330	33	30	50	520	52	47	78	840	84	76	130	1300	130	120	200
	30	50	160	16	14	24	36	250	25	23	38	390	39	35	59	620	62	56	93	1000	100	90	150	1600	160	140	240
	50	80	190	19	17	29	43	300	30	27	45	460	46	41	69	740	74	67	110	1200	120	110	180	1900	190	170	290
	80	120	220	22	20	33	50	350	35	32	53	540	54	49	81	870	87	78	130	1400	140	130	210	2200	220	200	330
	120	180	250	25	23	38	56	400	40	36	60	630	63	57	95	1000	100	90	150	1600	160	150	240	2500	250	230	380
	180	250	290	29	26	44	65	460	46	41	69	720	72	65	110	1150	115	100	170	1850	180	170	280	2900	290	260	440
	250	315	320	32	29	48	72	520	52	47	78	810	81	73	120	1300	130	120	190	2100	210	190	320	3200	320	290	480
	315	400	360	36	32	54	81	570	57	51	86	890	89	80	130	1400	140	130	210	2300	230	210	350	3600	360	320	540
	400	500	400	40	36	60	90	630	63	57	95	970	97	87	150	1500	150	140	230	2500	250	230	380	4000	400	360	600

互换性与测量技术基础（第3版）

6.1.2　测量器具的选择

选择测量器具时要综合考虑其技术指标和经济指标，以综合效果最佳为原则。主要考虑以下因素：首先，根据被测工件的结构特点、外形及尺寸来选择测量器具，使所选择的测量器具的测量范围能满足被测工件的要求。其次，根据被测工件的精度要求来选择测量器具。考虑到测量器具本身的误差会影响工件的测量精度，因此所选择的测量器具其允许的极限误差应当小。但测量器具的极限误差越小，其成本也越高，对使用时的环境条件和操作者的要求也越高。所以，在选择测量器具时，应综合考虑技术指标和经济指标。

具体选用时，可按标准 GB/T 3177—2009 进行。对于标准没规定的工件所用测量器具的选用，应使所选的测量器具的极限误差约占被测工件尺寸公差的 1/10～1/3，被测工件精度低时取 1/10，工件精度高时，取 1/3 甚至 1/2。因为工件精度越高，对测量器具的精度要求也越高，高精度的测量器具制造困难，故只好以增大比例来满足要求。

GB/T 3177—2009 适用于使用通用计量器具对光滑工件进行尺寸检验的情况，适用于车间用的测量器具，如游标卡尺、千分尺和比较仪等，它主要包括两个内容。

(1) 对图样上注出的公称尺寸至 500mm、公差等级为 6～18 级（IT6～IT18）的有配合要求的光滑工件尺寸，按内缩方案确定验收极限。对非配合和一般公差的尺寸，按不内缩方案确定验收极限。

(2) 安全裕度 A 相当于测量中的不确定度。

不确定度用以表征测量过程中各项误差综合影响而使测量结果分散的误差范围，它反映了由于测量误差的存在而对被测量不能肯定的程度，以 U 表示。

U 是由测量器具的不确定度 u_1 和由温度、压陷效应及工件形状误差等因素引起的不确定度 u_2 二者组合成的，即

$$U=\sqrt{u_1^2+u_2^2}$$

u_1 是表征测量器具的内在误差引起测量结果分散的一个误差范围，其中也包括调整时用的标准件的不确定度，如千分尺的校对棒和比较仪用的量块等。u_1 的影响比较大，允许值约为 $0.9A$，u_2 的影响比较小，允许值约为 $0.45A$。向工件公差带内缩的安全裕度就是按测量不确定度而定的，即 $A=U$，这是因为

$$U=\sqrt{u_1^2+u_2^2}=\sqrt{(0.9A)^2+(0.45A)^2}\approx A$$

测量器具的不确定度是产生"误收"与"误废"的主要原因。在验收极限一定的情况下，测量器具的不确定度 u_1 越大，则产生"误收"与"误废"的可能性也越大；反之，测量器具的不确定度 u_1 越小，则产生"误收"与"误废"的可能性也越小。因此，根据测量器具的不确定度 u_1 来正确地选择测量器具就非常重要。选择测量器具时，应保证所选用的测量器具的不确定度 u_1' 等于或小于按工件公差确定的允许值 u_1。表 6-2、表 6-3、表 6-4 列出了有关测量器具的不确定度。

目前，游标卡尺、千分尺是一般工厂生产车间普遍使用的测量器具，然而这两种量具精度低，只适用于测 IT9 与 IT10 工件公差。为了提高卡尺、千分尺的测量精度，扩大其使用范围，可采用比较法测量。比较测量时，测量器具的不确定度 u_1 可降为原来的 40%

(当使用形状与工件形状相同的标准器时)或60%(当使用形状与工件形状不相同的标准器时),此时验收极限不变。

表6-2 千分尺和游标卡尺的不确定度 单位:mm

尺寸范围	计量器具类型			
	分度值0.01外径千分尺	分度值0.01内径千分尺	分度值0.02游标卡尺	分度值0.05游标卡尺
	不确定度 u			
0~50	0.004	0.008	0.020	0.020
50~100	0.005	0.008	0.020	0.020
100~150	0.006	0.008	0.020	0.020
150~200	0.007	0.008	0.020	0.020
200~250	0.008	0.013	0.020	0.020
250~300	0.009	0.013	0.020	0.020
300~350	0.010	0.013	0.020	0.100
350~400	0.011	0.020	0.020	0.100
400~450	0.012	0.020	0.020	0.100
450~500	0.013	0.025	0.020	0.100
500~700		0.030		0.100
700~800		0.030		0.150

表6-3 指示表的不确定度 单位:mm

尺寸范围		所使用的计量器具			
		分度值为0.001的千分表(0级在全程范围内,1级在0.2mm内),分度值为0.002的千分表(在1转范围内)	分度值为0.001、0.002、0.005的千分表(1级在全程范围内),分度值为0.01的百分表(0级在任意1mm内)	分度值为0.01的百分表(0级在全程范围内,1级在任意1mm内)	分度值为0.01的百分表(1级在全程范围内)
大于	至	不确定度 u			
	115	0.005	0.010	0.018	0.030
115	315	0.006	0.010	0.018	0.030

注:测量时,使用的标准器由4块1级(或4等)量块组成。

表 6-4 比较仪的不确定度   单位：mm

尺寸范围		所使用的计量器具			
		分度值为 0.0005（相当于放大倍数 2000 倍）的比较仪	分度值为 0.001（相当于放大倍数 1000 倍）的比较仪	分度值为 0.002（相当于放大倍数 400 倍）的比较仪	分度值为 0.005（相当于放大倍数 250 倍）的比较仪
大于	至	不确定度 u			
	25	0.0006	0.0010	0.0017	0.0030
25	40	0.0007			
40	65	0.0008	0.0011	0.0018	
65	90				
90	115	0.0009	0.0012	0.0019	
115	165	0.0010	0.0013		
165	215	0.0012	0.0014	0.0020	
215	265	0.0014	0.0016	0.0021	0.0035
265	315	0.0016	0.0017	0.0022	

6.1.3 光滑工件的尺寸检验极限计算与量具选用实例

【例题 6.1】 被测工件为 $\phi45f8\binom{-0.025}{-0.064}$mm，试确定验收极限并选择合适的测量器具，并分析该工件可否使用分度值为 0.01mm 的外径千分尺进行比较法测量验收。

解：（1）确定验收极限。

该轴精度要求为 IT8 级，采用包容要求，故验收极限按内缩方案确定。

由表 6-1 确定安全裕度 A 和测量器具的不确定度允许值 u_1。

该工件的公差为 0.039mm，从表 6-1 查得，$A=0.0039$mm，$u_1=0.0035$mm。

其上、下验收极限为

上验收极限 $= d_{max}-A = (45-0.025-0.0039)$mm $= 44.9711$mm

下验收极限 $= d_{min}+A = (45-0.064+0.0039)$mm $= 44.9399$mm

（2）选择测量器具。

按工件公称尺寸 45mm，从表 6-3 查得分度值为 0.005mm 的比较仪不确定度 u_1' 为 0.0030mm，小于允许值 $u_1=0.0035$mm，故能满足使用要求。

当现有测量器具的不确定度 u_1' 达不到（小于或等于 I 挡允许值 u_1）时可选用表 6-1 中的第 II 挡 u_1 值，重新选择测量器具，第 II 挡 u_1 值满足不了要求时，可选用第 III 挡 u_1 值。

（3）当没有比较仪时，由表 6-2 选用分度值为 0.01mm 的外径千分尺，其不确定度 u_1' 为 0.004mm，大于允许值 $u_1=0.0035$mm，显然用分度值为 0.01mm 的外径千分尺采用绝对测量法，不能满足测量要求。

（4）用分度值为 0.01mm 的外径千分尺进行比较测量时，使用 45mm 量块组作为标准器（标准器的形状与轴的形状不相同），千分尺的不确定度可降为原来的 60%，即减小到

$0.004 \times 60\% = 0.0024$mm，小于允许值 $u_1 = 0.0035$mm。

故选用分度值为 0.01mm 外径千分尺进行比较测量，就能满足测量精度要求。

结论：该工件可使用分度值为 0.005mm 的比较仪进行比较法测量；还可使用分度值为 0.01mm 的外径千分尺进行比较法测量，此时验收极限不变。

【例题 6.2】 被测工件为 $\phi 50 \mathrm{H}12(^{+0.250}_{0})$mm（无配合要求），试确定验收极限并选择合适的测量器具。

解：（1）确定验收极限。

该孔精度要求不高，为 IT12 级，无配合要求，故验收极限按不内缩方案确定。取安全裕度 $A = 0$。

其上、下验收极限为

$$上验收极限 = D_{max} = 50.25 \text{ mm}$$

$$下验收极限 = D_{min} = 50 \text{mm}$$

（2）选择测量器具。

按工件公称尺寸 50mm，工件的公差为 0.25mm，由表 6-1 确定测量器具的不确定度允许值 $u_1 = 0.023$mm。

从表 6-2 查得分度值为 0.02mm 的游标卡尺的不确定度 u_1' 为 0.020mm，小于允许值 $u_1 = 0.023$mm，故能满足使用要求。

6.2　光滑极限量规设计

光滑圆柱体工件的检验可用通用测量器具也可以用光滑极限量规。特别是大批量生产时，通常应用光滑极限量规检验工件。

6.2.1　光滑极限量规的作用与分类

光滑极限量规是一种没有刻线的专用测量器具。它不能测得工件提取尺寸的大小，而只能确定被测工件的尺寸是否在它的极限尺寸范围内，从而对工件作出合格性判断。

光滑极限量规的公称尺寸就是工件的公称尺寸，通常把检验孔径的光滑极限量规叫作塞规，把检验轴径的光滑极限量规称为环规或卡规。

不论塞规还是环规都包括两个：一个是按被测工件的最大实体尺寸制造的，称为通规，也叫通端；另一个是按被测工件的最小实体尺寸制造的，称为止规，也叫止端。

使用时，塞规或环规都必须把通规和止规联合使用。例如，使用塞规检验工件孔时（图 6.2），如果塞规的通规通过被检验孔，说明被测孔径大于孔的下极限尺寸；塞规的止规塞不进被检验孔，说明被测孔径小于孔的上极限尺寸。于是，知道被测孔径大于下极限尺寸且小于上极限尺寸，即孔的作用尺寸和提取尺寸在规定的极限范围内，因此被测孔是合格的。

同理，用卡规的通规和止规检验工件轴径时（图 6.3），通规通过轴，止规通不过轴，说明被测轴径的作用尺寸和提取尺寸在规定的极限范围内，因此被测轴径是合格的。

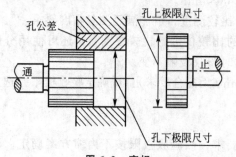

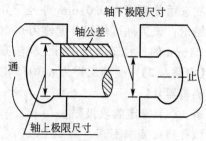

图 6.2 塞规　　　　　　　　　　　　图 6.3 卡规

由此可知，不论塞规还是卡规，如果通规通不过被测工件，或者止规通过了被测工件，即可确定被测工件是不合格的。

根据量规的用途不同，分为工作量规、验收量规和校对量规三类。

1. 工作量规

工人在加工时用来检验工件的量规。一般用的通规是新制的或磨损较少的量规。工作量规的通规用代号"T"来表示，止规用代号"Z"来表示。

2. 验收量规

检验部门或用户代表验收工件时用的量规。一般情况下，检验人员用的通规为磨损较大但未超过磨损极限的旧工作量规；用户代表用的是接近磨损极限尺寸的通规，这样由生产工人自检合格的产品，检验部门验收时也一定合格。

3. 校对量规

用以检验轴用工作量规的量规。它是检查轴用工作量规在制造时是否符合制造公差，在使用中是否已达到磨损极限所用的量规。校对量规可分为三种。

（1）"校通-通"量规（代号为TT）：检验轴用量规通规的校对量规。

（2）"校止-通"量规（代号为ZT）：检验轴用量规止规的校对量规。

（3）"校通-损"量规（代号为TS）：检验轴用量规通规磨损极限的校对量规。

6.2.2　光滑极限量规的设计原理

加工完的工件，其提取尺寸虽经检验合格，但由于形状误差的存在，也有可能存在不能装配、装配困难或即使偶然能装配也达不到配合要求的情况。故用量规检验时，为了正确地评定被测工件是否合格，是否能装配，对于遵守包容要求的孔和轴，应按极限尺寸判断原则（即泰勒原则）验收。

泰勒原则是指工件的作用尺寸不超过最大实体尺寸（即孔的作用尺寸应大于或等于其下极限尺寸；轴的作用尺寸应小于或等于其上极限尺寸），工件任何位置的提取尺寸应不超过其最小实体尺寸（即孔任何位置的提取尺寸应小于或等于其上极限尺寸；轴任何位置的提取尺寸应大于或等于其下极限尺寸）。

作用尺寸由最大实体尺寸限制就可以把形状误差限制在尺寸公差之内；另外，工件的提取尺寸由最小实体尺寸限制，才能保证工件合格并具有互换性，且能自由装配。也就是说符合泰勒原则验收的工件是能保证使用要求的。

符合泰勒原则的光滑极限量规应达到如下要求。

通规用来控制工件的作用尺寸，它的测量面应具有与孔或轴相对应的完整表面，称为全形量规，其尺寸等于工件的最大实体尺寸，且其长度应等于被测工件的配合长度。

止规用来控制工件的提取尺寸，它的测量面应为两点状的，称为不全形量规，两点间的尺寸应等于工件的最小实体尺寸。

若光滑极限量规的设计不符合泰勒原则，则对工件的检验可能造成错误判断。以图6.4为例，分析量规形状对检验结果的影响：被测工件孔为椭圆形，实际轮廓从 X 方向和 Y 方向都已超出公差带，已属废品。但若用两点状通规检验，可能从 Y 方向通过，若不作多次不同方向检验，则可能发现不了孔已从 X 方向超出公差带。同理，若用全形止规检验，则根本通不过孔，发现不了孔已从 Y 方向超出公差带。这样，由于量规形状不正确，实际应用中的量规由于制造和使用方面的原因，常常偏离泰勒原则。例如，为了用已标准化的量规，允许通规的长度小于工件的配合长度；对大尺寸的孔、轴用全形通规检验，既笨重又不便于使用，允许用不全形通规；对曲轴轴径由于无法使用全形的环规通过，允许用卡规代替。

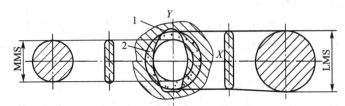

(a) 全形通规　(b) 两点状止规　(c) 工件　(d) 两点状通规　(e) 全形止规

图6.4　塞规形状对检验结果的影响

1—实际孔；2—孔公差带

对止规也不一定全是两点式接触，由于点接触容易磨损，一般常以小平面、圆柱面或球面代替点；检验小孔的止规，常用便于制造的全形塞规；同样，对刚性差的薄壁件，由于考虑受力变形，常用完全形的止规。

光滑极限量规国家标准规定，使用偏离泰勒原则的量规时，应保证被检验的孔、轴的形状误差(尤其是轴线的直线度、圆度)不致影响配合性质。

6.2.3　光滑极限量规的公差

作为量具的光滑极限量规，本身也相当于一个精密工件，制造时和普通工件一样，不可避免地会产生加工误差，同样需要规定制造公差。量规制造公差的大小不仅影响量规的制造难易程度，还会影响被测工件加工的难易程度以及对被测工件的评判。为确保产品质量，国家标准 GB/T 1957—2006 规定量规公差带不得超越工件公差带。

通规由于经常通过被测工件会有较大的磨损，为了延长使用寿命，除规定了制造公差外还规定了磨损公差。磨损公差的大小，决定了量规的使用寿命。

止规不经常通过被测工件，故磨损较少，所以不规定磨损公差，只规定制造公差。

图 6.5 所示为光滑极限量规国家标准规定的量规公差带。

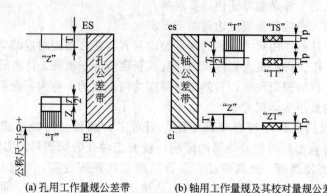

(a) 孔用工作量规公差带　　(b) 轴用工作量规及其校对量规公差带

图 6.5　量规公差带图

工作量规"通规"的制造公差带对称于 Z 值且在工件的公差带之内，其磨损极限与工件的最大实体尺寸重合。工作量规"止规"的制造公差带从工件的最小实体尺寸起，向工件的公差带内分布。

校对量规公差带的分布如下。

"校通-通"量规（TT）。它的作用是防止通规尺寸过小（制造时过小或自然时效时过小）。检验时应通过被校对的轴用通规，其公差带从通规的下极限偏差开始，向轴用通规的公差带内分布。

"校止-通"量规（ZT）。它的作用是防止止规尺寸过小（制造时过小或自然时效时过小）。检验时应通过被校对的轴用止规，其公差带从止规的下极限偏差开始，向轴用止规的公差带内分布。

"校通-损"量规（TS）。它的作用是防止通规超出磨损极限尺寸。检验时，若通过了，则说明所校对的量规已超过磨损极限，应予报废。其公差带是从通规的磨损极限开始，向轴用通规的公差带内分布。

国家标准规定了检验各级工件用的工作量规的制造公差 T 和通规公差带的位置要素 Z 值与工件公差的比例关系，其 T 和 Z 具体量值考虑量规的制造工艺水平和使用寿命等因素确定的，具体量值见表 6-5。

国家标准规定的工作量规的形状和位置误差应在工作量规的尺寸公差范围内。工作量规的几何公差为量规尺寸公差的 50%。当量规的尺寸公差小于或等于 0.002 mm 时，其几何公差为 0.001mm。

国家标准还规定校对量规的制造公差 T_p 为被校对的轴用工作量规的制造公差 T 的 50%，其几何公差应在校对量规的尺寸公差范围内。

根据上述可知，工作量规的公差带完全位于工件极限尺寸范围内，校对量规的公差带完全位于被校对量规的公差带内。这样保证了工件符合"极限与配合"国家标准的要求，但是相应地缩小了工件的制造公差，给生产带来了困难，并且还会把一些合格品误判为废品。

表 6-5 IT6～IT13级工作量规制造公差和位置要素值（摘自 GB/T 1957—2006）

单位：μm

工件公称尺寸/mm	IT6		IT7		IT8		IT9		IT10		IT11		IT12		IT13	
	T	Z	T	Z	T	Z	T	Z	T	Z	T	Z	T	Z	T	Z
~3	1	1	1.2	1.6	1.6	2	2	3	2.4	4	3	6	4	9	6	14
3~6	1.2	1.4	1.4	2	2	2.6	2.4	4	3	5	4	8	5	11	7	16
6~10	1.4	1.6	1.8	2.4	2.4	3.2	2.8	5	3.6	5	5	9	6	13	8	20
10~18	1.6	2	2	2.8	2.8	4	3.4	6	4	7	6	11	7	15	10	24
18~30	2	2.4	2.4	3.4	3.4	5	4	7	5	9	7	13	8	18	12	28
30~50	2.4	2.8	3	4	4	6	5	8	6	11	8	16	10	22	14	34
50~80	2.8	3.4	3.6	4.6	4.6	7	6	9	7	13	9	19	12	26	16	40
80~120	3.2	3.8	4.2	5.4	5.4	8	7	10	8	15	10	22	14	30	20	46
120~180	3.8	4.4	4.8	6	6	9	8	12	9	18	12	25	16	35	22	52
180~250	4.4	5	5.4	7	7	10	9	14	10	20	14	29	18	40	26	60
250~315	4.8	5.6	6	8	8	11	10	16	12	22	16	32	20	45	28	66
315~400	5.4	6.2	7	9	9	12	11	18	14	25	18	36	22	50	32	74
400~500	6	7	8	10	10	14	12	20	16	28	20	40	24	55	36	80

6.2.4 设计步骤及极限尺寸计算

1. 量规型式的选择

检验圆柱形工件的光滑极限量规的型式很多，合理地选择与使用对正确判断检验结果影响很大。

按照国家标准的推荐，检验孔时可用下列几种型式的量规（图6.6(a)）：全形塞规、不全形塞规、片状塞规、球端杆规。检验轴时，可用下列型式的量规（图6.6(b)）：环规、卡规。

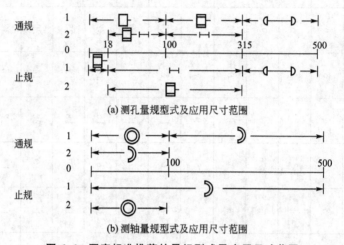

(a) 测孔量规型式及应用尺寸范围

(b) 测轴量规型式及应用尺寸范围

图6.6　国家标准推荐的量规型式及应用尺寸范围

□—全形塞规；▭—不全形塞规；⊢⊣—片形塞规；◁▷—球端杆规；◎—环规；◗—卡规

上述各种型式的量规及应用尺寸范围，可供设计时参考。具体结构参看工具专业标准GB/T 10092—2008《螺纹量规和光滑极限量规型式与尺寸》及有关资料。

2. 量规极限尺寸的计算

光滑极限量规的尺寸及偏差计算步骤如下。

(1) 查出被测孔和轴的极限偏差。

(2) 由表6-5查出工作量规的制造公差T和位置要素Z值。

(3) 确定工作量规的形状公差。

(4) 确定校对量规的制造公差。

(5) 计算在图样上标注的各种尺寸和偏差。

【例题6.3】　计算$\phi 30H8/f7$孔和轴用量规的极限偏差。

解：(1) 由国家标准GB/T 1800.1—2009查出孔与轴的上、下极限偏差为

$$\phi 30H8 \text{孔：} ES=+0.033mm \quad EI=0$$

$$\phi 30f7 \text{轴：} es=-0.020mm \quad ei=-0.041mm$$

(2) 由表6-5查得工作量规的制造公差T和位置要素Z为

$$\text{塞规：制造公差} T=0.0034mm；位置要素 Z=0.005mm$$

$$\text{卡规：制造公差} T=0.0024mm；位置要素 Z=0.0034mm$$

（3）确定工作量规的形状公差为

塞规：形状公差 $T/2=0.0017$mm

卡规：形状公差 $T/2=0.0012$mm

（4）确定校对量规的制造公差为

$$T_{\mathrm{p}}=T/2=0.0012\text{mm}$$

（5）计算在图样上标注的各种尺寸和偏差。

$\phi30$H8 孔用塞规

通规：　上极限偏差＝EI＋Z＋T/2＝0＋0.005＋0.0017＝＋0.0067mm

下极限偏差＝EI＋Z－T/2＝0＋0.005－0.0017＝＋0.0033mm

磨损极限尺寸＝$D_{\min}=30$mm。

止规：　　　　上极限偏差＝ES＝＋0.033mm

下极限偏差＝ES－T＝0.033－0.0034＝＋0.0296mm

$\phi30$f7 轴用卡规

通规：上极限偏差＝es－Z＋T/2＝－0.02－0.0034＋0.0012＝－0.0222mm

下极限偏差＝es－Z－T/2＝－0.02－0.0034－0.0012＝－0.0246mm

磨损极限尺寸＝$d_{\max}=29.98$mm。

止规：　　　上极限偏差＝ei＋T＝－0.041＋0.0024＝－0.0386mm

下极限偏差＝ei＝－0.041mm

轴用卡规的校对量规

"校通-通"

上极限偏差＝es－Z－T/2＋T_{p}＝－0.02－0.0034－0.0012＋0.0012＝－0.0234mm

下极限偏差＝es－Z－T/2＝－0.02－0.0034－0.0012＝－0.0246mm

"校通-损"

上极限偏差＝es＝－0.02mm

下极限偏差＝es－T_{p}＝－0.02－0.0012＝－0.0212mm

"校止-通"

上极限偏差＝ei＋T_{p}＝－0.041＋0.0012＝－0.0398mm

下极限偏差＝ei＝－0.041mm

$\phi30$H8/f7 孔、轴用量规公差带如图 6.7 所示。

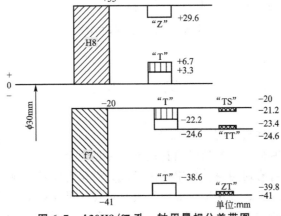

图 6.7　ϕ30H8/f7 孔、轴用量规公差带图

3. 量规的技术要求

量规测量面的材料可选用渗碳钢、碳素工具钢、合金工具钢和硬质合金等，也可在测量面上镀铬或氮化处理。

量规测量面的硬度直接影响量规的使用寿命。选用上述几种钢材制作量规经淬火后的测量面硬度一般为 HRC58～65。

量规测量面的表面粗糙度参数值取决于被检验工件的公称尺寸、公差等级和表面粗糙度参数值及量规的制造工艺水平，一般不低于光滑极限量规国家标准推荐的表面粗糙度参数值，具体数值参见表 6-6。

表 6-6　量规测量面粗糙度参数值

工作量规	工件公称尺寸/mm		
	至 120	> 120～315	> 315～500
	表面粗糙度 Ra（不大于）/μm		
IT6 级孔用量规	0.04	0.08	0.16
IT6～IT9 级轴用量规 IT7～IT9 级孔用量规	0.08	0.16	0.32
IT10～IT12 级孔、轴用量规	0.16	0.32	0.63
IT13～IT16 级孔、轴用量规	0.32	0.63	0.63

注：校对量规测量面的表面粗糙度数值比被校对的轴用量规测量面的粗糙度数值略高一级。

4. 工作量规的标注

量规图样的标注如图 6.8 所示。

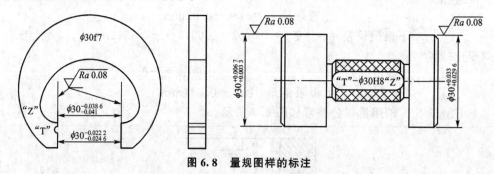

图 6.8　量规图样的标注

习　题

1. 误收和误废是怎样造成的？
2. 光滑极限量规有何特点？如何用它检验工件是否合格？
3. 量规分几类？各有何用途？孔用工作量规为何没有校对量规？
4. 确定 $\phi18H7/p6$ 孔、轴用工作量规及校对量规的尺寸并画出量规的公差带图。
5. 有一配合 $\phi45H8/f7$，试按照泰勒原则分别写出孔、轴尺寸的合格条件。

第7章
尺寸链

本章教学目标

通过本章的学习，需要掌握尺寸链的概念、分类和作用；掌握完全互换法和大数互换法两种解尺寸链的方法。

本章教学要求

要求学生掌握尺寸链的概念、分类和作用。解尺寸链的两种方法——完全互换法和大数互换法是重点和难点，涉及机械制造、加工工艺等理论知识。

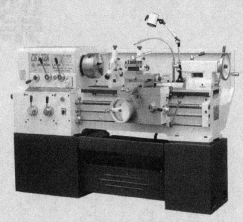

导入案例

车床主轴轴线与尾架顶尖轴线之间的高度差及尾架顶尖轴线高度、尾架底板高度和主轴轴线高度等设计尺寸相互连接，形成封闭的尺寸链，如图7.01所示。

图 7.01 车床

请思考尺寸链的各组成环有什么特点？

机械零件无论在设计或制造中，一个重要的问题就是如何保证产品的质量。也就是说，设计一部机器，除了要正确选择材料，进行强度、刚度、运动精度计算外，还必须进行几何精度计算，合理地确定机器零件的尺寸、几何形状和相互位置公差，在满足产品设计预定技术要求的前提下，能使零件、机器获得经济地加工和顺利地装配。为此，需对设计图样上要素与要素之间，零件与零件之间有相互尺寸、位置关系要求，且能构成首尾衔接、形成封闭形式的尺寸组加以分析，研究它们之间的变化，计算各个尺寸的极限偏差及公差，以便选择保证达到产品规定公差要求的设计方案与经济的工艺方法。

7.1 概　　述

7.1.1 尺寸链的定义与特点

1. 尺寸链

在机器装配或零件加工过程中，由相互连接的尺寸形成封闭的尺寸组，该尺寸组称为尺寸链。如图7.1(a)所示，零件经过加工依次得尺寸 A_1、A_2 和 A_3，则尺寸 A_0 也就随之确定。A_0、A_1、A_2 和 A_3 形成尺寸链，如图7.1(b)所示，A_0 尺寸在零件图上根据加工顺序来确定，在零件图上是不标注的。

图7.2(a)所示，车床主轴轴线与尾架顶尖轴线之间的高度差 A_0 及尾架顶尖轴线高度 A_1、尾架底板高度 A_2 和主轴轴线高度 A_3 等设计尺寸相互连接成封闭的尺寸组，形成尺寸链，如图7.2(b)所示。

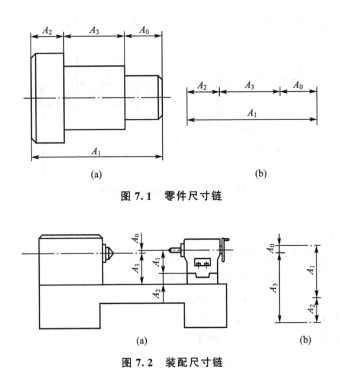

图 7.1 零件尺寸链

图 7.2 装配尺寸链

2. 环

尺寸链中的每一个尺寸,都称为环。图 7.1 和图 7.2 中的 A_0、A_1、A_2 和 A_3,都是环。

1) 封闭环

封闭环是尺寸链中在装配过程或加工过程最后自然形成的一环,它也是确保机器装配精度要求或零件加工质量的一环,封闭环加下角标"0"表示。任何一个尺寸链中,只有一个封闭环。如图 7.1 和图 7.2 所示的 A_0 就是封闭环。

2) 组成环

尺寸链中除封闭环以外的其他各环都称为组成环,如图 7.1 和图 7.2 中的 A_1、A_2 和 A_3。组成环用拉丁字母 A、B、C、…或希腊字母 α、β、γ 等再加下角标"i"表示,序号 $i=1$、2、3、…、m。同一尺寸链的各组成环一般用同一字母表示。

组成环按其对封闭环影响的不同又分为增环与减环。

(1) 增环。

当尺寸链中其他组成环不变时,某一组成环增大,封闭环也随之增大,则该组成环称为增环。如图 7.1 中,若 A_1 增大,A_0 将随之增大,所以 A_1 为增环。

(2) 减环。

当尺寸链中其他组成环不变时,某一组成环增大,封闭环反而随之减小,则该组成环称为减环。图 7.1 中,若 A_2 和 A_3 增大,A_0 将随之减小,所以 A_2 和 A_3 为减环。

有时增减环的判别不是很容易,如图 7.3 所示的尺寸链,当 A_0 为封闭环时,增、减环的判别就较困难,这时可用回路法进行判别。方法是从封闭环 A_0 开始顺着一定的路线标箭头,凡是箭头方向与封闭环的箭头方向相反的环,便是增环,箭头方向与封闭环的箭头方向相同的环，便为减环。图7.3中，A_1、A_3、A_5 和 A_7 为增环，A_2、A_4、A_6 为减环。

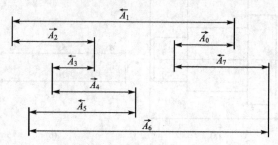

图7.3 回路法判别增、减环

3. 传递系数 ξ

表示各组成环对封闭环影响大小的系数称为传递系数。

尺寸链中封闭环与组成环的关系表现为函数关系，即

$$A_0 = f(A_1、A_2、\cdots、A_m) \tag{7-1}$$

式中，A_0 为封闭环；A_1，A_2，$\cdots$，A_m 为组成环。

第 i 个组成环的传递系数为 ζ_i，则有

$$\xi_i = \frac{\partial f}{\partial A_i} \quad 1 \leqslant i \leqslant m \tag{7-2}$$

一般直线尺寸链 $\xi = 1$，且对增环 ζ_i 为正值；对减环 ζ_i 为负值。

例如图7.1中的尺寸链，（$\zeta_1 = 1$，$\zeta_2 = \zeta_3 = -1$）按上式计算可得

$$A_0 = A_1 - (A_2 + A_3)$$

7.1.2 尺寸链的分类

1. 按照生产过程中的应用情况分类

1）装配尺寸链

在机器设计或装配过程中，由一些相关零件形成有联系封闭的尺寸组，称为装配尺寸链，如图7.2所示。

2）零件尺寸链

同一零件上由各个设计尺寸构成相互有联系封闭的尺寸组，称为零件尺寸链，如图7.1所示。设计尺寸是指图样上标注的尺寸。

3）工艺尺寸链

零件在机械加工过程中，同一零件上由各个工艺尺寸构成相互有联系封闭的尺寸组，称为工艺尺寸链。工艺尺寸是指工序尺寸、定位尺寸、基准尺寸。

装配尺寸链与零件尺寸链统称为设计尺寸链。

2. 按照组成尺寸链各环在空间所处的形态分类

1）直线尺寸链

尺寸链的全部环都位于两条或几条平行的直线上，称为直线尺寸链，如图7.1、图7.2、图7.3所示。

2）平面尺寸链

尺寸链的全部环都位于一个或几个平行的平面上，但其中某些组成环不平行于封闭环，这类尺寸链称为平面尺寸链，如图7.4所示。

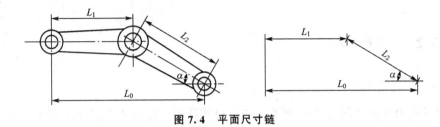

图 7.4 平面尺寸链

将平面尺寸链中各有关组成环按平行于封闭环方向投影，就可将平面尺寸链简化为直线尺寸链来计算。

3）空间尺寸链

尺寸链的全部环位于空间不平行的平面上，称为空间尺寸链。

对于空间尺寸链，一般按三维坐标分解，化成平面尺寸链或直线尺寸链，然后根据需要在特定平面上求解。

3. 按照构成尺寸链各环的几何特征分类

1）长度尺寸链

表示零件两要素之间距离的为长度尺寸，由长度尺寸构成的尺寸链称为长度尺寸链，如图7.1、图7.2所示尺寸链，其各环位于平行线上。

2）角度尺寸链

表示两要素之间位置的为角度尺寸，由角度尺寸构成的尺寸链称为角度尺寸链。其各环尺寸为角度量或平行度、垂直度等。如图7.5为由各角度所组成的封闭多边形，这时 α_1、α_2、α_3 及 α_0 构成一个角度尺寸链。

图 7.5 角度尺寸链

7.1.3 尺寸链的作用

在拟定加工工艺时，当测量基准、定位基准或工序基准与设计基准不重合时，需按照工艺尺寸链原理进行工序尺寸及其公差的计算。在零件加工（测量）或机械的装配过程中，遇到的尺寸不是孤立的，往往是相互联系的。

机器是由许多零件装配而成的，这些零件加工误差的累积将影响装配精度。在分析具有累积误差的装配精度时，首先应找出影响这项精度的相关零件，并分析其具体影响因素，然后确定各相关零件具体影响因素的加工精度。为便于分析，可将有关影响因素按照一定的顺序一个个地连接起来，形成封闭链，这个封闭链即为装配尺寸链。显然，装配后的精度或技术要求是通过把零部件装配好后才最后形成的，是由相关零部件上的有关尺寸和角度位置关系所间接保证的。因此，在装配尺寸链中，装配精度是封闭环，相关零件的设计尺寸是组成环。如何查找对某装配精度有影响的相关零件，进而选择合理的装配方法和确定这些零件的加工精度，是建立装配尺寸链和求解装配尺寸链的关键。

7.2　尺寸链的计算

7.2.1　完全互换法解尺寸链

1. 闭环的公称尺寸 L_0

等于所有增环的公称尺寸 L_i 之和减去所有减环的公称尺寸 L_j 之和。用公式表示为

$$L_0 = \sum_{i=1}^{n} L_{iz\,max} - \sum_{i=n+1}^{m} L_{ij\,min} \quad\quad (7-3)$$

式中，n 为增环环数；m 为全部组成环数。

2. 闭环的上极限尺寸 L_{0max}

等于所有增环的上极限尺寸之和减去所有减环的下极限尺寸之和。用公式表示为

$$L_{0max} = \sum_{i=1}^{n} L_{iz\,max} - \sum_{i=n+1}^{m} L_{ij\,min} \quad\quad (7-4)$$

3. 闭环的下极限尺寸 L_{0min}

等于所有增环的下极限尺寸之和减去所有减环的上极限尺寸之和。用公式表示为

$$L_{0min} = \sum_{i=1}^{n} L_{iz\,min} - \sum_{i=n+1}^{m} L_{ij\,max} \quad\quad (7-5)$$

4. 封闭环的上极限偏差 ES_0

由式（7-4）减式（7-3）得

$$ES_0 = \sum_{i=1}^{n} ES_{iz} - \sum_{i=n+1}^{m} EI_{ij} \quad\quad (7-6)$$

即封闭环的上极限偏差等于所有增环的上极限偏差之和减去所有减环的下极限偏差之和。

5. 封闭环的下极限偏差 EI_0

由式（7-5）减式（7-3）得

$$EI_0 = \sum_{i=1}^{n} EI_{iz} - \sum_{i=n+1}^{m} ES_{ij} \quad\quad (7-7)$$

即封闭环的下极限偏差等于所有增环的下极限偏差之和减去所有减环的上极限偏差之和。

6. 封闭环公差 T_0

由式（7-4）减式（7-5）得

$$T_0 = \sum_{i}^{m} T_i \quad\quad (7-8)$$

即封闭环公差等于所有组成环公差之和。由式（7-8）可以看出：

（1）$T_0 > T_i$，即封闭环公差最大，精度最低。因此在零件尺寸链中应尽可能选取最不

重要的尺寸作为封闭环。在装配尺寸链中，封闭环往往是装配后应达到的要求，不能随意选定。

（2）T_i一定时，组成环数越多，则各组成环公差必然越小，经济性越差。因此，设计中应遵守"最短尺寸链"原则，即组成环数应尽可能少。

【例题7.1】 在图7.6(a)所示齿轮部件中，轴是固定的，齿轮在轴上回转，设计要求齿轮左右端面与挡环之间有间隙，现将此间隙集中在齿轮右端面与右挡环左端面之间，按工作条件，要求 $A_0 = 0.10 \sim 0.45$mm，已知：$A_1 = 43^{+0.20}_{+0.10}$，$A_2 = A_4 = 5^{\ 0}_{-0.05}$，$A_3 = 30^{\ 0}_{-0.10}$，$A_5 = 3^{\ 0}_{-0.05}$。试问所规定的零件公差及极限偏差能否保证齿轮部件装配后的技术要求？

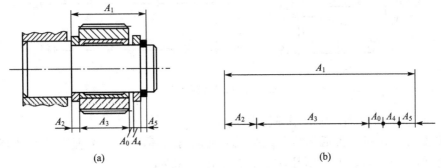

(a)　　　　　　　　(b)

图 7.6　校核计算示例

解：（1）画尺寸链图，区分增环、减环。

齿轮部件的间隙 A_0 是装配过程最后形成的，是尺寸链的封闭环，$A_1 \sim A_5$ 是 5 个组成环，如图7.6(b)所示，其中 A_1 是增环，A_2、A_3、A_4、A_5 是减环。

（2）计算封闭环的公称尺寸。

将各组成环的公称尺寸代入式(7-3)，得

$$A_0 = A_1 - (A_2 + A_3 + A_4 + A_5)$$
$$= [43 - (5 + 30 + 5 + 3)]\text{mm} = 0$$

（3）校核封闭环的极限尺寸。

由式(7-4)和式(7-5)，得

$$A_{0\,\max} = A_{1\,\max} - (A_{2\,\min} + A_{3\,\min} + A_{4\,\min} + A_{5\,\min})$$
$$= 43.20 - (4.95 + 29.90 + 4.95 + 2.95) = 0.45\text{mm}$$

$$A_{0\,\min} = A_{1\,\min} - (A_{2\,\max} + A_{3\,\max} + A_{4\,\max} + A_{5\,\max})$$
$$= 43.10 - (5 + 30 + 5 + 3) = 0.10\text{mm}$$

（4）校核封闭环的公差。

将各组成环的公差代入式(7-8)，得

$$T_0 = T_1 + T_2 + T_3 + T_4 + T_5$$
$$= 0.10 + 0.05 + 0.10 + 0.05 + 0.05 = 0.35\text{mm}$$

计算结果表明，所规定的零件公差及极限偏差恰好能满足齿轮部件装配的技术要求。

【例题7.2】 图7.7(a)所示为某齿轮箱的一部分，根据使用要求，间隙 $A_0 = 1 \sim$

1.75mm，若已知：$A_1=140$mm，$A_2=5$mm，$A_3=101$mm，$A_4=50$mm，$A_5=5$mm。试按极值法计算 $A_1 \sim A_5$ 各尺寸的极限偏差与公差。

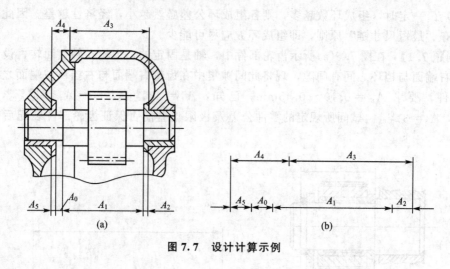

图 7.7　设计计算示例

解：（1）画尺寸链图，区分增环、减环。

间隙 A_0 是装配过程最后形成的，是尺寸链的封闭环，$A_1 \sim A_5$ 是 5 个组成环，如图 7.7(b)所示，其中 A_3、A_4 是增环，A_1、A_2、A_5 是减环。

（2）计算封闭环的公称尺寸。由式(7-3)，得

$$A_0 = A_3 + A_4 + (A_1 + A_2 + A_5)$$
$$= 101 + 50 - (140 + 5 + 5) = 1\text{mm}$$

所以 $A_0 = 1^{+0.750}_{0}$ mm。

（3）用等公差等级法确定各组成环的公差。

首先计算各组成环的平均公差等级系数 a，由式(7-8)并查表得

$$a = \frac{T_0}{\Sigma i_i} = \frac{750}{2.52 + 0.73 + 2.17 + 1.56 + 0.73} = 97.3$$

由标准公差计算公式表查得，接近 IT11 级。根据各组成环的公称尺寸，从标准公差表查得各组成环的公差为

$$T_2 = T_5 = 75\mu\text{m}, \quad T_3 = 220\mu\text{m}, \quad T_4 = 160\mu\text{m}$$

根据各组成环的公差之和不得大于封闭环公差，由式(7-8)计算 T_1：

$$T_1 = T_0 - (T_2 + T_3 + T_4 + T_5)$$
$$= 750 - (75 + 220 + 160 + 75)$$
$$= 220\mu\text{m}$$

（4）确定各组成环的极限偏差。

通常，各组成环的极限偏差按"入体原则"配置，即内尺寸按 H 配置，外尺寸按 h 配置；一般长度尺寸的极限偏差按"对称原则"即按 JS（或 js）配置，因此，组成环 A_1 作为调整尺寸，其余各组成环的极限偏差如下：

$$A_2 = A_5 = 5^{0}_{-0.075}, \quad A_3 = 101^{+0.220}_{0}, \quad A_4 = 50^{+0.160}_{0}$$

(5) 计算组成环 A_1 的极限偏差。

由式(7-6)和式(7-7)得

$$ES_0 = ES_3 + ES_4 - EI_1 - EI_2 - EI_5$$

即

$$+0.75 = +0.220 + 0.160 - EI_1 - (-0.075) - (-0.075)$$

故

$$EI_1 = -0.220\text{mm}$$
$$EI_0 = EI_3 + EI_4 - ES_1 - ES_2 - ES_5$$

即

$$0 = 0 + 0 - ES_1 - 0 - 0$$

故

$$ES_1 = 0$$

所以，A_1 的极限偏差为 $A_1 = 140_{-0.220}^{0}\text{mm}$。

7.2.2 大数互换法解尺寸链

由生产实践可知，在成批生产和大量生产中，零件提取尺寸的分布是随机的，多数情况下可考虑呈正态分布或偏态分布。换句话说，如果加工或工艺调整中心接近公差带中心时，大多数零件的尺寸分布于公差带中心附近，靠近极限尺寸的零件数目极少。因此，可利用这一规律，将组成环公差放大，这样不但使零件易于加工，同时又能满足封闭环的技术要求，从而获得更大的经济效益。当然，此时封闭环超出技术要求的情况是存在的，但其概率很小，所以这种方法又称大数互换法。

根据概率论和数理统计的理论，统计法解尺寸链的基本公式如下。

1. 封闭环公差

由于在大批量生产中，封闭环 A_0 的变化和组成环 A_i 的变化都可视为随机变量，且 A_0 是 A_i 的函数，则可按随机函数的标准偏差的求法，得

$$\sigma_0 = \sqrt{\sum_{i=1}^{m} \xi_i^2 \sigma_i^2} \tag{7-9}$$

式中，σ_0，σ_1，…，σ_m 为封闭环和各组成环的标准偏差；ξ_1，ξ_2，…，ξ_m 为传递系数。

若组成环和封闭环尺寸偏差均服从正态分布，分布范围与公差带宽度一致，且 $T_1 = 6\sigma_1$，此时封闭环的公差与组成环公差有如下关系：

$$T_0 = \sqrt{\sum_{i=1}^{m} \xi_i^2 T_i^2} \tag{7-10}$$

如果考虑到各组成环的分布不为正态分布时，式中应引入相对分布系数 K_i，对不同的分布，K_i 大小可由表 7-1 查出，则

$$T_0 = \sqrt{\sum_{i=1}^{m} \xi_i^2 K_i^2 T_i^2} \tag{7-11}$$

表 7 - 1　典型分布曲线与 K、e 值

分布特征	正态分布	三角分布	均匀分布	瑞利分布	偏态分布	
					外尺寸	内尺寸
分布曲线	-3σ　3σ			$e \cdot \frac{T}{2}$	$e \cdot \frac{T}{2}$	$e \cdot \frac{T}{2}$
e	0	0	0	-0.28	0.26	-0.26
K	1	1.22	1.73	1.14	1.17	1.17

2. 封闭环中间偏差

上偏差与下偏差的平均值为中间偏差，用 Δ 表示，即

$$\Delta = \frac{\mathrm{ES}+\mathrm{EI}}{2} \tag{7-12}$$

当各组成环为对称分布时，封闭环中间偏差为各组成环中间偏差的代数和，即

$$\Delta_0 = \sum_{i=1}^{m} \xi_i \Delta_i \tag{7-13}$$

当组成环为偏态分布或其他不对称分布时，则平均偏差相对中间偏差之间偏移量为 $e\frac{T}{2}$，e 称为相对不对称系数（对称分布 $e=0$），这时式（7-13）应改为

$$\Delta_0 = \sum_{i=1}^{m} \xi_i \left(\Delta_i + e_i \frac{T_i}{2} \right) \tag{7-14}$$

3. 封闭环极限偏差

封闭环上偏差等于中间偏差加二分之一封闭环公差，下偏差等于中间偏差减二分之一封闭环公差，即

$$\mathrm{EI}_0 = \Delta_0 - \frac{1}{2} T_0$$

$$\mathrm{ES}_0 = \Delta_0 + \frac{1}{2} T_0$$

【例题 7.3】　用统计法解例题 7.2。

解：步骤（1）和（2）同例题 7.2。

（3）确定各组成环公差。

设各组成环尺寸偏差均接近正态分布，则 $K_i = 1$，又因该尺寸链为线性尺寸链，故 $|\xi_i| = 1$。按等公差等级法同式（7-11）得

$$T_0 = \sqrt{T_1^2 + T_2^2 + T_3^2 + T_4^2 + T_5^2} = a \sqrt{i_1^2 + i_2^2 + i_3^2 + i_4^2 + i_5^2}$$

所以

$$a = \frac{T_0}{\sqrt{i_1^2 + i_2^2 + i_3^2 + i_4^2 + i_5^2}} = \frac{750}{\sqrt{2.52^2 + 0.73^2 + 2.17^2 + 1.56^2 + 0.73^2}} \approx 196.56$$

由标准公差计算公式表查得，接近 IT12 级。根据各组成环的公称尺寸，从标准公差表查得各组成环的公差为

$$T_1 = 400\mu m, \quad T_2 = T_5 = 120\mu m, \quad T_3 = 350\mu m, \quad T_4 = 250\mu m$$

则

$$T_0' = \sqrt{0.4^2 + 0.12^2 + 0.35^2 + 0.25^2 + 0.12^2} = 0.611mm < 0.750mm = T_0$$

可见，确定的各组成环公差是正确的。

(4) 确定各组成环的极限偏差。

按"入体原则"确定各组成环的极限偏差如下：

$$A_1 = 140_{-0.200}^{+0.200} mm$$

$$A_2 = A_5 = 5_{-0.120}^{0} mm$$

$$A_3 = 101_{0}^{+0.350} mm$$

$$A_4 = 50_{0}^{+0.250} mm$$

(5) 校核确定的各组成环的极限偏差能否满足使用要求。

设各组成环尺寸偏差均接近正态分布，则 $e_i = 0$。

计算封闭环的中间偏差，由式 (7-13) 得

$$\Delta_0 = \sum_{i=1}^{5} \xi_i \Delta_i = \Delta_3 + \Delta_4 - \Delta_1 - \Delta_2 - \Delta_5$$
$$= 0.175 + 0.125 - 0 - (-0.060) - (-0.060) = 0.420mm$$

计算封闭环的极限偏差，由式 (7-15) 得

$$ES' = \Delta_0' + \frac{1}{2}T_0' = 0.420 + \frac{1}{2} \times 0.611 \approx 0.726mm < 0.750mm = ES_0$$

$$ES' = \Delta_0' - \frac{1}{2}T_0' = 0.420 - \frac{1}{2} \times 0.611 \approx 0.115mm > 0mm = EI_0$$

以上计算说明确定的组成环极限偏差是满足使用要求的。

比较例题 7.2 和例题 7.3 可以算出，用统计法计算尺寸链可以在不改变技术要求所规定的封闭环公差的情况下，组成环公差放大约 60%，而实际上出现不合格件的可能性却很小（仅有 0.27%），这会给生产带来显著的经济效益。

习 题

1. 孔中插键槽，如图 7.8 所示，其加工顺序为：加工孔 $A_1 = \phi\, 40_{0}^{+0.1} mm$，插键槽 A_2，磨孔至 $A_3 = \phi\, 40_{0}^{+0.05} mm$，最后要求得到 $A_0 = \phi\, 44_{0}^{+0.08} mm$，求 $A_2 = ?$

2. 有一孔、轴配合，装配前轴需镀铬，镀铬层厚度是 $8 \sim 12\mu m$，镀铬后应满足 $\phi 80 H8/f7$，问轴在镀铬前的尺寸及其极限偏差为多少？

3. 图 7.9 所示的零件，封闭环为 A_0，其尺寸变动范围应在 $11.9 \sim 12.1mm$ 内，试按极值法校核图中的尺寸标注能否满足尺寸 A_0 的要求。

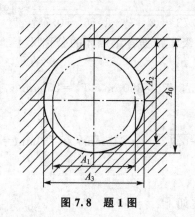

图 7.8 题 1 图

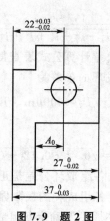

图 7.9 题 2 图

4. 选择题

（1）已知封闭环的公称尺寸、公差和各组成环的公称尺寸，求解各组成环的公差，这类问题称为_____。

A. 反计算问题　　　B. 正计算问题　　　C. 中间计算问题

（2）中间计算主要用于_____。

A. 工艺设计　　　　　　　　　B. 产品设计

C. 求工序间的加工余量　　　　D. 验证设计的正确性

（3）在零件尺寸链中，应选择_____尺寸作为封闭环。

A. 最不重要的　　　B. 最重要的　　　C. 不太重要的

（4）在装配尺寸链中，封闭环的公差往往体现了机器或部件的精度，因此在设计中应使形成此封闭环的尺寸链的环数_____。

A. 越小越好　　　B. 多少无宜　　　C. 越多越好

（5）各增环的上极限尺寸之和减去_____，即为封闭环的上极限尺寸。

A. 各减环的下极限尺寸之和　　　　B. 各增环的下极限尺寸之和

C. 各减环的上极限尺寸之和

（6）对封闭环有直接影响的为_____。

A. 所有增环　　　B. 所有减环　　　C. 全部组成环

（7）封闭环的公称尺寸等于_____。

A. 所有增环的公称尺寸之和

B. 所有减环的公称尺寸之和

C. 所有增环的公称尺寸之和减去所有减环的公称尺寸之和

D. 所有减环的公称尺寸之和减去所有增环的公称尺寸之和

（8）封闭环的公差是_____。

A. 所有增环的公差之和

B. 所有增环与减环的公差之和

C. 所有减环的公差之和

D. 所有增环公差之和减去所有减环的公差之和

第 8 章

常用典型件的精度设计与控制

本章教学目标

通过本章的学习，需要掌握滚动轴承结合、螺纹结合、单键结合以及花键结合的精度设计，掌握渐开线圆柱齿轮精度的评定以及渐开线圆柱齿轮精度标准。

本章教学要求

要求学生掌握滚动轴承的精度等级、滚动轴承和座孔及轴颈结合的配合选择、普通螺纹公差与配合的选用、键联结精度的选用。

导入案例

　　滚动轴承的工作性能和使用寿命既取决于本身的制造精度，也与其配合件配合性质有关；普通螺纹的公差带与尺寸公差带一样，其位置由基本偏差决定，大小由公差等级决定；花键联结要求保证联结的强度及传递扭矩的可靠性；齿轮传动的使用要求有传递运动的准确性、传动的平稳性、载荷分布的均匀性和齿轮副侧隙的合理性。

图 8.01　常用典型零件

　　请思考图 8.01 所示常用典型零件的精度如何保证？

8.1　滚动轴承结合的精度设计

　　滚动轴承是以滑动轴承为基础发展起来的，是用来支承轴的部件，是机械制造业中应用极为广泛的一种标准部件，其工作原理是以滚动摩擦代替滑动摩擦。滚动轴承有各式各样的结构，但是最基本的结构一般是由两个套圈，一组滚动体和一个保持架所组成的通用性很强、标准化、系列化程度很高的机械基础件。按照滚动轴承所能承受的主要负荷方向，又可分为向心轴承（主要承受径向载荷）、推力轴承（承受轴向载荷）、向心推力轴承（能同时承受径向载荷和轴向载荷）。由此可见，滚动轴承可用于承受径向、轴向、或径向与轴向的联合负荷。

　　图 8.1 为典型的滚动轴承深沟球轴承（向心轴承）和推力球轴承（推力轴承）的结构，以深沟球轴承最为常见，本章对推力轴承不做介绍。由深沟球轴承结构可知，内圈与传动轴的轴颈配合及外圈与外壳孔配合属于典型的光滑圆柱配合。目前，滚动轴承已发展成为主要的支承型式，应用越来越广泛。

　　对于向心轴承，内圈通常与轴紧配合，并与轴一起运转；外圈通常与轴承座或机械外壳孔构成过渡配合，起支承作用。向心滚动轴承是内互换性和外互换性的典型体现，内、外圈滚道与滚动体间的配合为内互换性，滚动体内圈内径与传动轴的配合、滚动体外圈外径与外壳孔的配合为外互换性。

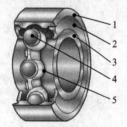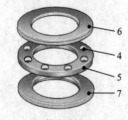

(a) 深沟球轴承　　　　(b) 推力球轴承

图 8.1　滚动轴承

1—外圈；2—密封；3—内圈；4—滚动体；

5—保持架；6—上圈；7—下圈

滚动轴承的工作性能和使用寿命既取决于本身的制造精度，也与其配合件，即外壳孔、传动轴的配合性质及外壳孔、传动轴轴颈的尺寸精度、几何公差和表面粗糙度等因素有关。

8.1.1 滚动轴承的精度等级

滚动轴承的精度是指滚动轴承主要尺寸的公差值及旋转精度。根据 GB/T 307.3—2005《滚动轴承 通用技术规则》规定，滚动轴承按其公称尺寸精度和旋转精度分为0、6（或6x）、5、4和2五个精度等级，0级精度最低，2级精度最高，其中，仅向心轴承有2级；圆锥滚子轴承有6x级，而无6级。

滚动轴承的公称尺寸精度是：轴承内径(d)、外径(D)、轴承内圈宽度(B)、外圈宽度(C)和圆锥滚柱轴承装配高度(T)等尺寸的制造精度。

滚动轴承的旋转精度是：成套轴承内、外圈的径向跳动；成套轴承内、外圈端面对滚道的跳动；内圈基准端面对内孔的跳动；外径表面母线对基准端面的斜向跳动等。

滚动轴承各级精度的应用情况如下。

0级（普通精度级）轴承应用在中等负荷、中等转速和旋转精度要求不高的一般机构中，如普通机床、汽车和拖拉机的变速机构和普通电机、水泵、压缩机的旋转机构的轴承。

6（或6x）级（中等精度级）轴承应用于旋转精度和转速较高的旋转机构中，如普通机床的主轴轴承、精密机床传动轴使用的轴承。

5级、4级（较高级、高级）轴承应用于旋转精度高和转速高的旋转机构中，如精密机床的主轴轴承、精密仪器和机械使用的轴承。

2级（精密级）轴承应用于旋转精度和转速很高的旋转机构中，如精密坐标镗床的主轴轴承、高精度仪器和高转速机构中使用的轴承。

主轴轴承作为机床的基础配套件，其性能直接影响机床的转速、回转精度、刚性、抗颤振性能、切削性能、噪声、温升及热变形等，进而影响加工零件的精度、表面质量等，因此，高性能的机床必须配用高性能的轴承，参见表8-1。

表8-1 机床主轴轴承精度等级

轴承类型	精度等级	应用情况
深沟球轴承	4	高精度磨床、丝锥磨床、螺纹磨床、磨齿机、插齿刀磨床
角接触球轴承	5	精密镗床、内圆磨床、齿轮加工机床
	6	卧式车床、铣床
单列圆柱滚子轴承	4	精密丝杠车床、高精度车床、高精度外圆磨床
	5	精密车床、精密铣床、转塔车床、普通外圆磨床、多轴车床、镗床
	6	卧式车床、自动车床、铣床、立式车床
向心短圆柱滚子轴承、调心滚子轴承	6	精密车床及铣床的后轴承
圆锥滚子轴承	4	坐标镗床、磨齿机
	5	精密车床、精密铣床、镗床、精密转塔车床、滚齿机
	6x	铣床、车床
推力球轴承	6	一般精度车床

8.1.2 滚动轴承和座孔、轴颈结合的公差与配合

轴承的配合是指内圈与轴颈及外圈与外壳孔的配合。轴承的内、外圈，按其尺寸比例一般认为是薄壁零件，精度要求很高，在制造、保管过程中极易产生变形（如变成椭圆形），但当轴承内圈与轴颈及外圈与外壳孔装配后，其内、外圈的圆度，将受到轴颈及外壳孔形状的影响，这种变形比较容易得到纠正。因此，国家标准 GB/T 4199—2003《滚动轴承 公差定义》对轴承内径 d 与外径 D，不仅规定了直径公差，还规定了轴承套圈任一横截面内平均内径和平均外径（用 d_m 或 D_m 表示）的公差，后者相当于轴承在正确制造的轴上或外壳孔中装配后，它的内径或外径的尺寸公差。其目的是控制轴承的变形程度及轴承与轴颈和外壳孔的配合尺寸精度。

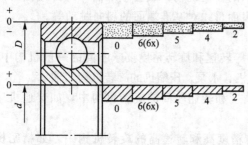

图 8.2 轴承内径、外径公差带的分布

为此，国家标准 GB/T 307.1—2005《滚动轴承 向心轴承 公差》规定了 0、6、5、4、2 各公差等级的轴承的内径 d_m 和外径 D_m 的公差带均为单向制，而且统一采用公差带位于以公称直径为零线的下方，即上极限偏差为零，下极限偏差为负值的分布，如图 8.2 所示。

滚动轴承是标准件，为使轴承便于互换和大量生产，轴承内圈与轴的配合采用基孔制，即以轴承内圈的尺寸为基准。但内圈的公差带位置却和一般的基准孔相反，如图 8.2 中公差带都位于零线以下，即上极限偏差为零，下极限偏差为负值。

这样的分布主要是考虑轴承配合的特殊需要。因为通常情况下，轴承的内圈是随轴一起转动的，为防止内圈和轴颈之间的配合产生相对滑动而导致结合面磨损，影响轴承的工作性能，要求两者的配合应具有一定的过盈，但由于内圈是薄壁零件，容易弹性变形胀大，且一定时间后又要拆换，故过盈量不能太大。

如果采用过渡配合，又可能出现间隙，不能保证具有一定的过盈，因而不能满足轴承的工作需要；若采用非标准配合，则又违反了标准化和互换性原则，所以，要采用有一定过盈量的配合。

此时，当它与一般过渡配合的轴相配时，不但能保证获得不大的过盈，而且还不会出现间隙，从而满足了轴承内圈与轴的配合要求，同时又可按标准偏差来加工轴。可以看出这样的基准孔公差带与 GB/T 1800.2—2009 中基孔制的各种轴公差带组成的配合，有不同程度的变紧。

滚动轴承的外径与外壳孔的配合采用基轴制，即以轴承的外径尺寸为基准。因轴承外圈安装在外壳孔中，通常不旋转，但考虑到工作时温度升高会使轴热膨胀而产生轴向延伸，因此两端轴承中应有一端采用游动支承，可使外圈与壳体孔的配合稍微松一点，使之能补偿轴的热胀伸长量；否则，轴会产生弯曲，致使内部卡死，影响正常运转。滚动轴承的外径与外壳孔两者之间的配合不要求太紧，公差带仍遵循一般基准轴的规定，仍分布在零线下方，它与基本偏差为 h 的公差带相类似，但公差值不同。滚动轴承采用这样的基准轴公差带与 GB/T 1800.2—2009 中基轴制配合的孔公差带所组成的配合，基本上保持了 GB/T 1800.2—2009 的配合性质。

滚动轴承配合件是指与滚动轴承内圈孔和外圈轴相配合的传动轴轴颈和箱体外壳孔。

由于滚动轴承是标准件，轴承内圈孔径和外圈轴径公差带在制造时已确定，因此，轴承与轴颈和外壳孔的配合需由轴颈和外壳孔的公差带决定。故选择轴承的配合也就是确定轴颈和外壳孔的公差带种类，国家标准 GB/T 275—1993 所规定的轴颈和外壳孔的公差带如图 8.3 和图 8.4 所示。该公差带仅适用于以下场合：

(1) 轴承外形尺寸符合 GB/T 273.3—1999《滚动轴承　向心轴承　外形尺寸方案》的规定。

(2) 轴承的精度等级为 0 级和 6(6x)级。

(3) 轴承的游隙为基本组径向游隙。

(4) 轴为实心或厚壁钢制轴。

(5) 外壳为铸钢或铸铁。

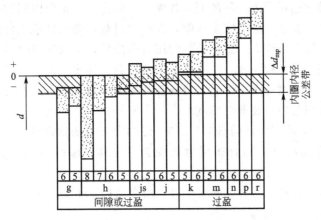

图 8.3　轴承内圈孔与轴颈配合的常用公差带关系图

Δd_{mp}——轴承内圈单一平面平均内孔直径的偏差

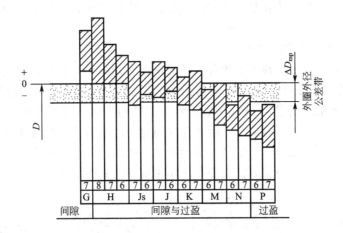

图 8.4　轴承外圈轴与外壳孔配合的常用公差带关系图

由于这里孔的公差带在零线之下，而 GB/T 1801—2009 圆柱公差标准中基准孔的公差带在零线之上，所以滚动轴承的配合可以由图中清楚地看出，如它的基准面(内圈内径、外圈外径)公差带及与轴颈或外壳孔尺寸偏差的相对关系。显然轴承内圈与轴颈的配合比

GB/T 1801—2009 中基孔制同名配合紧一些。对轴承内圈与轴的配合而言，圆柱公差标准中的许多间隙配合在这里实际已变成过渡配合，如常用配合中，g5、g6、h5、h6 的配合已变成过渡配合；而有的过渡配合在这里实际已成为过盈配合，如常用配合中，k5、k6、m5、m6 的配合已变成过盈配合，其余配合也都有所变紧。

轴承外圈与外壳孔的配合与 GB/T 1801—2009 圆柱公差标准规定的基轴制同类配合相比，虽然尺寸公差值有所不同，但配合性质基本一致。只是由于轴承外径的公差值较小，因而配合也稍紧，如 H6、H7、H8 已成为过渡配合。

8.1.3 滚动轴承和座孔、轴颈结合的配合选择

轴承的正常运转很大程度上取决于轴承与轴、孔的配合质量。为了使滚动轴承具有较高的定心精度，通常轴承两个套圈的配合都偏紧，但为了防止因内圈的弹性胀大和外圈的收缩导致轴承内部间隙变小甚至完全消除，并产生过盈，影响轴承正常运转；同时也为了避免套圈材料产生较大的应力，致使轴承使用寿命降低，所以选择时不仅要遵循轴承与轴颈、外壳孔正确配合的一般原则，还要根据轴承负荷的性质、大小、温度条件、轴承内部游隙、材料差异性、精度等级、轴承安装与拆卸等条件通盘考虑，查表确定轴颈和外壳孔的尺寸公差带、几何公差和表面粗糙度。

表 8-2～表 8-7 适用场合同 GB/T 275—1993 规定的轴颈和外壳孔公差带的 5 种应用场合，按条件选择轴承以得到合适用途的配合，提高轴承的承载能力，延长轴承使用寿命。

选择滚动轴承与轴颈、外壳孔的配合时，应考虑以下主要因素。

1. 套圈与负荷方向的关系

作用在轴承上的负荷，可以是定向负荷（如带轮的拉力或齿轮的作用力），或旋转负荷（如机件的转动离心力），或者是两者的合成负荷。它的作用方向与轴承套圈（内圈或外圈）存在着以下三种关系。

1) 套圈相对于负荷方向静止

此种情况是指，作用于轴承上的合成径向负荷与套圈相对静止，即负荷方向始终不变地作用在套圈滚道的局部区域上，该套圈所承受的这种负荷性质，称为局部负荷。如图 8.5(a) 所示不旋转的外圈和图 8.5(b) 所示不旋转的内圈，受到方向始终不变的负荷 F_r 的作用。前者称为固定的外圈负荷，后者称为固定的内圈负荷。如减速器转轴两端的滚动轴承的外圈，汽车、拖拉机车轮轮毂中滚动轴承的内圈，都是局部负荷的典型实例。此时套圈相对于负荷方向静止的受力特点是负荷作用集中，套圈滚道局部区域容易产生磨损。

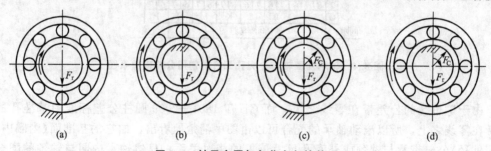

(a)　　　　　　　　(b)　　　　　　　　(c)　　　　　　　　(d)

图 8.5　轴承套圈与负荷方向的关系

2）套圈相对于负荷方向旋转

此种情况是指，作用于轴承上的合成径向负荷与套圈相对旋转，即合成负荷方向依次作用在套圈滚道的整个圆周上，该套圈所承受的这种负荷性质，称为循环负荷。如图8.5(a)所示旋转的内圈和图8.5(b)所示旋转的外圈，此时相当于套圈相对负荷方向旋转，受到方向旋转变化的负荷 F_r 的作用。前者称为旋转的内圈负荷，后者称为旋转的外圈负荷。如减速器转轴两端的滚动轴承的内圈，汽车、拖拉机车轮轮毂中滚动轴承的外圈，都是循环负荷的典型实例。此时套圈相对于负荷方向旋转的受力特点是负荷呈周期作用，套圈滚道产生均匀磨损。

3）套圈相对于负荷方向摆动

此种情况是指，作用于轴承上的合成径向负荷与套圈在一定区域内相对摆动，即合成负荷向量按一定规律变化，往复作用在套圈滚道的局部圆周上，该套圈所承受的这种负荷性质，称为摆动负荷。如图8.5(c)和图8.5(d)所示，轴承套圈受到一个大小和方向均固定的径向负荷 F_r 和一个旋转的径向负荷 F_c，两者合成的负荷将由小到大，再由大到小，周期性地变化。

由图8.6知，当 $F_r > F_c$ 时，F_r 与 F_c 的合成负荷就在 $\overgroup{AB}$ 区域内摆动。那么，不旋转的套圈就相对于合成负荷方向 F 摆动，而旋转的套圈就相对于合成负荷方向 F 旋转；当 $F_r < F_c$ 时，F_r 与 F_c 的合成负荷则沿整个圆周变动，因此不旋转的套圈就相对于合成负荷的方向旋转，而旋转的套圈则相对于合成负荷的方向静止，此时承受局部负荷。

由以上分析可知，轴承套圈相对于负荷的旋转状态不同（静止、旋转、摆动），该套圈与轴颈或外壳孔的配合的松紧程度也应不同。为了保证套圈滚道的磨损均匀，当套圈承受静止负荷时，该套圈与轴颈或外壳孔的配合应稍松些，以便在摩擦力矩的带动下，它们可以作非常缓慢的相对滑动，从而避免套圈滚道局部磨损；当套圈承受循环负荷时，套圈与轴颈或外壳孔的配合应稍紧一些，避免它们之间产生相对滑动，从而实现套圈滚道均匀磨损；当套圈承受摆动负荷时，其配合要求与承受循环负荷时相同或略松一些，以提高轴承的使用寿命。

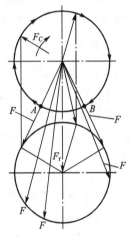

图8.6 摆动负荷($F_r > F_c$)

2. 负荷的大小

滚动轴承套圈与轴颈和外壳孔的配合，与轴承套圈所承受的负荷大小有关。国家标准GB/T 275—1993 根据当量径向动负荷 P_r 与轴承产品样本中规定的额定动负荷 C_r 的关系，将当量径向动负荷 P_r 分为轻负荷、正常负荷和重负荷三种类型，见表8-2。

表8-2 当量径向动负荷 P_r 的类型

负荷类型	P_r 值的大小		
	球轴承	滚子轴承（圆锥轴承除外）	圆锥滚子轴承
轻负荷	$P_r \leqslant 0.07C_r$	$P_r \leqslant 0.08C_r$	$P_r \leqslant 0.13C_r$
正常负荷	$0.07C_r < P_r \leqslant 0.15C_r$	$0.08C_r < P_r \leqslant 0.18C_r$	$0.13C_r < P_r \leqslant 0.26C_r$
重负荷	$> 0.15C_r$	$> 0.18C_r$	$> 0.26C_r$

轴承在重负荷和冲击负荷的作用下，套圈容易产生变形，使配合面受力不均匀，引起配合松动。因此，负荷越大，过盈量应选得越大，承受冲击负荷应比承受静负荷选用更紧的配合。

3. 径向游隙

按 GB/T 46041—2012《滚动轴承　游隙　第 1 部分：向心轴承的径向游隙》的规定，滚动轴承的径向游隙共分为五组，即：2 组、N 组、3 组、4 组、5 组，游隙的大小依次由小到大，其中 N 组为标准游隙，应优先选用。

轴承的径向游隙应适中，当游隙过大，就会引起较大的径向跳动和轴向窜动，使轴承产生较大的振动和噪声。游隙过小，则会使轴承滚动体与套圈间产生较大的接触应力，并增加轴承摩擦发热，致使轴承寿命降低。因此，游隙的大小应适度。

若供应的轴承无游隙标记，则指基本组游隙。如果轴承具有基本组游隙，在常温状态的一般条件下工作，轴承与轴颈和外壳孔配合的过盈量应恰当。

若轴承具有的游隙比基本组大，在特别条件下工作时（如内圈和外圈温差较大，或内圈与轴颈间、外圈与外壳孔间都要求有过盈等），则配合的过盈量应较大。

若轴承具有的游隙比基本组小，在轻负荷下工作，要求噪声和振动小，或要求旋转精度较高时，则配合的过盈量应较小。

4. 其他因素

1）温度的影响

轴承工作时因摩擦发热及其他热源的影响，套圈的温度会高于相配件的温度，内圈的热膨胀使之与轴颈的配合变松，而外圈的热膨胀则使之与外壳孔的配合变紧。因此，当轴承工作温度高于 100℃时，应对所选的配合进行适当的修正，以保证轴承的正常运转。

2）轴颈与外壳孔的结构和材料的影响

剖分式外壳孔和整体式外壳孔与轴承外圈的配合松紧有差异，前者稍松，以避免夹扁外圈；薄壁外壳或空心轴与轴承套圈的配合应比厚壁外壳或实心轴与轴承套圈的配合紧一些，以保证有足够的联结强度。

3）轴承组件的轴向游动

由前述内容可知，轴承组件在运转过程中，轴颈受热容易伸长，因此轴承组件的一端应保证一定的轴向移动余地，故该端的轴承套圈与相配件的配合应较松，以保证轴向可以游动。

4）旋转精度及旋转速度的影响

当轴承的旋转精度要求较高时，应选用较高精度等级的轴承，以及较高等级的轴、孔公差；对负荷较大且旋转精度要求较高的轴承，为消除弹性变形和振动的影响，旋转套圈应避免采用间隙配合，但也不宜过紧；对负荷较小用于精密机床的高精度轴承，为了避免相配件形状误差对旋转精度的影响，无论旋转套圈还是非旋转套圈，与轴或孔的配合常常希望有较小的间隙。当轴承的旋转速度过高，且又在冲击动负荷下工作时，轴承与轴颈及外壳孔的配合最好都选用过盈配合。在其他条件相同的情况下，轴承转速越高，配合应越紧。

5）公差等级的协调

选择轴颈和外壳孔的公差等级时应与轴承的公差等级协调。例如，0级轴承配合的轴颈一般选IT6，外壳孔一般选IT7；对旋转精度和运转平稳性有较高要求的场合（如电动机），轴颈一般选IT5，外壳孔一般选IT6。

6）轴承的安装与拆卸

为了方便轴承的安装与拆卸，应考虑采用较松的配合。若要求装拆方便但又要求紧配合时，可采用分离型轴承，或内圈带锥孔、带紧定套和退卸套的轴承。

综上所述，影响滚动轴承配合的因素很多，通常难以用计算法确定，所以实际生产中可采用类比法选择轴承的配合。

5. 类比法选择案例

类比法选择确定轴颈和外壳孔的公差带时，参考表8-3～表8-6，按照表中所列条件进行选择。

表8-3 安装推力轴承的轴颈公差带

轴圈工作条件		推力球轴承和圆柱滚子轴承	推力调心滚子轴承	轴颈公差带
		轴承内径/mm		
纯轴向负荷		所有尺寸	所有尺寸	j6 或 js6
径向和轴向联合负荷	轴圈相对于负荷方向静止	—	≤250	j6
		—	250	js6
	轴圈相对于负荷方向旋转或摆动	—	≤200	k6
		—	>200～400	m6
		—	>400	n6

表8-4 安装推力轴承的外壳孔公差带

座圈工作条件		轴承类型	外壳孔公差带
纯轴向负荷		推力球轴承	H8
		推力圆柱滚子轴承	H7
		推力调心滚子轴承	外壳孔与座圈配合间隙为0.001D（D为轴承外径）
径向和轴向联合负荷	座圈相对于负荷方向静止或摆动	推力调心滚子轴承	H7
	座圈相对于负荷方向旋转		M7

表8-5　安装向心轴承的轴颈(圆柱形)公差带

内圈工作条件		应用举例	深沟、调心和角接触球轴承	圆柱滚子和圆锥滚子轴承	调心滚子轴承	公差带
运动状态	负荷类型		轴承公称内径/mm			
圆柱孔轴承						
内圈相对于负荷方向旋转或摆动	轻负荷	仪器仪表、精密机械、机床主轴、通风机传送带等	≤18 >18~100 >100~200 —	— ≤40 >40~140 >140~200	— ≤40 >40~100 >100~200	h5 j6 k6 m6
	正常负荷	一般通用机械、电动机、涡轮机、泵、内燃机、变速箱、木工机械等	≤18 >18~100 >100~140 >140~200 >200~280 — —	≤40 >40~100 >100~140 >140~200 >200~400	≤40 >40~65 >65~100 >100~140 >140~280 >280~500	j5、js5 k5 m5 m6 n6 p6 r6
	重负荷	铁路机车车辆和电车的轴箱、牵引电动机、轧机、破碎机等重型机械		>50~140 >140~200 >200	>50~100 >100~140 >140~200 >200	n6 p6 r6 r7
内圈相对于负荷方向静止	各类负荷 内圈必须轴向容易移动	静止轴上的各种轮子	所有尺寸			g6[1]
	各类负荷 内圈不需轴向移动	张紧滑轮、绳索轮	所有尺寸			h6[1]
纯轴向负荷		所有应用场合	所有尺寸			j6 或 js6
圆锥孔轴承(带锥形套)						
所有负荷		火车和电车的轴	装在推卸套上的所有尺寸			h8(IT5)[4]
所有负荷		一般机械或传动轴	装在紧定套上的所有尺寸			h9(IT7)[5]

注：(1) 对精度有较高要求的场合，应选用 j5、k5、…分别代替 j6、k6、…。

(2) 单列圆锥滚子轴承和单列角接触轴承的配合对内部游隙影响不大，可用 k6、m6 分别代替 k5、m5。

(3) 重负荷下轴承径向游隙应选用大于 0 组。

(4) 凡有较高的精度或转速要求的场合，应选用 h7(轴颈形状公差 IT5)代替 h8(IT6)。

(5) 尺寸≥500mm，轴颈形状公差为 IT7。

表 8-6 安装向心轴承的外壳孔公差带

外圈工作条件				应用举例	外壳孔公差带[①]	
运动状态	负荷类型	轴向位移的限度	其他情况			
外圈相对于负荷方向静止	轻、正常和重负荷	轴向容易移动	轴处于高温场合	烘干筒、有调心滚子轴承的大电动机	G7	
			采用剖分式外壳	一般机械、公路车辆轴箱	H7	
	冲击负荷	轴向能移动	整体式或剖分式外壳	铁路车辆轴箱轴承	J7、JS7	
外圈相对于负荷方向摆动	轻和正常负荷			电动机、泵、曲轴主轴承		
	正常和重负荷	轴向不移动	整体式外壳	电动机、泵、曲轴主轴承	K7	
	重冲击负荷			牵引电动机	M7	
外圈相对于负荷方向旋转	轻负荷			张紧滑轮	J7	K7
	正常和重负荷			装有球轴承的轮毂	K7、M7	M7、N7
	重冲击负荷		薄壁或整体式外壳	装有滚子轴承的轮毂	—	N7、P7

注：(1) 并列公差带随尺寸的增大，从左至右选择。

(2) 对旋转精度要求较高时，可相应提高一个标准公差等级，并同时选用整体式外壳。

(3) 对轻合金外壳应选择比钢或铸铁外壳较紧的配合。

轴颈和外壳孔的公差带确定以后，为了保证轴承的工作性能，还应对它们分别规定几何公差，可参照表 8-7 选取。

为了保证轴承与轴颈、外壳孔的配合性质，轴颈和外壳孔应分别采用包容要求和最大实体要求的零几何公差。对于轴颈，在采用包容要求⑥的同时，为了保证同一轴上两个轴颈的同轴度精度，还应规定这两个轴颈的轴线分别对它们的公共轴线的同轴度公差（如圆柱齿轮减速器中齿轮轴、输出轴的轴颈和轴头的要求）。对于外壳上支承同一根轴的两个孔，应按关联要素采用最大实体要求的零几何公差 0 Ⓜ 来规定这两个孔的轴线分别对它们的公共轴线的同轴度公差（如圆柱齿轮减速器中箱体两轴承孔的要求），以同时保证指定的配合性质和同轴度精度。

此外，无论轴颈或外壳孔，若存在较大的形状误差，则轴承与它们安装后，套圈会因此而产生变形，这就必须对轴颈和外壳孔规定严格的圆柱度公差。

轴肩和外壳孔肩的端面是安装轴承的轴向定位面，若它们存在较大的垂直度误差，则轴承安装后会产生歪斜，因此应规定轴肩和外壳孔肩的端面对基准轴线的轴向圆跳动公差，见表 8-7。

表 8-7 轴颈和外壳孔几何公差值

公称尺寸/	圆柱度				轴向圆跳动			
mm	轴颈		外壳孔		轴肩		外壳孔肩	
	轴承精度等级							
	0	6(6x)	0	6(6x)	0	6(6x)	0	6(6x)
	公差值/μm							
≤6	2.5	1.5	4	2.5	5	3	8	5
>6~10	2.5	1.5	4	2.5	6	4	10	6
>10~18	3.0	2.0	5	3.0	8	5	12	8
>18~30	4.0	2.5	6	4.0	10	6	15	10
>30~50	4.0	2.5	7	4.0	12	8	20	12
>50~80	5.0	3.0	8	5.0	15	10	25	15
>80~120	6.0	4.0	40	6.0	15	10	25	15
>120~180	8.0	5.0	12	8.0	20	12	30	20
>180~250	10.0	7.0	14	10.0	20	12	30	20
>250~315	12.0	8.0	16	12.0	25	15	40	25
>315~400	13.0	9.0	18	13.0	25	15	40	25
>400~500	15.0	10.0	20	15.0	25	15	40	25

8.2 螺纹结合的精度设计

螺纹件在机电产品和仪器中应用甚广，按其用途可分为普通螺纹、传动螺纹和紧密螺纹。虽然三种螺纹的使用要求及牙型不同，但各参数对互换性的影响是一致的。

普通螺纹的主要几何参数如图 8.7 所示，其数值是在过螺纹轴线的剖面上沿径向或轴向计值的。

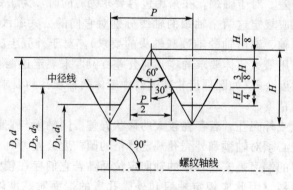

图 8.7 普通螺纹牙型参数

8.2.1 普通螺纹的公差与配合

从互换性的角度来看，螺纹的基本几何要素有大径、小径、中径、螺距和牙型半角。但普通螺纹配合时，在大径之间和小径之间实际上都是有间隙的，而螺距和牙型半角也不规定公差，所以螺纹的互换性和配合性质主要取决于中径。

普通螺纹的公差带与尺寸公差带一样，其位置由基本偏差决定，大小由公差等级决定。普通螺纹国家标准 GB/T 197—2003《普通螺纹 公差与配合》规定了螺纹的大径、小径、中径的公差带。

1. 公差等级

螺纹公差带的大小由标准公差确定。

内螺纹中径 D_2 和顶径 D_1 的公差等级分为 4、5、6、7、8 级；外螺纹中径 d_2 分为 3、4、5、6、7、8、9 级，顶径 d 分为 4、6、8 级。各直径和各公差等级的标准公差系列规定列于表 8-8 及表 8-9 中。

表 8-8 普通螺纹中径公差（摘自 GB/T 197—2003）　　　　单位：μm

公称直径 D		螺距	内螺纹中径公差 TD_2					外螺纹中径公差 Td_2						
>	≤	P/mm	公差等级					公差等级						
			4	5	6	7	8	3	4	5	6	7	8	9
5.6	11.2	0.5	71	90	112	140	—	42	53	67	85	106	—	—
		0.75	85	106	132	170	—	50	63	80	100	125	—	—
		1	95	118	150	190	236	56	71	90	112	140	180	224
		1.25	100	125	160	200	250	60	75	95	118	150	190	236
		1.5	112	140	180	224	280	67	85	106	132	170	212	295
11.2	22.4	0.5	75	95	118	150	—	45	56	71	90	112	—	—
		0.75	90	112	140	180	—	53	67	85	106	132	—	—
		1	100	125	160	200	250	60	75	95	118	150	190	236
		1.25	112	140	180	224	280	67	85	106	132	170	212	265
		1.5	118	150	190	236	300	71	90	112	140	180	224	280
		1.75	125	160	200	250	315	75	95	118	150	190	236	300
		2	132	170	212	265	335	80	100	125	160	200	250	315
		2.5	140	180	224	280	355	85	106	132	170	212	265	335
22.4	45	0.75	95	118	150	190	—	56	71	90	112	140	—	—
		1	106	132	170	212	—	63	80	100	125	160	200	250
		1.5	125	160	200	250	315	75	95	118	150	190	236	300
		2	140	180	224	280	355	85	106	132	170	212	265	335
		3	170	212	265	335	425	100	125	160	200	250	315	400
		3.5	180	224	280	355	450	106	132	170	212	265	335	425
		4	190	236	300	375	415	112	140	180	224	280	355	450
		4.5	200	250	315	400	500	118	150	190	236	300	375	475

表 8-9　普通螺纹的基本偏差和顶径公差（摘自 GB/T 197—2003）　　单位：μm

螺距 P/mm	内螺纹的基本偏差 EI		外螺纹的基本偏差 es				内螺纹小径公差 TD_1					外螺纹大径公差 Td		
	G	H	e	f	g	h	4	5	6	7	8	4	6	8
1	+26		−60	−40	−26		150	190	236	300	375	112	180	280
1.25	+28		−63	−42	−28		170	212	265	335	425	132	212	335
1.5	+32		−67	−45	−32		190	236	300	375	475	150	236	375
1.75	+34		−71	−48	−34		212	265	335	425	530	170	265	425
2	+38	0	−71	−52	−38	0	236	300	375	475	600	180	280	450
2.5	+42		−80	−58	−42		280	355	450	560	710	212	335	530
3	+48		85	−63	−48		315	400	500	630	800	236	375	600
3.5	+53		90	−70	−53		355	450	560	710	900	265	425	670
4	+60		95	−75	−60		375	475	600	750	950	300	475	750

　　螺纹底径没有规定公差，仅规定内螺纹底径的下极限尺寸 D_{min} 应大于外螺纹大径的上极限尺寸；外螺纹底径的上极限尺寸 d_{1max} 应小于内螺纹小径的下极限尺寸。

2. 基本偏差

　　螺纹公差带相对于基本牙型的位置由基本偏差确定。国家标准中对内螺纹规定了两种基本偏差，代号为 G、H；对外螺纹规定了四种基本偏差，代号为 e、f、g、h，其偏差值见表 8-9。

3. 旋合长度

　　国家标准规定：螺纹的旋合长度分为三组，分别为短旋合长度、中等旋合长度和长旋合长度，并分别用代号 S、N、L 表示。

　　螺纹公差带和旋合长度构成螺纹的精度等级。GB/T 197—2003 将普通螺纹精度分为精密级、中等级和粗糙级三个等级，见表 8-10。

表 8-10　普通螺纹的选用公差带（摘自 GB/T 197—2003）

旋合长度		内螺纹选用公差带			外螺纹选用公差带		
		S	N	L	S	N	L
配合精度	精密	4H	4H、5H	5H、6H	(3h4h)	4h *	(5h4h)
	中等	5H * (5G)	6H (6G)	7H * (7G)	(5h6h) (5g6g)	6h * 6g 6f * 6e *	(7h6h) (7g6g)
	粗糙	—	7H (7G)	—	—	(8h) 8g	—

　　注：大量生产的精制紧固螺纹，推荐采用带下划线的公差带；带 * 号的公差带优先选用，加（）的公差带尽量不用。

8.2.2 普通螺纹公差与配合的选用

螺纹配合的选用主要根据使用要求，一般规定如下。

(1) 为了保证螺母、螺栓旋合后的同轴度及强度，一般选用间隙为零的配合(H/h)。

(2) 为了装拆方便及改善螺纹的疲劳强度，可选用小间隙配合(H/g 和 G/h)。

(3) 需要涂镀保护层的螺纹，其间隙大小取决于镀层的厚度。镀层厚度为 $5\mu m$ 左右，一般选 6H/6g，镀层厚度为 $10\mu m$ 左右，则选 6H/6e；若内外螺纹均涂镀，则选 6G/6e。

(4) 在高温下工作的螺纹，可根据装配和工作时的温度差来选定适宜的间隙配合。

8.2.3 普通螺纹的标注

普通螺纹的完整标记，由螺纹特征代号(M)、尺寸代号、螺纹公差带代号、旋合长度代号(或数值)和旋向代号组成。尺寸代号为公称直径(D，d)×导程(P_h)螺距(P)，其数值单位均为 mm，对单线螺纹省略标注其导程，对粗牙螺纹可省略标注其螺距。若需要说明螺纹线数时，可在螺距的数值后加括号用英语说明，如双线为 two starts、三线为 three starts、四线为 four starts。公差带代号是指中径和顶径公差带代号，由公差等级级别和基本偏差代号组成，中径公差带在前；若中径和顶径公差带相同，只标一个公差带代号。中等旋合长度省略代号标注。对于左旋螺纹，标注"LH"代号，右旋螺纹省略旋向代号。尺寸、螺纹公差带、旋合长度和旋向代号间各用短横线"—"分开。例如：

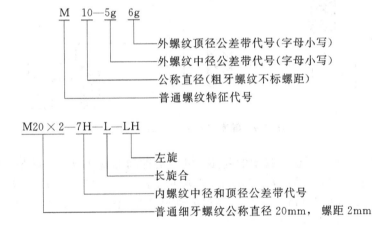

8.3 单键、花键结合的精度设计

键和花键主要用于轴与轴上传动件(如齿轮、带轮、联轴器等)之间实现周向固定以传递转矩的可拆联结。其中，有些还能用做导向联结，如变速箱中变速齿轮花键孔与花键轴的联结。

8.3.1 单键联结

平键联结由键、轴键槽和轮毂键槽三部分组成，通过键的侧面与轴键槽及轮毂键槽的侧面相互接触来传递转矩。如图 8.8 所示，在平键联结中，键和轴键槽、轮毂键槽的宽度

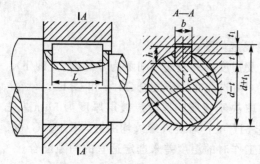

图 8.8　单键联结的几何尺寸

b 是配合尺寸，应规定较严的公差；而键的高度 h 和长度 L 以及轴键槽的深度 t_1 皆是非配合尺寸，应给予较松的公差。

平键联结的配合尺寸是键和键槽宽，其配合性质也是以键与键槽宽的配合性质来体现的，其他为非配合尺寸。

平键联结由于键侧面同时与轴和轮毂键槽侧面联结，且键是标准件，由型钢制成，因此，采用基轴制配合，其公差带如图 8.9 所示。为了保证键与键槽侧面接触

良好而又便于拆装，键与键槽宽采用过渡配合或小间隙配合。其中，键与轴槽宽的配合应较紧，而键与轮毂槽宽的配合可较松。对于导向平键，要求键与轮毂槽之间作轴向相对移动，要有较好的导向性，因此宜采用具有适当间隙的间隙配合。

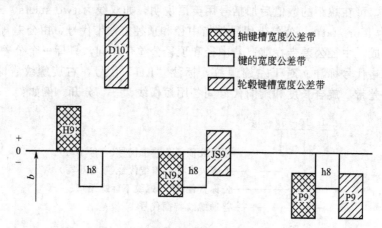

图 8.9　键宽与键槽宽 b 的公差带

GB/T 1095—2003《平键　键槽的剖面尺寸》对键和键宽规定了三种基本联结，配合性质及其应用见表 8-11。键宽 b、键高 h（公差带按 h11）、平键长度 L（公差带按 h14）和轴键槽长度 L（公差带按 H14）的公差值按其公称尺寸从 GB/T 1800.1—2009 中查取，键槽宽 b 及其他非配合尺寸公差规定见表 8-12。

表 8-11　普通平键联结的三种配合性质及其应用

配合种类	宽度 b 的公差带			应用范围
	键	轴槽	毂槽	
较松联结		H9	D10	主要用于导向平键
正常联结	h9	N9	Js9	单件和成批生产且载荷不大时
紧密联结		P9	P9	传递重载、冲击载荷或双向扭矩时

表8-12 普通平键的键槽剖面尺寸及极限公差(摘自GB/T 1095—2003)

单位:mm

轴 公称直径 d	键 公称尺寸 b×h	键槽 宽度 b 公称尺寸 b	较松联结 轴 H9	较松联结 毂 D10	正常联结 轴 N9	正常联结 毂 Js9	紧密联结 轴和毂 P9	深度 轴 t₁ 公称尺寸	深度 轴 t₁ 极限偏差	深度 毂 t₂ 公称尺寸	深度 毂 t₂ 极限偏差	半径 r min	半径 r max
≤6~8	2×2	2	+0.025 0	+0.060 +0.020	−0.004 −0.029	±0.0125	−0.006 −0.031	1.2	+0.10 0	1.0	+0.10 0	0.08	0.16
>8~10	3×3	3						1.8		1.4			
>10~12	4×4	4	+0.030 0	+0.078 +0.030	0 −0.030	±0.015	−0.012 −0.042	2.5		1.8		0.16	0.25
>12~17	5×5	5						3.0		2.3			
>17~22	6×6	6						4.0		2.8			
>22~30	8×7	8	+0.036 0	+0.098 +0.040	0 −0.036	±0.018	−0.015 −0.051	4.0	+0.20 0	3.3	+0.20 0		
>30~38	10×8	10						5.0		3.3			
>38~44	12×8	12	+0.043 0	+0.120 +0.050	0 −0.043	±0.0215	−0.018 −0.061	5.0		3.3		0.25	0.40
>44~50	14×9	14						5.5		3.8			
>50~58	16×10	16						6.0		4.3			
>58~65	18×11	18						7.0		4.4			
>65~75	20×12	20	+0.052 0	+0.149 +0.065	0 −0.052	±0.026	−0.022 −0.074	7.5		4.9		0.40	0.60
>75~85	22×14	22						9.0		5.4			
>85~95	25×14	25						9.0		5.4			
>95~110	28×16	28						10.0		6.4			

注:d−t₁和d+t₂两个组合尺寸的偏差按相应的t₁和t₂的偏差选取,但d−t₁偏差值应取负号。

为了限制几何误差的影响，不使键与键槽装配困难和工作面受力不均等，在国家标准中，对轴槽和轮毂槽对轴线的对称度公差作了规定。根据键槽宽 b，一般按 GB/T 1184—1996 中对称度 7～9 级选取。

其表面粗糙度值要求为：键槽侧面取 Ra 为 $1.6～3.2\mu m$；其他非配合面取 Ra 为 $6.3\mu m$。

图样标注如图 8.10 所示。

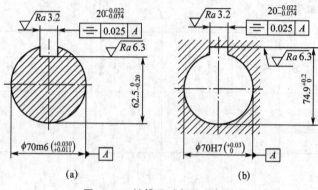

图 8.10 键槽尺寸与公差标注

8.3.2 花键联结

与键联结相比，花键联结具有下列优点：定心精度高、导向性好、承载能力强，因而在机械中获得广泛应用。

花键联结分为固定联结与滑动联结两种。花键联结的使用要求为：保证联结强度及传递扭矩可靠；定心精度高；滑动联结还要求导向精度及移动灵活性，固定联结要求可装配性。按齿形的不同，花键分为矩形花键、渐开线花键和三角花键，其中矩形花键应用最广泛。

1. 花键定心方式

花键有大径 D、小径 d 和键(槽)宽 B 三个主要尺寸参数，若要求这三个尺寸同时起配合定心作用以保证内、外花键同轴度是很困难的，而且也无必要。因此，为了改善其加工工艺性，只需将其中一个参数加工得较准确，使其起配合定心作用，由于扭矩的传递是通过键和键槽两侧面来实现的，因此，键和槽宽不论是否作为定心尺寸，都要求有较高的尺寸精度。

根据定心要素的不同，可分为三种定心方式：①按大径 D 定心；②按小径 d 定心；③按键宽 B 定心，如图 8.11 所示。

(a) 大径定心   (b) 小径定心   (c) 键宽定心

图 8.11 花键的定心方式

矩形花键国家标准(GB/T 1144—2001)规定，矩形花键用小径定心，因为小径定心有一系列优点。

当用大径定心时，内花键定心表面的精度依靠拉刀保证。而当内花键定心表面硬度要求高(HRC40 以上)时，热处理后的变形难以用拉刀修正；当内花键定心表面粗糙度要求高($Ra < 0.63\mu m$)时，用拉削工艺也难以保证；在单件、小批生产及大规格花键中，内花键也难以用拉削工艺，因为该种加工方式不经济。

采用小径定心时，热处理后的变形可用内圆磨修复，而且内圆磨可达到更高的尺寸精度和更高的表面粗糙度要求。

因而小径定心的定心精度更高，定心稳定性较好，使用寿命长，有利于产品质量的提高。外键小径精度可用成形磨削保证。

2. 矩形花键的公差与配合

GB/T 1144—2001 规定的小径 d、大径 D 及键(槽)宽 B 的尺寸公差带如图 8.12 所示及表 8-13 所列。

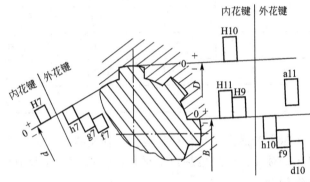

图 8.12　矩形花键的公差带

表 8-13　矩形花键的尺寸公差带与装配型式（摘自 GB/T 1144—2001）

内花键				外花键			装配型式
d	D	B		d	D	B	
		不热处理	要热处理				
一般用							
H7	H10	H9	H11	f7	a11	d11	滑动
				g7		f9	紧滑动
				h7		h10	固定
精密传动用							
H5	H10	H7、H9		f5	a11	d8	滑动
				g5		f7	紧滑动
				h5		h8	固定
H6				f6		d8	滑动
				g6		f7	紧滑动
				h6		h8	固定

对花键孔规定了拉削后热处理和不热处理两种。标准中规定，按装配型式分滑动、紧滑动和固定三种配合。其区别在于，前两种在工作过程中花键套可在轴上移动。

花键联结采用基孔制，目的是减少拉刀的数目。

对于精密传动用的内花键，当需要控制键侧配合间隙时，槽宽公差带可选用 H7，一般情况下可选用 H9。

当内花键小径公差带为 H6 和 H7 时，允许与高一级的外花键配合。

为保证装配性能要求，小径极限尺寸应遵守包容要求。

各尺寸（D、d 和 B）的极限偏差，可按其公差带代号及公称尺寸由"极限与配合"相应国家标准查出。

内、外花键的几何公差要求，主要是位置度公差（包括键、槽的等分度、对称度等）要求，见表 8-14。

表 8-14　矩形花键的位置度公差 t_1（摘自 GB/T 1144—2001）

键槽宽或键宽 B/mm		3	3.5～6	7～10	12～18
		$t_1/\mu m$			
键槽宽		10	15	20	25
键宽	滑动、固定	10	15	20	25
	紧滑动	6	10	13	15

对较长的花键，可根据产品性能自行规定键侧对轴线的平行度公差。

花键联结在图纸上的标注按顺序包括以下项目：键数 N，小径 d，大径 D，键宽 B，花键公差带代号。示例如下。

花键规格：

$$N \times d \times D \times B \qquad 6 \times 23 \times 26 \times 6$$

花键副：

$$6 \times 23 \frac{H7}{f7} \times 26 \frac{H10}{a11} \times 6 \frac{H11}{d10} \quad （摘自 GB 1144—2001）$$

内花键：

$$6 \times 23H7 \times 26H10 \times 6H11 \quad （摘自 GB 1144—2001）$$

外花键：

$$6 \times 23f7 \times 26a11 \times 6d10 \quad （摘自 GB 1144—2001）$$

矩形花键各表面的粗糙度 Ra 的上限值推荐如下。

内花键：小径表面不大于 $0.8\mu m$，键槽侧面不大于 $3.2\mu m$，大径表面不大于 $6.3\mu m$。

外花键：小径表面不大于 $0.8\mu m$，键槽侧面不大于 $0.8\mu m$，大径表面不大于 $3.2\mu m$。

图样标注如图 8.13 所示。

键和花键的检测与一般长度尺寸的检测类同，这里不再赘述，关于花键综合量规，请参阅其他相关书籍。

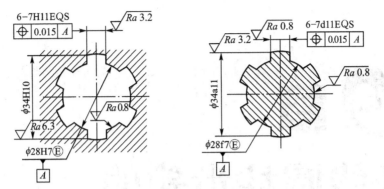

图 8.13 矩形花键的尺寸与公差标注

习　　题

1. 填空题

（1）矩形花键可以采用（　　　　　　　　　　　）定心。

（2）平键联结配合的主要参数是（　　　　　　），基准制采用（　　　　　　）。

（3）在选择轴承与轴或外壳孔的配合时，对于承受（　　　　　　）负荷的套圈，应选择较紧的配合；对于承受（　　　　　　）负荷的套圈，应选择较松的配合。

（4）滚动轴承的公差等级分为等五级；其中最低的是（　　　　　　）级，选择轴承配合所考虑的首要因素是（　　　　　　）。

（5）决定螺纹的旋合性和配合质量的主要参数是（　　　　　　）、（　　　　　　）和（　　　　　　）。

2. 花键联结的主要优点有哪些？

3. 为什么滚动轴承国家标准将轴承内径的公差带分布在零线下侧？

4. 选择滚动轴承与轴颈、外壳孔的配合时，应主要考虑哪些因素？

第9章
渐开线圆柱齿轮的
精度设计与控制

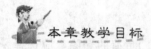

本章教学目标

通过本章的学习，需要掌握渐开线圆柱齿轮精度的评定以及渐开线圆柱齿轮精度标准。

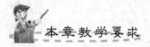

本章教学要求

要求学生掌握渐开线圆柱齿轮精度标准及评定参数、齿轮副精度标准，其中渐开线圆柱齿轮精度的评定是本章的重点和难点，涉及机械设计及机械制造等理论知识。

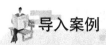导入案例

变速箱的应用

变速箱广泛应用于各行各业的机械设备中实现变速、变矩等各项功能，变速箱包括下列部件：变速齿轮(成对)、换挡同步器、换挡拨叉、传动轴及中间轴、轴承和油封、倒挡齿轮、变速箱外壳等，如图 9.01 所示。

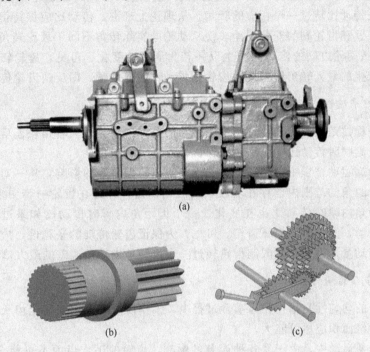

(a)

(b)　　　　(c)

图 9.01　变速箱

车用变速器具有如下功用：

(1) 改变传动比，扩大驱动轮转矩和转速的变化范围，以适应经常变化的行驶条件，同时使发动机在有利(功率较高而油耗较低)的工况下工作。

(2) 在发动机旋转方向不变的情况下，使汽车能倒退行驶。

(3) 利用空挡，中断动力传递，使发动机能够起动、怠速，并便于变速器换挡或进行动力输出。

9.1　齿轮传动的使用要求

由于齿轮传动的类型很多，应用又极为广泛，对不同工况、不同用途的齿轮传动，其使用要求也是多方面的。归纳起来，使用要求可分为传动精度和齿侧间隙两个方面。而传动精度要求按齿轮传动的作用特点，又可以分为传递运动的准确性、传递运动的平稳性和

载荷分布的均匀性三个方面。因此，一般情况下，齿轮传动的使用要求可分为以下四个方面。

1. 传递运动的准确性

传递运动的准确性是指齿轮在一转范围内，产生的最大转角误差要限制在一定的范围内，使齿轮副传动比变化小，以保证传递运动的准确性。

齿轮作为传动的主要零件，要求它能准确地传递运动，即保证主动轮转过一定转角时，从动轮按传动比转过一个相应的转角。从理论上来讲，传动比应保持恒定不变。但由于齿轮加工误差和齿轮副的安装误差，使从动轮的实际转角不同于理论转角，发生了转角误差 $\Delta\varphi$，导致两轮之间的传动比产生以一转为周期的变化。可见，齿轮转过一转的范围内，从动轮产生的最大转角误差反映齿轮副传动比的变动量，即反映齿轮传动的准确性。

2. 传动的平稳性

传动的平稳性是指齿轮在转过一个齿距角的范围内，其最大转角误差应限制在一定范围内，使齿轮副瞬时传动比变化小，以保证传递运动的平稳性。

齿轮在传递运动过程中，由于受齿廓误差、齿距误差等的影响，从一对轮齿过渡到另一对轮齿的齿距角的范围内也存在着较小的转角误差，并且在齿轮一转中多次重复出现，导致一个齿距角内瞬时传动比也在变化。一个齿距角内瞬时传动比如果过大，将引起冲击、噪声和振动，严重时会损坏齿轮。可见，为保证齿轮传动的平稳性，应限制齿轮副瞬时传动比的变动量，也就是要限制齿轮转过一个齿距角内转角误差的最大值。

3. 载荷分布的均匀性

载荷分布的均匀性是指在轮齿啮合过程中，工作齿面沿全齿高和全齿长上应保持均匀接触，并且接触面积应尽可能大。

齿轮在传递运动中，由于受各种误差的影响，齿轮的工作齿面不可能全部均匀接触。如载荷集中于局部齿面，将使齿面磨损加剧，甚至折断轮齿，严重影响齿轮使用寿命。可见，为保证载荷分布的均匀性，齿轮工作面应有足够的精度，使啮合能沿全齿面（齿高、齿长方向）均匀接触。

4. 齿轮副侧隙的合理性

齿轮副侧隙的合理性是指一对齿轮啮合时，在非工作齿面间应留有合理的间隙，否则会出现卡死或烧伤现象。

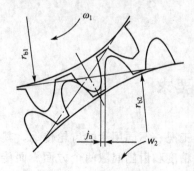

图 9.1　齿轮副侧隙

齿轮副侧隙（图 9.1）对储藏润滑油、补偿齿轮传动受力后的弹性变形和热变形、补偿齿轮及其传动装置的加工误差和安装误差都是有必要的。但对于需要反转的齿轮传动装置，侧隙又不能太大，否则回程误差及冲击都较大。为保证齿轮副侧隙的合理性，可在几何要素方面，对齿厚和齿轮箱体孔中心距偏差加以控制。

齿轮在不同的工作条件下，对上述四个方面的要求有所不同。例如，机床、减速器、汽车等一般动力齿轮，通常对传动的平稳性和载荷分布的均匀性有所要求；矿山机械、轧钢机上的动力齿轮，主要对载荷分布的均匀性和齿轮副侧隙有严格要求；汽轮机上的齿轮，由于转速高、易发热，为了减少噪声、振动、冲击和避免卡死，对传动的平稳性和齿轮副侧隙有严格要求；百分表、千分表以及分度头中的齿轮，由于精度高、转速低，要求传递运动准确，一般情况下要求齿轮副侧隙为零。

9.2 渐开线圆柱齿轮精度的评定参数

9.2.1 传递运动准确性的评定项目

1. 切向综合总偏差 F_i'

切向综合总偏差是指被测齿轮与测量齿轮单面啮合时，产品齿轮一转内，齿轮分度圆上实际圆周位移与理论圆周位移的最大差值（图9.2）。

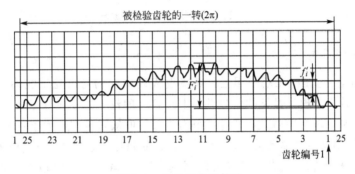

图9.2 切向综合总偏差

切向综合总偏差反映齿轮一转中的转角误差，说明齿轮运动的不均匀性，在一转过程中，其转速忽快忽慢，做周期性变化。

切向综合总偏差既反映切向误差又反映径向误差，是评定齿轮运动准确性较为完善的综合性的指标。当切向综合总误差小于或等于所规定的允许值时，表示齿轮可以满足传递运动准确性的使用要求。

测量切向综合总偏差可在单啮仪上进行。产品齿轮在适当的中心距下（有一定的侧隙）与测量齿轮单面啮合，同时要加上一个轻微而足够的载荷。根据比较装置的不同，单啮仪可分为机械式、光栅式、磁分度式和地震仪式等。

图9.3为光栅式单啮仪的工作原理图。它是由两个光栅盘建立标准传动，产品齿轮与标准蜗杆单面啮合组成实际传动。仪器的传动链是：电动机通过传动系统带动标准蜗杆和圆光栅盘Ⅰ转动，标准蜗杆带动产品齿轮及其同轴上的光栅盘Ⅱ转动。

圆光栅盘Ⅰ和圆光栅盘Ⅱ分别通过信号发生器Ⅰ和Ⅱ将标准蜗杆和产品齿轮的角位移转变成电信号，并根据标准蜗杆的头数 K 及产品齿轮的齿数 Z，通过分频器将高频电信号 f_1 作 Z 分频，低频电信号 f_2 作 K 分频，于是将光栅盘Ⅰ和Ⅱ发出的脉冲信号变为同频信号。

当产品齿轮有误差时将引起产品齿轮的回转角误差，此回转角的微小角位移误差变为两电信号的相位差，两电信号输入比相器进行比相后输出，再输入电子记录器记录，便可得出产品齿轮误差曲线，最后根据定标值读出误差值。

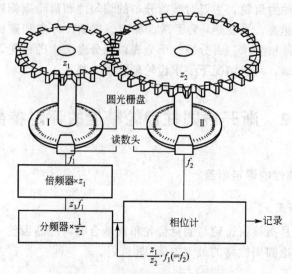

图 9.3　光栅式单啮仪工作原理

2. 齿距累积总偏差 F_p

齿距累积偏差 F_{pk} 是指在端平面上，在接近齿高中部的与齿轮轴线同心的圆上，任意 k 个齿距的实际弧长与理论弧长的代数差（图 9.4）。理论上，它等于这 k 个齿距的各单个齿距偏差的代数和。除另有规定，齿距累积偏差 F_{pk} 值被限定在不大于 1/8 的圆周上评定。因此，F_{pk} 的允许值适用于齿距数 k 为 2～$<z/8$ 的弧段内。通常，F_{pk} 取 $k=z/8$ 就足够了，如果对于特殊的应用（如高速齿轮）还需检验较小弧段，并规定相应的 k 值。

齿距累积总偏差 F_p 是指齿轮同侧齿面任意弧段（$k=1$～z）内的最大齿距累积偏差。它表现为齿距累积偏差曲线的总幅值，如图 9.5 所示。

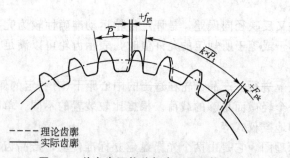

图 9.4　单个齿距偏差与齿距累积偏差

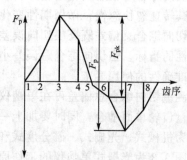

图 9.5　齿距累积总偏差

齿距累积总偏差能反映齿轮一转中偏心误差引起的转角误差，故齿距累积总偏差可代替切向综合总偏差 F_i' 作为评定齿轮传递运动准确性的项目。但齿距累积总偏差只是有限点的误差，而切向综合总偏差可反映齿轮每瞬间传动比的变化。显然，齿距累积总偏差在反映齿轮传递运动准确性时不及切向综合总偏差那样全面。因此，齿距累积总偏差仅作为切向综合总偏差的代用指标。

齿距累积总偏差和齿距累积偏差的测量可分为绝对测量和相对测量。其中，以相对测量应用最广,中等模数的齿轮多采用这种方法。测量仪器有齿距仪,可测 7 级精度以下齿轮,如图 9.6 所示和万能测齿仪,可测 4～6 级精度齿轮,如图 9.7 所示。这种相对测量是以齿轮上任意一齿距为基准,把仪器指示表调整为零,然后依次测出其余各齿距相对于基准齿距之差,称为相对齿距偏差;然后将相对齿距偏差逐个累加,计算出最终累加值的平均值,并将平均值取其相反数与各相对齿距偏差相加,获得绝对齿距偏差(提取齿距相对于理论齿距之差);最后再将绝对齿距偏差累加,累加值中的最大值与最小值之差即为产品齿轮的齿距累积总偏差。k 个绝对齿距偏差的代数和则是 k 个齿距的齿距累积。

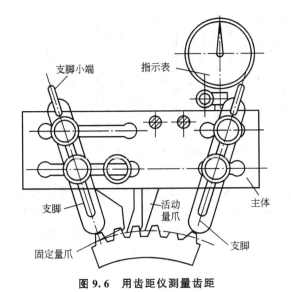

图 9.6 用齿距仪测量齿距

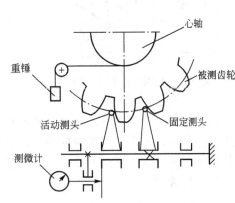

图 9.7 万能测齿仪测量齿距

相对测量按其定位基准不同,可分为以齿顶圆、齿根圆和孔为定位基准三种,如图 9.8 所示。采用齿顶圆定位时,由于齿顶圆相对于齿圈中心可能有偏心,将引起测量误差。用齿根圆定位时,由于齿根圆与齿圈同时切出,不会因偏心而引起测量误差。在万能测齿仪上进行测量,可用齿轮的装配基准孔作为测量基准,则可免除定位误差。

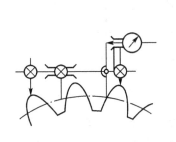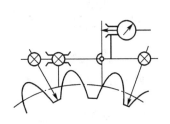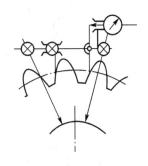

图 9.8 测量齿距

3. 径向跳动 F_r

齿轮径向跳动是指测头(球形、圆柱形、砧形)相继置于产品齿轮的每个齿槽内时,从它到齿轮轴线的最大和最小径向距离之差。

齿轮径向跳动可用齿圈径向跳动测量仪测量，测头做成球形或圆锥形插入齿槽中，也可做成 V 形测头卡在轮齿上(图 9.9)，与齿高中部双面接触，产品齿轮一转所测得的相对于轴线径向距离的总变动幅度值，即是齿轮的径向跳动，如图 9.10 所示。图中，偏心量是径向跳动的一部分。

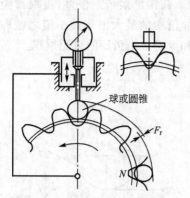

图 9.9　齿圈径向跳动的测量

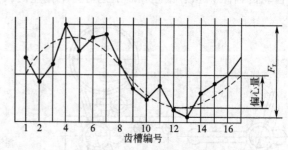

图 9.10　齿轮的齿圈径向跳动

　　由于齿轮径向跳动的测量是以齿轮孔的轴线为基准，故只反映径向误差，齿轮一转中最大误差只出现一次，是长周期误差，它仅作为影响传递运动准确性中属于径向性质的单项性指标。因此，采用这一指标必须与能揭示切向误差的单项性指标组合，才能全面评定传递运动准确性。

　　4. 径向综合总偏差 F_i''

　　径向综合总偏差是指在径向(双面)综合检验时，产品齿轮的左右齿面同时与测量齿轮接触，并转过一整圈时出现的中心距最大值和最小值之差，如图 9.11 所示。

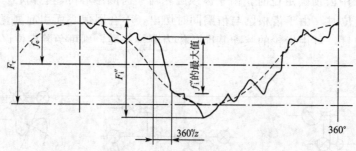

图 9.11　径向综合总偏差

　　径向综合总偏差是在齿轮双面啮合综合检查仪上进行测量的，该仪器如图 9.12 所示。将产品齿轮与基准齿轮分别安装在检查仪的两平行心轴上，在弹簧作用下，两齿轮作紧密无侧隙的双面啮合。使产品齿轮回转一周，产品齿轮一转中指示表的最大读数差值(即双啮中心距的总变动量)即为产品齿轮的径向综合总偏差 F_i''。由于其中心距变动主要反映径向误差，也就是说径向综合总偏差 F_i'' 主要反映径向误差，它可代替径向跳动 F_r，并且可综合反映齿形、齿厚均匀性等误差在径向上的影响。因此径向综合总偏差 F_i'' 也是作为影响传递运动准确性指标中属于径向性质的单项性指标。

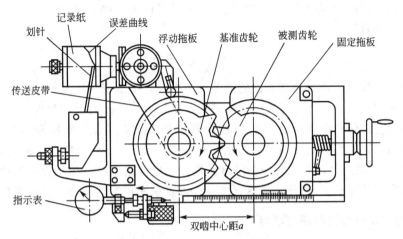

图 9.12　齿轮双面啮合综合检查仪

用齿轮双面啮合综合检查仪测量径向综合总偏差，测量状态与齿轮的工作状态不一致，测量结果同时受左、右两侧齿廓和测量齿轮的精度以及总重合度的影响，不能全面地反映齿轮运动准确性要求。由于仪器测量时的啮合状态与切齿时的状态相似，能够反映齿轮坯和刀具的安装误差，且仪器结构简单，环境适应性好，操作方便，测量效率高，故在大批量生产中常用此项指标。

5. 公法线长度变动 ΔF_{W}

公法线即基圆的切线。渐开线圆柱齿轮的公法线长度 W 是指跨越 k 个齿的两异侧齿廓的平行切线间的距离，理想状态下公法线应与基圆相切。公法线长度变动是指在齿轮一周范围内，提取公法线长度的最大值与最小值之差，如图 9.13 所示。虽然 GB/T 10095.1—2008 和 GB/T 10095.2—2008 均无此定义，考虑到该评定指标的实用性和科研工作的需要，对其评定理论和测量方法仍然需要加以介绍。

公法线长度变动 ΔF_{W} 一般可用公法线千分尺或万能测齿仪进行测量。

公法线千分尺是用相互平行的圆盘测头，插入齿槽中进行公法线长度变动的测量（图 9.14），$\Delta F_{\mathrm{W}}=W_{\max}-W_{\min}$。若产品齿轮轮齿分布疏密不均，则实际公法线的长度就会有变动。但公法线长度变动的测量不是以齿轮基准孔轴线为基准，它反映齿轮加工时的切向误差，不能反映齿轮的径向误差，可作为影响传递运动准确性指标中属于切向性质的单项性指标。

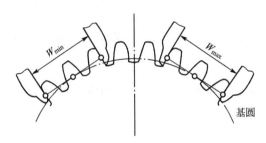

图 9.13　公法线长度变动

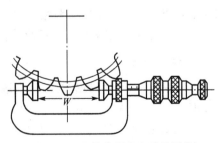

图 9.14　公法线长度变动的测量

必须注意，测量时应使量具的量爪测量面与轮齿的齿高中部接触。为此，测量所跨的齿数 k 应按下式计算：

$$k = \frac{z}{9} + 0.5$$

综上所述，影响传递运动准确性的误差为齿轮一转中出现一次的长周期误差，主要包括径向误差和切向误差。评定传递运动准确性的指标中，能同时反映径向误差和切向误差的综合性指标有：切向综合总偏差 F_i'、齿距累积总偏差 F_p（齿距累积偏差 F_{pk}）；只反映径向误差或切向误差两者之一的单项指标有：径向跳动 F_r、径向综合总偏差 F_i'' 和公法线长度变动 ΔF_w。使用时，可选用一个综合性指标，也可选用两个单项性指标的组合（径向指标与切向指标各选一个）来评定，这样才能全面反映对传递运动准确性的影响。

9.2.2 传动工作平稳性的评定项目

1. 一齿切向综合偏差 f_i'

一齿切向综合偏差是指齿轮在一个齿距角内的切向综合总偏差，即在切向综合总偏差记录曲线上小波纹的最大幅度值（图 9.2）。一齿切向综合偏差是 GB/T 10095.1—2008 规定的检验项目，但不是必检项目。

齿轮每转过一个齿距角，都会引起转角误差，即出现许多小的峰谷。在这些短周期误差中，峰谷的最大幅度值即为一齿切向综合偏差 f_i'。f_i' 既反映了短周期的切向误差，又反映了短周期的径向误差，是评定齿轮传动平稳性较全面的指标。

一齿切向综合偏差 f_i' 是在单面啮合综合检查仪上测量切向综合总偏差的同时测出的。

2. 一齿径向综合偏差 f_i''

一齿径向综合偏差是指当产品齿轮与测量齿轮啮合一整圈时，对应一个齿距（$360°/z$）的径向综合偏差值。即在径向综合总偏差记录曲线上小波纹的最大幅度值（图 9.11），其波长常常为一齿距角。一齿径向综合偏差是 GB/T 10095.2—2008 规定的检验项目。

一齿径向综合偏差 f_i'' 也反映齿轮的短周期误差，但与一齿切向综合偏差 f_i' 是有差别的。f_i'' 只反映刀具制造和安装误差引起的径向误差，而不能反映机床传动链短周期误差引起的周期切向误差。因此，用一齿径向综合偏差评定齿轮传动的平稳性不如用一齿切向综合偏差评定全面。

但由于双啮仪结构简单，操作方便，在成批生产中仍广泛采用，所以一般用一齿径向综合偏差作为评定齿轮传动平稳性的代用综合指标。

一齿径向综合偏差 f_i'' 是在双面啮合综合检查仪上测量径向综合总偏差的同时测出的。

3. 齿廓偏差

齿廓偏差是指实际齿廓对设计齿廓的偏离量，它在端平面内且垂直于渐开线齿廓的方向计值。

1）齿廓总偏差 F_α

齿廓总偏差是指在计值范围内，包容实际齿廓的两条设计齿廓迹线间的距离，如图 9.15(a)所示。

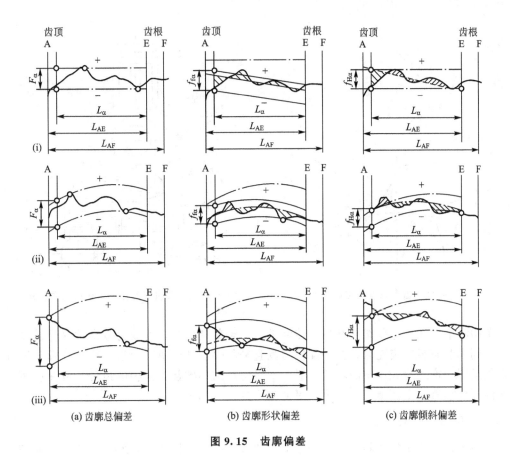

图 9.15 齿廓偏差

2）齿廓形状偏差 $f_{f\alpha}$

齿廓形状偏差是指在计值范围内，包容实际齿廓迹线的两条与平均齿廓迹线完全相同的曲线间的距离，且两条曲线与平均齿廓迹线的距离为常数，如图 9.15(b)所示。

3）齿廓倾斜偏差 $f_{H\alpha}$

齿廓倾斜偏差是指在计值范围内，两端与平均齿廓迹线相交的两条设计齿廓迹线间的距离，如图 9.15(c)所示。

齿廓偏差的存在使两齿面啮合时产生传动比的瞬时变动，如图 9.16 所示，两理想齿廓应在啮合线上的 a 点接触，由于齿廓偏差，使接触点由 a 变到 a'，引起瞬时传动比的变化，这种接触点偏离啮合线的现象在一对轮齿啮合转齿过程中要多次发生，其结果使齿轮一转内的传动比发生了高频率、小幅度的周期性变化，产生振动和噪声，从而影响齿轮运动的平稳性。因此，齿廓偏差是影响齿轮传动平稳性中属于转齿性质的单项性指标。它必须与揭示换齿性质的单项性指标组合，才能评定齿轮传动平稳性。

渐开线齿轮的齿廓总误差，可在专用的单圆盘渐开线检查仪上进行测量，其工作原理如图 9.17 所示。产品齿轮与一直径等于该齿轮基圆直径的基圆盘同轴安装，当用手轮移动纵拖板时，直尺与由弹簧力紧压其上的基圆盘互作纯滚动，位于直尺边缘上的量头与被测齿廓接触点相对于基圆盘的运动轨迹是理想渐开线。若被测齿廓不是理想渐开线，测量头摆动经杠杆在指示表上读出其齿廓总偏差。

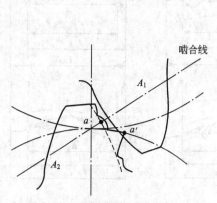

图 9.16 齿廓偏差对传动的影响

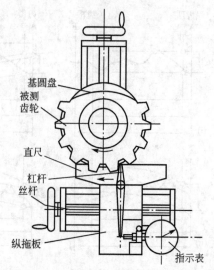

图 9.17 单圆盘渐开线检查仪的工作原理

　　单圆盘渐开线检查仪结构简单、传动链短，若装调适当，可获得较高的测量精度。但测量不同基圆直径的齿轮时，必须配换与其直径相等的基圆盘。所以，这种单圆盘渐开线检查仪适用于产品比较固定的场合。对于批量生产的不同基圆半径的齿轮，可在通用基圆盘式渐开线检查仪上测量，而不需要更换基圆盘。

4. 基圆齿距偏差 f_{pb}

　　基圆齿距偏差是指实际基节与公称基节的代数差，如图 9.18 所示。GB/T 10095.1—2008 中没有定义基圆齿距偏差评定参数，而在 GB/Z 18620.1—2008 中给出了这个检验参数。

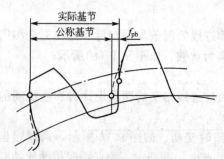

图 9.18 基圆齿距偏差

　　齿轮副正确啮合的基本条件之一是两齿轮的基圆齿距必须相等。而基圆齿距偏差的存在会引起传动比的瞬时变化，即从上一对轮齿换到下一对轮齿啮合的瞬间发生碰撞、冲击，影响传动的平稳性，如图 9.19 所示。

　　当主动轮基圆齿距大于从动轮基圆齿距时，如图 9.19(a)所示，第一对齿 A_1、A_2 啮合终止时，第二对齿 B_1、B_2 尚未进入啮合。此时，A_1 的齿顶将沿着 A_2 的齿根"刮行"（称顶刃啮合），发生啮合线外的啮合，使从动轮突然降速，直到 B_1 和 B_2 齿进入啮合时，使从动轮又突然加速。因此，从一对齿啮合过渡到下一对齿啮合的过程中，瞬间传动比产生变化，引起冲击，产生振动和噪声。

　　当主动轮基圆齿距小于从动轮基圆齿距时，如图 9.19(b)所示，第一对齿 A_1'、A_2' 的啮合尚未结束，第二对齿 B_1'、B_2' 就已开始进入啮合。此时，B_2' 的齿顶反向撞向 B_1' 的齿腹，使从动轮突然加速，强迫 A_1' 和 A_2' 脱离啮合。B_2' 的齿顶在 B_1' 的齿腹上"刮行"，同样产生顶刃啮合。直到 B_1' 和 B_2' 进入正常啮合，恢复正常转速时为止。这种情况比前一种更坏，因为冲击力与运动方向相反，故会引起更大的振动和噪声。

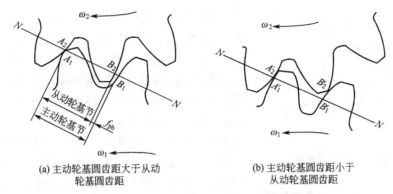

(a) 主动轮基圆齿距大于从动
轮基圆齿距

(b) 主动轮基圆齿距小于
从动轮基圆齿距

图 9.19　基圆齿距偏差对传动平稳性的影响

上述两种情况都在轮齿替换啮合时发生，在齿轮一转中多次重复出现，影响传动平稳性。因此，基圆齿距偏差可作为评定齿轮传动平稳性中属于换齿性质的单项性指标。它必须与反映转齿性质的单项性指标组合，才能评定齿轮传动平稳性。

基圆齿距偏差通常采用基节检查仪进行测量，可测量模数 $2\sim16\text{mm}$ 的齿轮，如图 9.20(a)所示。活动量爪的另一端经杠杆系统和与指示表相连，旋转微动螺杆可调节固定量爪的位置。利用仪器附件(如组合量块)，按产品齿轮基节的公称值 P_b 调节活动量爪与固定量爪之间的距离，并使指示表对零。测量时，将固定量爪和辅助支脚插入相邻齿槽，如图 9.20(b)所示，利用螺杆调节支脚的位置，使它们与齿廓接触，借以保持测量时量爪的位置稳定。摆动检查仪，两相邻同侧齿廓间的最短距离即为实际基节(指示表指示出实际基节对公称基节之差)。在相隔120°处对左右齿廓进行测量，取所有读数中绝对值最大的数作为产品齿轮的基圆齿距偏差 f_{pb}。

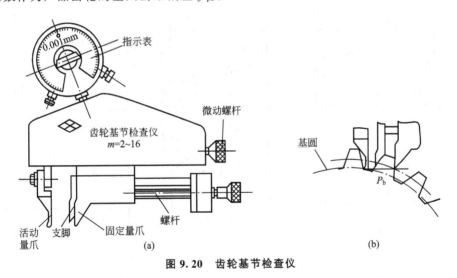

图 9.20　齿轮基节检查仪

5．单个齿距偏差 f_{pt}

单个齿距偏差是指在端平面上，在接近齿高中部的一个与齿轮轴线同心的圆上，实际齿距与理论齿距的代数差，如图 9.21 所示。它是 GB/T 10095.1—2008 规定的评定齿轮几何精度的基本参数。

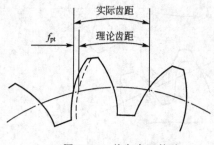

图 9.21　单个齿距偏差

单个齿距偏差在某种程度上反映基圆齿距偏差 f_{pb} 或齿廓形状偏差 $f_{f\alpha}$ 对齿轮传动平稳性的影响。故单个齿距偏差 f_{pt} 可作为齿轮传动平稳性中的单项性指标。

单个齿距偏差也用齿距检查仪测量，在测量齿距累积总偏差的同时，可得到单个齿距偏差值。用相对法测量时，理论齿距是指在某一测量圆周上对各齿测量得到的所有实际齿距的平均值。在测得的各个齿距偏差中，可能出现正值或负值，以其最大数字的正值或负值作为该齿轮的单个齿距偏差值。

综上所述，影响齿轮传动平稳性的误差，为齿轮一转中多次重复出现的短周期误差，主要包括转齿误差和换齿误差。评定传动工作平稳性的指标中，能同时反映转齿误差和换齿误差的综合性指标有：一齿切向综合偏差 f_i'、一齿径向综合偏差 f_i''；只反映转齿误差或换齿误差两者之一的单项指标有：齿廓偏差、基圆齿距偏差 f_{pb} 和单个齿距偏差 f_{pt}。使用时，可选用一个综合性指标，也可选用两个单项性指标的组合（转齿指标与换齿指标各选一个）来评定，这样才能全面反映对传动工作平稳性的影响。

9.2.3　载荷分布均匀性的评定项目

螺旋线偏差是指在端面基圆切线方向上测得的实际螺旋线偏离设计螺旋线的量。

1. 螺旋线总偏差 F_β

螺旋线总偏差是指在计值范围 L_β 内，包容实际螺旋线迹线的两条设计螺旋线迹线间的距离，如图 9.22(a) 所示。

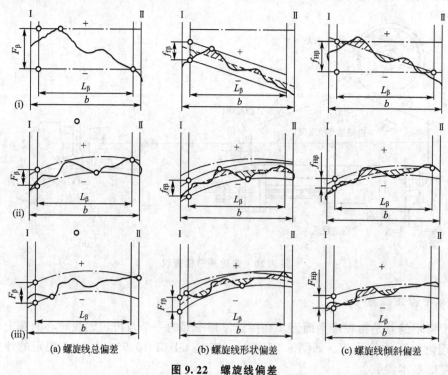

(a) 螺旋线总偏差　　　　(b) 螺旋线形状偏差　　　　(c) 螺旋线倾斜偏差

图 9.22　螺旋线偏差

2. 螺旋线形状偏差 $f_{f\beta}$

螺旋线形状偏差是指在计值范围内，包容实际螺旋线迹线的两条与平均螺旋线迹线完全相同的曲线间的距离，且两条曲线与平均螺旋线迹线的距离为常数，如图 9.22(b)所示。

3. 螺旋线倾斜偏差 $f_{H\beta}$

螺旋线倾斜偏差是指在计值范围的两端与平均螺旋线迹线相交的设计螺旋线迹线间的距离，如图 9.22(c)所示。

由于实际齿线存在形状误差和位置误差，使两齿轮啮合时的接触线只占理论长度的一部分，从而导致载荷分布不均匀。螺旋线总偏差是齿轮的轴向误差，是评定载荷分布均匀性的单项性指标。

螺旋线总偏差的测量方法有展成法和坐标法。展成法的测量仪器有单盘式渐开线螺旋检查仪、分级圆盘式渐开线螺旋检查仪、杠杆圆盘式通用渐开线螺旋检查仪以及导程仪等。坐标法的测量仪器有螺旋线样板检查仪、齿轮测量中心以及三坐标测量机等。而直齿圆柱齿轮的螺旋线总偏差的测量较为简单，图 9.23 即为用小圆柱测量螺旋线总偏差的原理图。产品齿轮装在心轴上，心轴装在两顶针座或等高的 V 形块上，在齿槽内放入小圆柱，以检验平板作为基面，用指示表分别测小圆柱在水平方向和垂直方向两端的高度差。此高度差乘上 B/L（B 为齿宽，L 为圆柱长）即近似为齿轮的螺旋线总偏差。为避免安装误差的影响，应在相隔180°的两齿槽中分别测量，取其平均值作为测量结果。

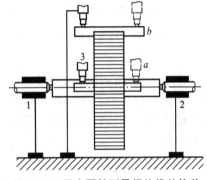

图 9.23 用小圆柱测量螺旋线总偏差

9.2.4 影响侧隙的单个齿轮评定项目

1. 齿厚偏差 f_{sn}

齿厚偏差是指在齿轮的分度圆柱面上，齿厚的实际值与公称值之差，如图 9.24 所示。对于斜齿轮，指法向齿厚。该评定指标由 GB/Z 18620.2—2008 推荐。齿厚偏差是反映齿轮副侧隙要求的一项单项性指标。

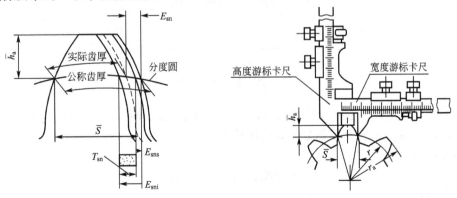

图 9.24 齿厚偏差

齿轮副的侧隙一般是用减薄标准齿厚的方法来获得。为了获得适当的齿轮副侧隙，规定用齿厚的极限偏差来限制实际齿厚偏差，即 $E_{sni} < f_{sn} < E_{sns}$。一般情况下，$E_{sns}$ 和 E_{sni} 分别为齿厚的上下偏差，且均为负值。

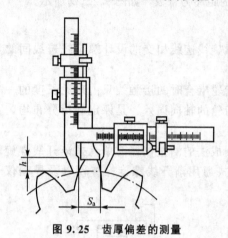

图 9.25 齿厚偏差的测量

按照定义，齿厚是指分度圆弧齿厚，为了测量方便常以分度圆弦齿厚计值。图 9.25 是用齿厚游标卡尺测量分度圆弦齿厚的情况。测量时，以齿顶圆作为测量基准，通过调整纵向来确定分度圆的高度 h；再从横向游标尺上读出分度圆弦齿厚的实际值 S_a。

对于标准圆柱齿轮，分度圆高度 h 及分度圆弦齿厚的公称值 S 按下式计算：

$$h = m\left[1 + \frac{z}{2}\left(1 - \cos\frac{90°}{z}\right)\right]$$

$$s = mz\sin\frac{90°}{z}$$

$$f_{sn} = S_a - S$$

式中，m——齿轮模数；z——齿数。

由于用齿厚游标卡尺测量时，对测量技术要求高，测量精度受齿顶圆误差的影响大，测量精度不高，故它仅用在公法线千分尺不能测量齿厚的场合，如大螺旋角斜齿轮、锥齿轮、大模数齿轮等。测量精度要求高时，分度圆高度 h 应根据齿顶圆实际直径进行修正。

2. 公法线长度偏差

公法线长度偏差是指在齿轮一周内，实际公法线长度 W_a 与公称公法线长度 W 之差，如图 9.26 所示。该评定指标由 GB/Z 18620.2—2008 推荐。

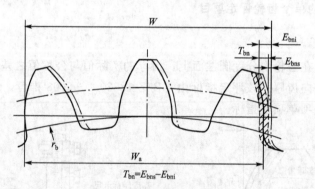

图 9.26 公法线长度偏差

公法线长度偏差是齿厚偏差的函数，能反映齿轮副侧隙的大小，可规定极限偏差（上偏差 E_{bns}，下偏差 E_{bni}）来控制公法线长度偏差。

对外齿轮：

$$W + E_{bni} \leq W_a \leq W + E_{bns}$$

对内齿轮：

$$W - E_{bni} \leq W_a \leq W - E_{bns}$$

公法线长度偏差的测量方法与前面所介绍的公法线长度变动的测量相同，在此不再赘述。应该注意的是，测量公法线长度偏差时，需先计算产品齿轮公法线长度的公称值 W，然后按 W 值组合量块，用以调整两量爪之间的距离，沿齿圈进行测量，所测公法线长度与公称值之差，即为公法线长度偏差。

9.3 圆柱齿轮精度制

9.3.1 齿轮精度制的构成

1. 精度等级

GB/T 10095.1—2008 对单个齿轮规定了 13 个精度等级（注意：GB/T 10095.2—2008 对径向综合偏差 F_i'' 和 f_i'' 规定了 9 个精度等级），从高到低分别用阿拉伯数字 0，1，2，3，…，12 表示。

其中 0～2 级齿轮要求非常高，属于未来发展级，3～5 级称为高精度等级，6～8 级称为中精度等级（最常用），9 级为较低精度等级，10～12 级为低精度等级。

在文件需叙述齿轮精度要求时，应注明 GB/T 10095.1—2008 或 GB/T 10095.2—2008。

2. 齿轮精度相关公差要求

有关齿轮轮齿精度（齿廓偏差、相邻齿距偏差等）的参数数值，只有明确其特定的旋转轴线时才有意义。若测量时齿轮围绕其旋转的轴线有改变，则这些参数测量值也将改变，因此，在齿轮的图纸上必须把规定轮齿公差的基准轴线明确表示出来，事实上整个齿轮的几何形状均以其为基准。表 9-1 和表 9-2 是标准推荐的基准面的公差要求。

表 9-1 齿坯径向和轴向圆跳动公差　　　　　　单位：μm

分度圆直径 d/mm	齿轮精度等级			
	3、4	5、6	7、8	9～12
～125	7	11	18	28
>125～400	9	14	22	36
>400～800	12	20	32	50
>800～1600	18	28	45	71

表 9-2 齿坯尺寸公差　　　　　　单位：μm

齿轮精度等级		5	6	7	8	9	10	11	12
孔	尺寸公差	IT5	IT6	IT7		IT8		IT9	
轴	尺寸公差	IT5		IT6		IT7		IT8	
齿顶圆直径偏差		$\pm 0.05 m_n$							

注：孔轴的几何公差按包容要求确定。

齿面粗糙度影响齿轮的传动精度、表面承载能力和弯曲强度，也必须加以控制。表 9 - 3 是标准推荐的齿轮齿面轮廓的算术平均偏差 Ra 参数值。

表 9 - 3　齿面表面粗糙度允许值　摘自（GB/Z 18620.4—2008）　单位：μm

齿轮精度等级	Ra		Rz	
	$m_n < 6$	$6 \leqslant m_n \leqslant 25$	$m_n < 6$	$6 \leqslant m_n \leqslant 25$
5	0.5	0.63	3.2	4.0
6	0.8	1.00	5.0	6.3
7	1.25	1.60	8.0	10
8	2.0	2.5	12.5	16
9	3.2	4.0	20	25
10	5.0	6.3	32	40
11	10.0	12.5	63	80
12	20	25	125	160

3. 齿轮精度等级标注

齿轮精度等级标注方法如下。

7 GB/T 10095.1—2008

该标注含义为：齿轮各项偏差项目均为 7 级精度，且符合 GB/T 10095.1—2008 的要求。

7 F_p6（$F_\alpha F_\beta$） GB/T 10095.1—2008

该标注含义为：齿轮各项偏差项目均应符合 GB/T 10095.1—2008 的要求，F_p 为 7 级精度，F_α、F_β 均为 6 级精度。

齿轮的精度等级选择的主要依据是齿轮传动的用途、使用条件及对它的技术要求，即要考虑传递运动的精度、齿轮的圆周速度、传递的功率、工作持续时间、振动与噪声、润滑条件、使用寿命及生产成本等的要求，同时还要考虑工艺的可能性和经济性。

齿轮精度等级的选择方法主要有计算法和类比法两种。一般实际工作中，多采用类比法。

类比法是根据以往产品设计、性能试验以及使用过程中所累积的成熟经验，以及长期使用中已证实其可靠性的各种齿轮精度等级选择的技术资料，经过与所设计的齿轮在用途、工作条件及技术性能上做对比后，选定其精度等级。

部分机械齿轮精度等级与速度的应用情况见表 9 - 4，供选择齿轮精度等级时参考。

表9-4　齿轮精度等级与速度的应用

工作条件	圆周速度/(m/s)		应用情况	精度等级
	直齿	斜齿		
机床	>30	>50	高精度和精密的分度链端的齿轮	4
	>15~30	>30~50	一般精度分度链末端齿轮、高精度和精密的中间齿轮	5
	>10~15	>15~30	V级机床主传动的齿轮、一般精度齿轮的中间齿轮、Ⅲ级及以上精度机床的进给齿轮、油泵齿轮	6
	>6~10	>8~15	Ⅳ级及以上精度机床的进给齿轮	7
	<6	<8	一般精度机床齿轮	8
			没有传动要求的手动齿轮	9
动力传动		>70	用于很高速度的透平传动齿轮	4
		>30	用于很高速度的透平传动齿轮、重型机械进给机构、高速重载齿轮	5
		<30	高速传动齿轮、有高可靠性要求的工业齿轮、重型机械的功率传动齿轮、作业率很高的起重运输机械齿轮	6
	<15	<25	高速和适度功率或大功率和适度速度条件下的齿轮，冶金、矿山、林业、石油、轻工、工程机械和小型工业齿轮箱(通用减速器)有可靠性要求的齿轮	7
	<10	<15	中等速度较平稳传动的齿轮，冶金、矿山、林业、石油、轻工、工程机械和小型工业齿轮箱(通用减速器)的齿轮	8
	≤4	≤6	一般性工作和噪声要求不高的齿轮、受载低于计算载荷的齿轮、速度大于1m/s的开式齿轮传动和转盘的齿轮	9
航空、船舶和车辆	>35	>70	需要很高的平稳性、低噪声的航空和船用齿轮	4
	>20	>35	需要高的平稳性、低噪声的航空和船用齿轮	5
	≤20	≤35	用于高速传动有平稳性低噪声要求的机车、航空、船舶和轿车的齿轮	6
	≤15	≤25	用于有平稳性和噪声要求的航空、船舶和轿车的齿轮	7
	≤10	≤15	用于中等速度较平稳传动的载重汽车和拖拉机的齿轮	8
	≤4	≤6	用于较低速和噪声要求不高的载重汽车第一挡与倒挡，拖拉机和联合收割机的齿轮	9

（续）

工作条件	圆周速度/(m/s)		应用情况	精度等级
	直齿	斜齿		
其他			检验7级精度齿轮的测量齿轮	4
			检验8~9级精度齿轮的测量齿轮、印刷机印刷辊用的齿轮	5
			读数装置中特别精密传动的齿轮	6
			读数装置的传动及具有非直尺的速度传动齿轮、印刷机传动齿轮	7
			普通印刷机传动齿轮	8
单级传动效率			不低于0.99(包括轴承不低于0.985)	4~6
			不低于0.98(包括轴承不低于0.975)	7
			不低于0.97(包括轴承不低于0.965)	8
			不低于0.96(包括轴承不低于0.95)	9

9.3.2 偏差允许值

GB/T 10095.1—2008 和 GB/T 10095.2—2008 规定：公差表格中的数值是用对 5 级精度规定的公差值乘以级间公比计算出来的。两相邻精度等级的级间公比等于 $\sqrt{2}$。

5 级精度未圆整的计算值乘以 $\sqrt{2}^{(Q-5)}$，即可得到任一精度等级的待求值，其中 Q 是待求值的精度等级数。

表 9-5 是 5 级精度齿轮轮齿偏差、径向综合偏差等评定项目数值的计算公式。

表 9-5 齿轮偏差、径向综合偏差、径向跳动允许值的计算公式

项目代号	齿轮5级精度允许值计算公式	各参数的范围和分段界限值
$\pm f_{pt}$	$0.3(m+0.4\sqrt{d})+4$	
$\pm F_{pk}$	$f_{pt}+1.6\sqrt{(k-1)m}$	
F_p	$0.3m+1.25\sqrt{d}+7$	
F_α	$3.2\sqrt{m_n}+0.22\sqrt{d}+0.7$	分度圆直径 d： 5、20、50、125、280、560、1000、1600、2500、4000、6000、8000、10000
F_β	$0.1\sqrt{d}+0.63\sqrt{b}+4.2$	模数(法向模数) m_n： 0.5、2、3.5、6、10、16、25、40、70
$f_{f\alpha}$	$2.5\sqrt{m_n}+0.17\sqrt{d}+0.5$	
$f_{H\alpha}$	$2\sqrt{m_n}+0.14\sqrt{d}+0.5$	
$f_{f\beta}$、$\pm f_{H\beta}$	$0.07\sqrt{d}+0.45\sqrt{b}+3$	

（续）

项目代号	齿轮5级精度允许值计算公式	各参数的范围和分段界限值
f_i'	$K(4.3+f_{pt}+F_\alpha)$ 当 $\varepsilon_r \geq 4$ 时，$K=0.4$ 当 $\varepsilon_r < 4$ 时 $K=\left(\dfrac{\varepsilon_r+4}{\varepsilon_r}\right)$	齿宽 b： 　4、10、20、40、80、160、250、400、650、1000 　法向模数 m_n：0.2、0.5、0.8、1.0、1.5、2.5、4、6、10 　表中各公式中的 d、m_n、b 取各分段界限值的几何平均值
F_i''	$3.2m_n+1.01\sqrt{d}+6.4$	
f_i''	$2.96m_n+0.01\sqrt{d}+0.8$	
F_r	$0.8F_p$	

　　标准中各偏差允许值或极限偏差数值表列出的数值是按此规律计算并圆整后得到的。如果计算值大于 $10\mu m$，则圆整到最接近的整数，如果小于 $10\mu m$，则圆整到最接近的尾数为 $0.5\mu m$ 的小数或整数，如果小于 $5\mu m$，则圆整到最接近的 $0.1\mu m$ 的一位小数或整数。

　　表9-6、表9-7分别给出了以上各项偏差的数值。

表9-6　F_β、$f_{f\beta}$、$f_{H\beta}$ 偏差允许值　（摘自 GB/T 10095.1—2008）　　单位：μm

分度圆直径 d/mm	偏差项目	螺旋线总偏差 F_β				$f_{f\beta}$ 和 $\pm f_{H\beta}$			
	齿宽	精度等级							
		5	6	7	8	5	6	7	8
≥5~20	≥4~10	6.0	8.5	12	17	4.4	6.0	8.5	12
	<10~20	7.0	9.5	14	19	4.9	7.0	10	14
>20~50	≥4~10	6.5	9.0	13	18	4.5	6.5	9.0	13
	>10~20	7.0	10	14	20	5.0	7.0	10	14
	>20~40	8.0	11	16	23	6.0	8.0	12	16
>50~125	≥4~10	6.5	9.5	13	19	4.8	6.5	9.5	13
	>10~20	7.5	11	15	21	5.5	7.5	11	15
	>20~40	8.5	12	17	24	6.0	8.0	12	17
	>40~80	10	14	20	28	7.0	10	14	20
>125~280	≥4~10	7.0	10	14	20	5.0	7.0	10	14
	>10~20	8.0	11	16	22	5.5	8.0	11	16
	>20~40	9.0	13	18	25	6.5	9.0	13	18
	>40~80	10	15	21	29	7.5	10	15	21
	>80~160	12	17	25	35	8.5	12	17	25
>280~560	≥10~20	8.5	12	17	24	6.0	8.5	12	17
	>20~40	9.5	13	19	27	7.0	9.5	14	19
	>40~80	11	15	22	31	8.0	11	16	22
	>80~160	13	18	26	36	9.0	13	18	26
	>160~250	15	21	30	43	11	15	22	30

表 9 - 7　F''_i、f''_i 偏差值　（摘自 GB/T 10095.2—2008）　　　单位：μm

分度圆直径 d/mm	公差项目	径向综合总偏差 F''_i				一齿径向综合总偏差 f''_i			
	模数 m_n/mm	精度等级							
		5	6	7	8	5	6	7	8
≥5~20	≥0.2~0.5	11	15	21	30	2.0	2.5	3.5	5.0
	>0.5~0.8	12	16	23	33	2.5	4.0	5.5	7.5
	>0.8~1.0	12	18	25	35	3.5	5.0	7.0	10
	>1.0~1.5	14	19	27	38	4.5	6.5	9.0	13
>20~50	≥0.2~0.5	13	19	26	37	2.0	2.5	3.5	5.0
	>0.5~0.8	14	20	28	40	2.5	4.0	5.5	7.5
	>0.8~1.0	15	21	30	42	3.5	5.0	7.0	10
	>1.0~1.5	16	23	32	45	4.5	6.5	9.0	13
	>1.5~2.5	18	26	37	52	6.5	9.5	13	19
>50~125	≥1.0~1.5	19	27	39	55	4.5	6.5	9.0	13
	>1.5~2.5	22	31	43	61	6.5	9.5	13	19
	>2.5~4.0	25	36	51	72	10	14	20	29
	>4.0~6.0	31	44	62	88	15	22	31	44
	>6.0~10	40	57	80	114	24	34	48	67
>125~280	≥1.0~1.5	24	34	48	68	4.5	6.5	9.0	13
	>1.5~2.5	26	37	53	75	6.5	9.5	13	19
	>2.5~4.0	30	43	61	86	10	15	21	29
	>4.0~6.0	36	51	72	102	15	22	31	44
	>6.0~10	45	64	90	127	24	34	48	67
>280~560	≥1.0~1.5	30	43	61	86	4.5	6.5	9.0	13
	>1.5~2.5	33	46	65	92	6.5	9.5	13	19
	>2.5~4.0	37	52	73	104	10	15	21	29
	>4.0~6.0	42	60	84	119	15	22	31	44
	>6.0~10	51	73	103	145	24	34	48	68

表 9 - 8 列出了相关的检验组，供生产与采购企业参考选用。

表 9 - 8　齿轮的检验组

检验组	检验项目	精度等级	测量仪器	备注
1	F_p、F_α、F_β、F_r、E_{sn} 或 E_{bn}	3~9	齿距仪、齿形仪、齿向仪、摆差测定仪、齿厚卡尺或公法线千分尺	单件小批量
2	F_p、F_{pk}、F_α、F_β、F_r、E_{sn} 或 E_{bn}	3~9	齿距仪、齿形仪、齿向仪、摆差测定仪、齿厚卡尺或公法线千分尺	单件小批量

检验组	检验项目	精度等级	测量仪器	备注
3	F_i''、f_i''、E_{sn} 或 E_{bn}	6~9	双面啮合测量仪、齿厚卡尺或公法线千分尺	大批量
4	f_{pt}、F_r、E_{sn} 或 E_{bn}	10~12	齿距仪、摆差测定仪、齿厚卡尺或公法线千分尺	
5	F_i'、f_i'、F_β、E_{sn} 或 E_{bn}	3~6	单啮仪、齿向仪、齿厚卡尺或公法线千分尺	大批量

9.4　齿轮类零件精度设计

齿轮类零件包括齿轮、蜗杆和蜗轮等。齿轮类零件精度设计包括齿轮啮合精度设计与齿坯精度设计两部分。

9.4.1　齿坯精度设计

为了保证齿轮加工的精度和有关参数的测量，基准面要优先规定其尺寸和几何公差。齿轮的轴孔和端面既是工艺基准也是测量和安装的基准。齿轮的齿顶圆作为测量基准时有两种情况，一是加工时用齿顶圆定位或找正，此时需要控制齿顶圆的径向跳动；另一种情况是用齿顶圆定位检验齿厚或基节尺寸公差，此时要控制齿顶圆公差和径向跳动。

齿轮基准面的尺寸公差和几何公差的项目及相应数值都与传动的工作条件有关，通常按齿轮精度等级确定其公差值。齿坯上需设计的各处尺寸公差和几何公差项目见表9-9。

表9-9　齿坯精度设计项目表

种类	项目名称	处理方法
尺寸公差	齿顶圆直径的极限偏差	其值可查表确定
	轴孔或齿轮轴轴颈的公差	其值可查表确定
	键槽宽度 b 的极限偏差和尺寸 $(d-t)$ 的极限偏差	其值可查表确定
几何公差	齿轮齿顶圆的径向跳动度公差	其值可查表确定
	齿轮轴向的跳动度公差	其值可查表确定
	齿轮轴孔的圆柱度公差	其值约为轴孔直径尺寸公差的0.3倍，并圆整到标准几何公差值
	键槽的对称度公差	其值可取轮毂键槽宽度公差的2倍；键槽的平行度公差，其值可取轮毂键槽宽度公差的0.5倍。以上所取的公差值均应圆整到标准几何公差值

9.4.2　齿轮啮合精度设计

圆柱齿轮啮合特性表应列入的基本参数有齿数、模数、齿形角、径向变位系数等，还应列出齿轮精度等级以及轮齿检验项目，评定单个齿轮加工精度的检验项目有齿距偏差、齿廓总偏差、螺旋线总偏差及齿厚偏差，检验项目选择与齿轮的精度等级和测量仪器有关。

9.4.3　齿轮精度设计实例

某通用减速器中有一对直齿圆柱齿轮副，模数 $m = 4$mm，小齿轮 $z_1 = 30$，齿宽 $b_1 = 40$mm，大齿轮的齿数 $z_2 = 96$，齿宽 $b_2 = 40$mm，齿形角 $\alpha = 20°$。两齿轮的材料均为 45 号钢，箱体材料为 HT200，其线胀系数分别为 $\alpha_{齿} = 11.5 \times 10^{-6} 1/℃$，$\alpha_{箱} = 10.5 \times 10^{-6} 1/℃$，其中齿轮工作温度为 $t_{齿} = 60℃$，箱体工作温度 $t_{箱} = 30℃$，采用喷油润滑，传递最大功率 7.5kW，转速 $n = 1280$r/min，小批量生产。

试确定其精度等级、检验项目及齿坯公差，并绘制齿轮工作图。

解：（1）确定精度等级。

根据齿轮圆周速度、使用要求等确定齿轮的精度等级。圆周速度 v 为

$$v = \pi d n / (1000 \times 60) = \pi \times 4 \times 30 \times 1280 / (1000 \times 60) = 8.04 (\text{m/s})$$

一般减速器对齿轮传递运动准确性的要求也不高，故根据以上两方面的情况，选取齿轮精度等级为 8 级。故该齿轮的精度标注应为：8 GB/T 10095.1—2008。

（2）确定齿厚偏差。

① 计算最小极限侧隙。

$$j_{n\min} = j_{n1} + j_{n2}$$

$$j_{n1} = \alpha(\alpha_{齿} \Delta t_{齿} - \alpha_{箱} \Delta t_{箱}) 2\sin\alpha$$

$$= [4 \times (30 + 96)/2] \times [11.5 \times 10^{-6} \times (60 - 20) - 10.5 \times 10^{-6} \times (30 - 20)] \times 2\sin 20°$$

$$= 61 (\mu m)$$

由于 $v < 10$m/s，所以

$$j_{n2} = 10 m_n = 10 \times 4 = 40 (\mu m)$$

于是

$$j_{n\min} = 61 + 40 = 101 (\mu m)$$

② 计算齿轮齿厚上偏差。

查表得 $f_{pb1} = 16\mu m$，$f_{pb2} = 18\mu m$，$F_\beta = 24\mu m$，$f_{\Sigma\delta} = F_\beta = 24\mu m$，故

$$f_{\Sigma\beta} = \frac{1}{2} F_\beta = 12\mu m$$

补偿齿轮制造与安装误差引起的侧隙减小量，即

$$J_n = \sqrt{f_{pb1}^2 + f_{pb2}^2 + 2.104 \times F_\beta^2}$$

$$= \sqrt{16^2 + 18^2 + 2.104 \times 24^2} = 42.33(\mu m)$$

查表得 $f_a = \dfrac{1}{2}IT8 = \dfrac{1}{2} \times 81 = 40.5(\mu m)$，故齿厚上偏差 E_{sns} 为

$$E_{sns} = -\left(f_a \tan\alpha_n + \frac{j_{nmin} + J_n}{2\cos\alpha_n}\right)$$

$$= -\left(40.5\tan20° + \frac{101 + 42.33}{2\cos20°}\right) = -91(\mu m)$$

设两啮合齿轮的齿厚上偏差相等，即

$$E_{sns1} = E_{sns2} = -91\mu m$$

③ 计算齿轮齿厚下偏差。

齿厚的下偏差

$$E_{si1} = E_{ss1} - T_{s1}, \quad E_{si2} = E_{ss2} - T_{s2}$$

齿厚公差

$$T_{sn} = \sqrt{F_r^2 + b_r^2}\,2\tan\alpha_n$$

查表得 $F_r = 44\mu m$。另

$$b_r = 1.26IT9 = 1.26 \times 87 = 109.62(\mu m)$$

$$T_{sn} = (\sqrt{44^2 + 109.62^2} \times 2\tan20°) = 86(\mu m)$$

$$E_{sni1} = E_{sns1} - T_{sn} = -91 - 86 = -177(\mu m)$$

故小齿轮为 8 GB/T 10095.1—2008 或 8 GB/T 10095.2—2008。

(3) 选择检验项目及其公差值。

本减速器齿轮属于中等精度，齿廓尺寸不大，生产规模为小批量生产。

① 单个齿距偏差的极限偏差 $\pm f_{ptw}$。

查表确定 $f_{pt1w} = \pm18\mu m$。

② 齿距累积总偏差 F_p

查表得 $F_p = 55\mu m$。

③ 齿廓总偏差 F_a

查表得 $F_a = 27\mu m$。

(4) 齿坯技术要求。

查表可得齿轮轴的尺寸公差、几何公差及顶圆直径公差；齿坯基准面径向跳动和轴向圆跳动；齿轮各面的表面粗糙度的推荐值。

(5) 绘制齿轮工作图。

将选取的齿轮精度等级、齿厚偏差代号、检验项目及公差、极限偏差和齿坯技术条件等标注在齿轮的工作图上，如图 9.27 所示。

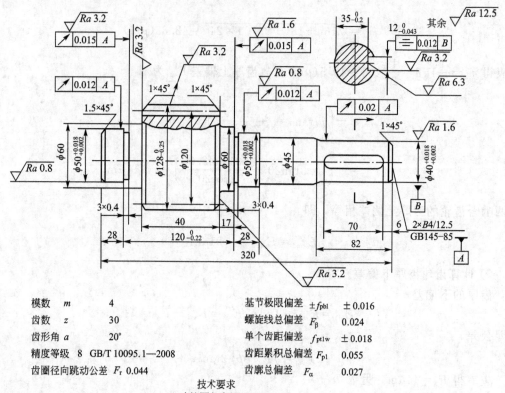

模数	m	4
齿数	z	30
齿形角	a	20°
精度等级	8 GB/T 10095.1—2008
齿圈径向跳动公差 F_r 0.044

基节极限偏差	$\pm f_{pb1}$	± 0.016
螺旋线总偏差	F_β	0.024
单个齿距偏差	$f_{pt w}$	± 0.018
齿距累积总偏差	F_{p1}	0.055
齿廓总偏差	F_α	0.027

技术要求
1. 未注圆角半径$R1.5$;
2. 调质220～250HBS

图9.27 齿轮轴工作图

习 题

1. 已知直齿圆柱齿轮副，模数 $m_n=5mm$，齿形角 $\alpha=20°$，齿数 $z_1=20$，$z_2=100$，内孔 $d_1=25mm$，$d_2=80mm$，图样标注为 6 GB/T 10095.1—2008 和 6 GB/T 10095.2—2008。

（1）试确定两齿轮 f_{pt}、F_P、F_α、F_β、F_i''、f_i''、F_r 的允许值。

（2）试确定两齿轮内孔和齿顶圆的尺寸公差、齿顶圆的径向圆跳动公差以及轴向跳动公差。

2. 某轿车一对传动齿轮 $z_1=23$，$z_2=54$，$m=2.75$，$\alpha=20°$，$b_1=26mm$，$b_2=22mm$，$n_1=1700r/min$，试完成小齿轮工作图。

3. 已知一通用减速器的一对齿轮，$z_1=25$，$z_2=100$，$m=3.5$，$\alpha=20°$，小齿轮是主动齿轮，转速为 1400r/min，试确定小齿轮的精度等级。

4. 在滚齿加工中，产生齿圈径向跳动误差和公法线长度变动误差的原因分别是什么？有何不同？为何上述两项指标单独使用均不能充分评定齿轮的运动准确性？

第 **10** 章
机械精度设计实例

本章教学目标

    以减速器工作轴、拨叉和箱体等典型零件为例，从尺寸精度、几何精度和表面粗糙度等方面进行综合设计，从而使学习者对精度设计，尤其是几何精度设计有一个全面认识，并为机械零件设计奠定基础。

本章教学要求

    要求学生掌握精度设计的内容与设计步骤，轴类零件精度设计的内容，盘类零件与箱体类零件精度设计的内容；熟悉常用零件精度设计方法，其中轴类零件、盘类零件与箱体类零件三类零件的精度设计是重点和难点。

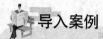导入案例

    轴、箱体及拨叉等都是机械实现变速运动和离合的重要零件，如图 10.01 所示。
这些零件的机械精度如何设计与控制直接关系到产品的质量。

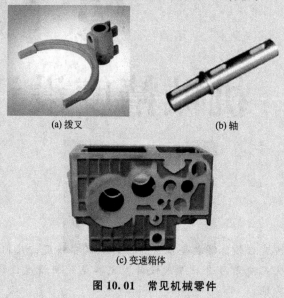

(a) 拨叉   (b) 轴

(c) 变速箱体

图 10.01 常见机械零件

10.1 机械精度设计概述

    机器精度的设计尽管需要从多方面进行分析与计算，但总是要根据给定的整机精度确
定出各个组成零件的精度。因此，零件的精度设计是整体精度设计的基础。影响零件精度
的最基本因素是零件的尺寸、形状、方向和位置以及表面粗糙度，因而，精度设计的主要
内容包括尺寸公差、几何公差、表面质量等几个方面的选择与设计。

    几何精度设计的方法主要有：类比法、计算法和试验法三种。

10.1.1 类比法

    类比法就是与经过实际使用证明合理的类似产品上的相应要素相比较，确定所设计零
件几何要素的精度。

    采用类比法进行精度设计时，必须正确选择类比产品，分析它与所设计产品在使用条
件和功能要求等方面的异同，并考虑到实际生产条件、制造技术的发展、市场供求信息等
多种因素。

    采用类比法进行精度设计的基础是资料的收集、分析与整理。

    类比法也称经验法，它是大多数零件要素精度设计采用的方法。

10.1.2 计算法

计算法就是根据由某种理论建立起来的功能要求与几何要素公差之间的定量关系，计算确定零件要素的精度。

例如，根据液体润滑理论计算确定滑动轴承的最小间隙；根据弹性变形理论计算确定圆柱结合的过盈；根据机构精度理论和概率设计方法计算确定传动系统中各传动件的精度等。

目前，用计算法确定零件几何要素的精度，只适用于某些特定的场合。而且，用计算法得到的公差，往往还需要根据多种因素进行调整。

10.1.3 试验法

试验法就是先根据一定条件，初步确定零件要素的精度，并按此进行试制。再将试制产品在规定的使用条件下运转，同时，对其各项技术性能指标进行监测，并与预定的功能要求相比较，根据比较结果再对原设计进行确认或修改。经过反复试验和修改，就可以最终确定满足功能要求的合理设计。

试验法的设计周期较长且费用较高，因此，主要用于新产品设计中个别重要因素的精度设计。

迄今为止，几何精度设计仍处于以经验设计为主的阶段。大多数要素的几何精度都是采用类比法凭实际工作经验确定的。计算机辅助公差设计（CAT）的研究还刚刚开始，要使计算机辅助公差设计进入实用化，还需进一步研究。

10.2 轴类零件的精度设计

轴类零件一般都是回转体，因此，主要是设计直径尺寸和轴向长度尺寸。设计直径尺寸时，应特别注意有配合关系的部位，当有几处部位直径相同时，都应逐一设计并注明，不得省略。即使是圆角和倒角也应标注无遗，或者在技术要求中说明。标注长度尺寸时，既要考虑零件尺寸的精度要求，又要符合机械加工的工艺过程，不致给机械加工造成困难或给操作者带来不便。因此，需要考虑基准面和尺寸链问题。

轴类零件的表面加工主要在车床上进行，因此，轴向尺寸的设计与标注形式和选定的定位基准面也必须与车削加工过程相适应。现以图 10.1 所示的轴为例，说明如何选择基准面和设计标注轴向尺寸。

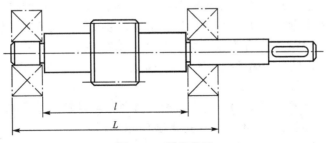

图 10.1 轴类件图

从图 10.1 中分析其装配关系可知，与两轴承端面接触的两轴肩之间的距离 l 对尺寸精度有一定的要求，而外形长度 L 和其余各轴段长度可按自由尺寸公差加工。如果轴向尺寸采用图 10.2(a)所示的以轴的一端面作基准的设计与标注方式，则形成并列的尺寸组。这种标注方式从图面上看，虽然也能确定各轴段的长度，但却与轴的实际加工过程不相符（因为一般车削加工需要调头装夹两次，分别加工出中部较大直径两侧的各轴段直径）。因而，加工时测量不便，同时也降低了尺寸 l 的精度（因这时要由尺寸 L_2 和 L_5 共同确定尺寸 l 的精度）。如改为图 10.2(b)所示逐段标注轴的各段长度，则形成串联式的尺寸链。这种标注的各尺寸线首尾相接，即前一尺寸线的终止处是后一尺寸线的基准。这样，只有当每一尺寸都精确时，才能使各轴段的长度之和保持一定，并使各轴段的相对位置符合设计要求。由此，可以知道，图 10.2 所示的两种设计与标注方式都不合理。

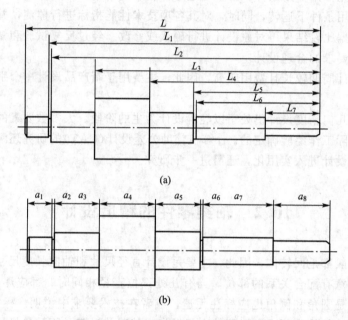

图 10.2　轴向尺寸的不合理设计与标注

为了使轴的轴向长度尺寸设计标注比较合理，设计者应对轴的车削过程有所了解。但车削过程与机床类型有关，故设计标注轴向尺寸时，首先应根据零件的批量确定机床类型。

图 10.3 所示为按小批生产采用普通车床加工时轴向尺寸的设计与标注方式。

图 10.3(a)表示按轴总长 L 截取直径稍大于最大直径的一段棒料，先打好两端面的中心孔，并以此为基准从右端开始车削，由于与两轴承端面相靠的轴肩之间的距离有精度要求，故应先车出 L_5，然后以端面①和轴肩②为基准，依次车出两轴段长度 a_5 和 a_8，并切槽和倒角。

调头重新装夹后（图 10.3(b)），先车出最大直径，再以轴肩②为基准量出尺寸 l；定出另一轴肩的位置，从而车出轴段 a_3 和安装轴承处的轴颈。

完整的轴向尺寸设计与标注方式，如图 10.3(c)所示。

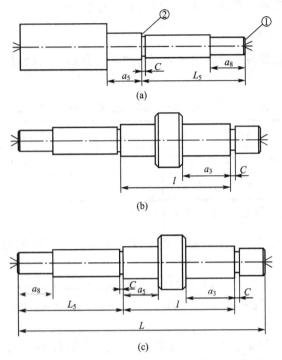

图 10.3　轴的车削过程及轴向尺寸的设计与标注

10.2.1　尺寸公差的确定

轴类零件有以下各处需要设计与标注尺寸公差，即选择确定其公差值，一般采用类比法确定。

1. 配合部分的公差

安装传动零件(齿轮、蜗轮、带轮、链轮等)、轴承以及其他回转件与密封处轴的直径公差，公差值按装配图中选定的配合性质从公差配合表中选择确定。

2. 键槽的尺寸公差

键槽的宽度和深度的极限偏差按键联结标准规定选择确定。为了检验方便，键槽深度一般标注尺寸 $d-t$ 极限偏差(此时极限偏差取负值)。

3. 轴的长度公差

在减速器中一般不作尺寸链的计算，可以不必设计确定长度公差。一般采用自由公差，按 h12，h13 或 H12、H13 确定。

10.2.2　几何公差的确定

根据传动精度和工作条件等，可确定以下各处的几何公差。

1. 配合表面的圆柱度

与滚动轴承或齿轮(蜗轮)等配合的表面，其圆柱度公差约为轴直径公差的 1/2；与联轴器和带轮等配合的表面，其圆柱度公差约为轴直径公差的 0.6～0.7 倍。

2. 配合表面的径向跳动公差

轴与齿轮及蜗轮轮毂的配合部位相对滚动轴承配合部位的径向跳动公差可按表 10-1 确定。

表 10-1　轴与齿轮、蜗轮配合部位的径向跳动度

齿轮精度等级或运动精度等级		6	7、8	9
轴在安装轮毂部位的径向跳动度	圆柱齿轮和圆锥齿轮	2IT3	2IT4	2IT5
	蜗杆、蜗轮	—	2IT5	2IT6

注：IT 为轴配合部分的标准公差值，见尺寸公差表。

轴与两滚动轴承的配合部位的径向跳动度，其公差值对球轴承为 IT6，对滚子轴承为 IT5。

轴与橡胶油封接触部位的径向跳动度：轴转速 $n \leqslant 500r/min$，取 0.1mm；$n > 500 \sim 1000r/min$，取 0.07mm；轴转速 $n > 1000 \sim 1500r/min$，取 0.05mm；$n > 1500 \sim 3000r/min$，取 0.02mm。

轴与联轴器、带轮的配合部位相对滚动轴承配合部位的径向跳动度可按表 10-2 确定。

表 10-2　轴与联轴器、带轮配合部位的径向跳动度

转速/(r/min)	300	600	1000	1500	3000
径向跳动度/mm	0.08	0.04	0.024	0.016	0.008

3. 轴肩的轴向跳动公差

与滚动轴承端面接触：对球轴承约取 $(1 \sim 2)$ IT5；对滚子轴承约取 $(1 \sim 2)$ IT4。

与齿轮、蜗轮轮毂端面接触：当轮毂宽度 l 与配合直径 d 的比值 < 0.8 时，可按表 10-3 确定轴向跳动度；当比值 $l/d \geqslant 0.8$ 时，可不标注轴向跳动度。

表 10-3　轴与齿轮、蜗轮轮毂端面接触处的轴肩轴向跳动度

精度等级或接触精度等级	6	7、8	9
轴肩的轴向跳动度	2IT3	2IT4	2IT5

4. 平键键槽两侧面相对轴线的平行度和对称度

平行度公差约为轴槽宽度公差的 1/2；对称度公差约为轴槽宽度公差的 2 倍。

5. 轴的尺寸公差和几何公差设计与标注示意图

图 10.4 为轴的尺寸公差和几何公差设计与标注指示图。表 10-4 归纳了轴上应设计与标注的几何公差项目及其对工作性能的影响。

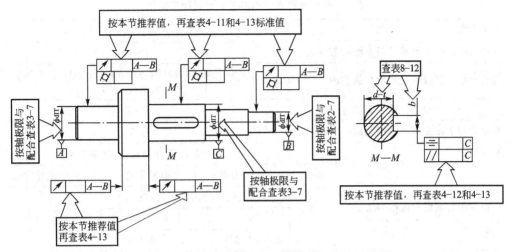

图 10.4　轴的尺寸公差和几何公差设计与标注指示图

表 10 - 4　轴的几何公差推荐项目

内容	项　　　　目	符号	对工作性能的影响
形状公差	与传动零件相配合表面的 　　圆度 　　圆柱度 与轴承相配合表面的 　　圆度 　　圆柱度	○ /○/	影响传动零件与轴配合的松紧及对中性 影响轴承与轴配合的松紧及对中性
位置公差	齿轮和轴承的定位端面相对应配合表面的 　　轴向圆跳动 　　同轴度 　　全跳动	◎ ↗↗	影响齿轮和轴承的定位及其承载的均匀性
位置公差	与传动零件相配合的表面以及与轴承相配合的表面相对于基准轴线的径向圆跳动或全跳动	↗↗	影响传动零件和轴承的运转偏心
位置公差	键槽相对轴中心线的 　　对称度 　　平行度 　　(要求不高时不注)	＝ //	影响键承载的均匀性及装拆的难易

　　注：按以上推荐确定的几何公差数值，应圆整至相应的标准公差值。

10.2.3　表面粗糙度的确定

　　轴的各个表面都需要进行加工，其表面粗糙度数值可按表 10 - 5 推荐的值确定，或查其他手册。

表 10－5　推荐用的轴加工表面粗糙度数值

加工表面	表面粗糙度值 $Ra/\mu m$		
与传动件及联轴器等轮毂相配合的表面	1.6～0.4		
与普通精度等级轴承相配合的表面	0.8（当轴承内径 $d\leqslant80mm$） 1.6（当轴承内径 $d>80mm$）		
与传动件及联轴器相配合的轴肩表面	3.2～1.6		
与滚动轴承相配合的轴肩表面	1.6		
平键键槽	3.2～1.6（工作面），1.6（非工作面）		
与轴承密封装置相接触的表面	毡封油圈	橡胶油封	间隙或迷宫式
	与轴接触处的圆周速度/(m/s)		3.2～1.6
	≤3	>3～5	>5～10
	3.2～1.6	0.8～0.4	0.4～0.2
螺纹牙型表面	0.8（精密精度螺纹），1.6（中等精度螺纹）		
其他表面	6.3～3.2（工作面），9.5～6.3（非工作面）		

10.2.4　轴类零件精度设计与标注实例

图 10.5 为轴的工作图示例，为了使图上表示的内容层次分明，便于辨认和查找，对于不同的内容应分别划区标注。例如，在轴的主视图下方集中标注轴向尺寸和代表基准的符号，如图 10.4 中的 A、B、C；在轴的主视图上方可标注几何公差以及表面粗糙度和需作特殊检验部位的引出线等。

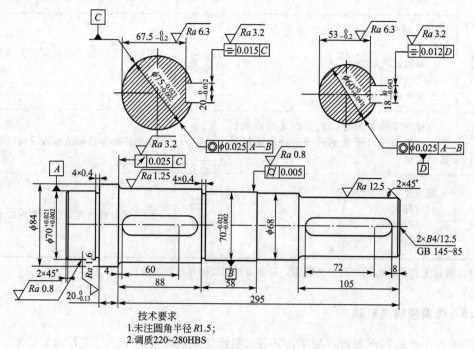

图 10.5　轴精度设计与标注实例

10.3　箱体类零件精度设计实例

一般在机械产品的设计过程中，需要进行以下三方面的分析计算。

1. 运动分析与计算

根据机器或机构应实现的运动，由运动学原理确定机器或机构的合理的传动系统，选择合适的机构或元件，以保证实现预定的动作，满足机器或机构运动方面的要求。

2. 强度的分析与计算

根据强度、刚度等方面的要求，决定各个零件合理的基本尺寸，进行合理的结构设计，使其在工作时能承受规定的负荷，达到强度和刚度方面的要求。

3. 几何精度的分析与计算

零件基本尺寸确定后，还需要进行精度计算，以决定产品各个部件的装配精度以及零件的几何参数和公差。

需要指出的是，以上三个方面，在设计过程中是缺一不可的。本节主要讨论的是箱体类零件机械精度的选用实例。

10.3.1　油缸体精度设计

下面是某油缸体零件，完成的精度设计如图 10.6 所示，三维实体图如图 10.7 所示。考虑油缸结构特点、制造工艺和检测方法等因素进行设计，说明如下。

（1）$\phi76H7$ 孔采用包容原则，要求油缸孔的形状误差不得超过尺寸公差，以保证与柱塞的配合性能和密封性。

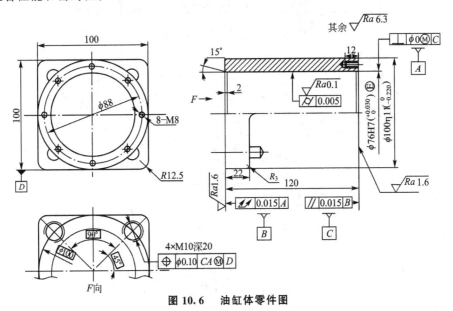

图 10.6　油缸体零件图

图 10.7　油缸体三维实体图

（2）$\phi76$H7 ⑥采用圆柱度公差 0.005mm，以保证圆柱面的圆度和素线直线度精度，使与柱塞接触均匀，密封性好，保证柱塞运动的平稳性。由于尺寸公差和包容要求还不能保证达到应有的圆柱度要求，所以进一步提出高精度的圆柱度要求，其圆柱度公差值 0.005mm 远小于尺寸公差值 0.03mm。

（3）零几何公差要求在此就是关联要素遵守包容要求。当孔处于最大实体状态时，孔的轴线对基准平面 C（油缸右端面）的垂直度公差为零，当孔偏离最大实体状态到达最小实体状态时，垂直度公差可增大到 0.03mm（等于尺寸公差值）。它能使柱塞移动具有一定的导向精度。

（4）右端面 C 对左端面 B 的平行度公差为 0.015mm，以保证两端面与装配零件紧密结合。

（5）左端面轴向全跳动公差为 0.015mm，主要控制左端面对孔轴线的垂直度误差，由于轴向全跳动误差比垂直度误差的检测方法简便，所以采用了轴向全跳动公差。

（6）螺钉孔的位置度公差 $\phi0.10$ mm 是保证螺孔间距的位置误差，以保证螺钉的可装配性。第一基准 C，以保证螺孔首先垂直于右端面 C；第二基准 A，以保证螺孔与油缸孔平行，由于螺钉的可装配性与油缸 $\phi76$H7 孔的尺寸大小有关，故采用了最大实体原则。即当油缸孔为最大实体状态 $\phi76$ 时，位置度公差为 $\phi0.10$mm，当油缸孔偏离最大实体尺寸时，螺孔轴线在保证垂直于基准平面 B 的情况下，允许成组移动，其移动量为尺寸公差给予的补偿值。

10.3.2　拨叉几何精度设计

拨叉在机械中却起着不可小觑的作用，主要是拨动滑移齿轮，改变其在齿轮轴上的位置，可以上下移动几何公差，具体设计如图 10.8 所示，三维实体图如图 10.9 所示。

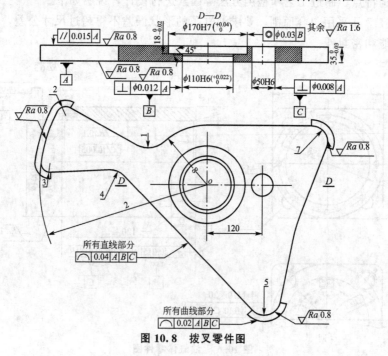

图 10.8　拨叉零件图

设计说明如下。

（1）垂直度公差为 $\phi0.012$mm，因为 $\phi110$H6 孔是拨动叉的安装基准孔，为保证拨动叉的方向不偏斜，并作为孔 $\phi110$H6 的工艺基准，所以注出 $\phi1106$ 孔轴线对基准面 A 的垂直度要求。

（2）上平面对基准面 A 的平行度公差为 0.015mm 是为了保证拨叉两平面装入零件槽内的可装配性。

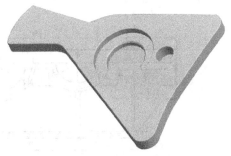

图 10.9　拨叉三维实体图

（3）同轴度公差为 $\phi0.03$mm，为保证阶梯轴装入拨叉与两孔具有相同的配合性质。

（4）线轮廓度公差 0.02mm 和 0.04mm 是保证从动件具有平稳运动规律和移动的位置，所以这两项线轮廓度公差不仅控制直线和曲线的形状误差，由于有"三基面"，所以它又是位置公差，以控制从动件的移动距离。

（5）由于孔 $\phi110$ 为拨叉的安装基准孔，且为变速机构中零件，考虑匹配性，选择尺寸精度为 $\phi110$H6，其表面粗糙度为 Ra 为 0.8μm。同理，孔 $\phi50$ 尺寸精度为 $\phi50$H6，其表面粗糙度为 Ra 为 0.8μm。

（6）孔 $\phi170$ 为连接零件用孔，比孔 $\phi110$ 的精度低，可以降低一个精度等级，选取为 $\phi170$H7。

（7）拨动叉上下表面与其他零件配合面处表面粗糙度 Ra 为 0.8μm，其余表面表面粗糙度 Ra 为 1.6μm。

10.3.3　减速箱体几何精度设计

减速器箱体是典型的箱体类零件，我们选取装有一对斜齿轮和一对锥齿轮的减速箱体

图 10.10　箱体三维实体图

为例说明设计过程，减速箱体的三维实体图如图 10.10 所示，具体设计如图 10.11 所示。

设计说明如下。

（1）箱体上表面规定平面度公差 0.06mm 是为了使箱体上表面与箱盖结合具有较好连接效果与密封效果，同时使各孔轴线与箱体的上表面获得共面。

（2）Ⅰ—Ⅴ各孔轴线的位置度公差为 0.3mm，并规定箱体上表面为基准面，以保证各孔轴线共面在箱体的上表面上。

（3）孔Ⅰ—Ⅱ和孔Ⅲ—Ⅳ以及孔Ⅴ的圆度公差是保证各孔与轴瓦（或传动轴的轴颈）的配合性质。

（4）孔Ⅰ和孔Ⅱ的同轴度要求，孔Ⅲ和孔Ⅳ的同轴度要求，是为了保证齿轮传动啮合精度要求。

（5）公共轴线 B 与 A 的平行度公差要求，是为了保证一对斜齿轮的啮合接触精度。

（6）孔Ⅴ轴线对公共轴线的位置度公差为 $\phi0.1$mm，它主要是保证孔Ⅴ轴线对公共轴线 A 的垂直度要求，以保证一对锥齿轮的接触精度和正常啮合。

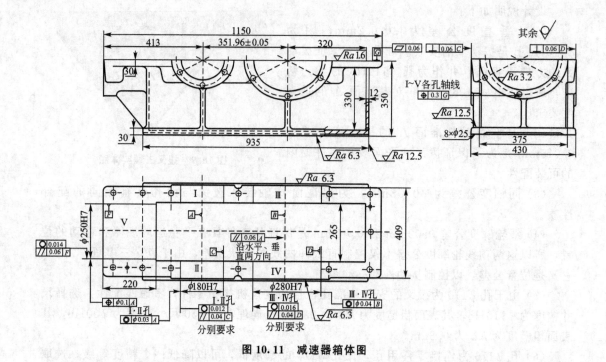

图 10.11 减速器箱体图

（7）各孔都给出素线平行度公差要求，实际上是控制各孔在轴向上的形状误差，主要防止各孔产生锥度误差。

（8）箱体侧面各凸缘上的螺钉孔以及箱体上平面的螺栓孔，它们的位置可用尺寸公差控制，也可用位置度公差控制。如果工厂批量生产减速箱体，应采用位置度公差控制各螺孔的位置误差。

习　题

1. 轴类零件精度设计应包括哪几方面的设计？
2. 箱体类零件精度设计包括哪些内容？

附 录
国家标准术语定义代号演化一览表

序号	现行标准及其术语	旧标准及其术语	备注
1	GB/T 1800.1—2009	GB/T 1800.1~1800.3—1999	标准代号
	公称尺寸	基本尺寸	
	上极限偏差	上偏差	
	下极限偏差	下偏差	
	最大极限尺寸	上极限尺寸	
	最小极限尺寸	下极限尺寸	
	实际（组成）要素	实际尺寸	
	提取组成要素的局部尺寸	局部实际尺寸	
	尺寸要素		
2	GB/T 1800.2—2009	GB/T 1800.4—1999	标准代号
3	GB/T 1801—2009	GB/T 1801—1999	标准代号
4	GB/T 10095.1—2008	GB/T 10095.1—2001	标准代号
	k 相继齿距数	k 连续的齿距数	
	齿距累积总偏差	齿距累积总公差	
	齿廓总偏差	齿廓总公差	
	螺旋线总偏差	螺旋线总公差	
	切向综合总偏差	切向综合总公差	
5	GB/T 10095.2—2008	GB/T 10095.2—2001	标准代号
	径向综合总偏差	径向综合总公差	
6	GB/T 3505—2009	GB/T 3505—2000	标准代号
	截面高度 c	水平位置 c	
	轮廓单元的平均高度	轮廓单元的平均线高度	

（续）

序号	现行标准及其术语	旧标准及其术语	备注
7	GB/T 1031—2009	GB/T 1031—1995	标准代号
	R_{sm}	S_m	
	R_z	R_y	
	l_r	l	
		微观不平度十点高度	
8	GB/T 1182—2008	GB/T 1182—1996	标准代号
	几何公差	形状和位置公差	
	导出要素	中心要素	
	组成要素	轮廓要素	
	提取要素	测得要素（实际要素）	
	方向公差	定向公差	
	位置公差	定位公差	
	公称要素（理想要素）	理想要素	
	LE		线素
	CZ		公共公差带
	NC		不凸起
	ACS		任意横截面
9	GB/T 3177—2009	GB/T 3177—1997	
	最大实体尺寸	最大实体极限	
	最小实体尺寸	最小实体极限	
10	GB/T 4249—2009	GB/T 4249—1996	标准代号
	最大实体边界		
	最小实体边界		
	包容要求	包容原则	
		零形位公差	

参 考 文 献

[1] 全国产品尺寸和几何技术规范标准化技术委员会. GB/T 1800.1—2009《产品几何技术规范(GPS)极限与配合 第1部分：公差、偏差和配合的基础》 [S]. 北京：中国标准出版社，2009.

[2] 全国产品尺寸和几何技术规范标准化技术委员会. GB/T 1800.2—2009《产品几何技术规范(GPS)极限与配合 第2部分：标准公差等级和孔、轴极限偏差表》[S]. 北京：中国标准出版社，2009.

[3] 全国产品尺寸和几何技术规范标准化技术委员会. GB/T 1801—2009《产品几何技术规范(GPS)极限与配合 公差带和配合的选择》[S]. 北京：中国标准出版社，2009.

[4] 全国产品尺寸和几何技术规范标准化技术委员会. GB/T 1031—2009《产品几何技术规范(GPS)表面结构 轮廓法 表面粗糙度参数及其数值》[S]. 北京：中国标准出版社，2009.

[5] 全国产品尺寸和几何技术规范标准化技术委员会. GB/T 3505—2009《产品几何技术规范(GPS)表面结构 轮廓法 术语、定义及表面结构参数》[S]. 北京：中国标准出版社，2009.

[6] 全国产品尺寸和几何技术规范标准化技术委员会. GB/T 4249—2009《产品几何技术规范(GPS)公差原则》[S]. 北京：中国标准出版社，2009.

[7] 全国产品尺寸和几何技术规范标准化技术委员会. GB/T 3177—2009《产品几何技术规范(GPS)光滑工件尺寸的检验》[S]. 北京：中国标准出版社，2009.

[8] 全国产品尺寸和几何技术规范标准化技术委员会. GB/T 1182—2008《产品几何技术规范(GPS)几何公差 形状、方向、位置和跳动公差标注》[S]. 北京：中国标准出版社，2008.

[9] 全国齿轮标准化技术委员会. GB/T 10095.1—2008《渐开线圆柱齿轮 精度 第1部分：轮齿同侧齿面偏差的定义和允许值》[S]. 北京：中国标准出版社，2008.

[10] 全国齿轮标准化技术委员会. GB/T 10095.2—2008《渐开线圆柱齿轮 精度 第2部分：径向综合偏差与径向跳动的定义和允许值》[S]. 北京：中国标准出版社，2008.

[11] 王长春，孙步功. 互换性与测量技术基础 [M]. 2版. 北京：北京大学出版社，2010.

[12] 韩进宏，王长春. 互换性与测量技术基础 [M]. 北京：北京大学出版社，2006.

[13] 全国产品尺寸和几何技术规范标准化技术委员会. GB/T 131—2006《产品几何技术规范(GPS)技术产品文件中表面结构的表示法》[S]. 北京：中国标准出版社，2006.

[14] 全国产品尺寸和几何技术规范标准化技术委员会. GB/T 16671—2009《产品几何技术规范(GPS)几何公差 最大实体要求、最小实体要求和可逆要求》 [S]. 北京：中国标准出版社，2008.

[15] 刘巽尔. 相关要求 [M]. 北京：中国标准出版社，2006.

[16] 刘巽尔. 极限与配合 [M]. 北京：中国标准出版社，2005.

[17] 任晓莉，钟建华. 公差配合与量测实训 [M]. 北京：北京理工大学出版社，2007.

[18] 王伯平. 互换性与测量技术基础 [M]. 北京：机械工业出版社，2004.

[19] 韩进宏. 互换性与测量技术 [M]. 北京：机械工业出版社，2005.

[20] 廖念钊. 互换性与技术测量基础 [M]. 北京：中国计量出版社，2002.

[21] 李柱，徐振高，蒋向前. 互换性与测量技术 [M]. 北京：高等教育出版社，2004.

[22] 甘永立. 几何量公差与检测 [M]. 上海：上海科学技术出版社，2001.

北京大学出版社教材书目

❖ 欢迎访问教学服务网站 www.pup6.com，免费查阅已出版教材的电子书(PDF 版)、电子课件和相关教学资源。

❖ 欢迎征订投稿。联系方式：010-62750667，童编辑，13426433315@163.com，pup_6@163.com，欢迎联系。

序号	书 名	标准书号	主 编	定价	出版日期
1	机械设计	978-7-5038-4448-5	郑 江，许 瑛	33	2007.8
2	机械设计(第 2 版)	978-7-301-28560-2	吕 宏 王 慧	47	2018.8
3	机械设计	978-7-301-17599-6	门艳忠	40	2010.8
4	机械设计	978-7-301-21139-7	王贤民，霍仕武	49	2014.1
5	机械设计	978-7-301-21742-9	师素娟，张秀花	48	2012.12
6	机械原理	978-7-301-11488-9	常治斌，张京辉	29	2008.6
7	机械原理	978-7-301-15425-0	王跃进	26	2013.9
8	机械原理	978-7-301-19088-3	郭宏亮，孙志宏	36	2011.6
9	机械原理	978-7-301-19429-4	杨松华	34	2011.8
10	机械设计基础	978-7-5038-4444-2	曲玉峰，关晓平	27	2008.1
11	机械设计基础	978-7-301-22011-5	苗淑杰，刘喜平	49	2015.8
12	机械设计基础	978-7-301-22957-6	朱 玉	38	2014.12
13	机械设计课程设计	978-7-301-12357-7	许 瑛	35	2012.7
14	机械设计课程设计(第 2 版)	978-7-301-27844-4	王 慧，吕 宏	42	2016.12
15	机械设计辅导与习题解答	978-7-301-23291-0	王 慧，吕 宏	26	2013.12
16	机械原理、机械设计学习指导与综合强化	978-7-301-23195-1	张占国	63	2014.1
17	机电一体化课程设计指导书	978-7-301-19736-3	王金娥 罗生梅	35	2013.5
18	机械工程专业毕业设计指导书	978-7-301-18805-7	张黎骅，吕小荣	22	2015.4
19	机械创新设计	978-7-301-12403-1	丛晓霞	32	2012.8
20	机械系统设计	978-7-301-20847-2	孙月华	39	2012.7
21	机械设计基础实验及机构创新设计	978-7-301-20653-9	邹 旻	28	2014.1
22	TRIZ 理论机械创新设计工程训练教程	978-7-301-18945-0	蒯苏苏，马履中	45	2011.6
23	TRIZ 理论及应用	978-7-301-19390-7	刘训涛，曹 贺等	35	2013.7
24	创新的方法——TRIZ 理论概述	978-7-301-19453-9	沈萌红	28	2011.9
25	机械工程基础	978-7-301-21853-2	潘玉良，周建军	34	2013.2
26	机械工程实训	978-7-301-26114-9	侯书林，张 炜等	52	2015.10
27	机械 CAD 基础	978-7-301-20023-0	徐云杰	34	2012.2
28	AutoCAD 工程制图	978-7-5038-4446-9	杨巧绒，张克义	20	2011.4
29	AutoCAD 工程制图	978-7-301-21419-0	刘善淑，胡爱萍	38	2015.2
30	工程制图	978-7-5038-4442-6	戴立玲，杨世平	27	2012.2
31	工程制图	978-7-301-19428-7	孙晓娟，徐丽娟	30	2012.5
32	工程制图习题集	978-7-5038-4443-4	杨世平，戴立玲	20	2008.1
33	机械制图(机类)	978-7-301-12171-9	张绍群，孙晓娟	32	2009.1
34	机械制图习题集(机类)	978-7-301-12172-6	张绍群，王慧敏	29	2007.8
35	机械制图(第 2 版)	978-7-301-19332-7	孙晓娟，王慧敏	38	2014.1
36	机械制图	978-7-301-21480-0	李凤云，张 凯等	36	2013.1
37	机械制图习题集(第 2 版)	978-7-301-19370-7	孙晓娟，王慧敏	22	2011.8
38	机械制图	978-7-301-21138-0	张 艳，杨晨升	37	2012.8
39	机械制图习题集	978-7-301-21339-1	张 艳，杨晨升	24	2012.10
40	机械制图	978-7-301-22896-8	臧福伦，杨晓冬等	60	2013.8
41	机械制图与 AutoCAD 基础教程	978-7-301-13122-0	张爱梅	35	2013.1
42	机械制图与 AutoCAD 基础教程习题集	978-7-301-13120-6	鲁 杰，张爱梅	22	2013.1
43	AutoCAD 2008 工程绘图	978-7-301-14478-7	赵润平，宗荣珍	35	2009.1
44	AutoCAD 实例绘图教程	978-7-301-20764-2	李庆华，刘晓杰	32	2012.6
45	工程制图案例教程	978-7-301-15369-7	宗荣珍	28	2009.6
46	工程制图案例教程习题集	978-7-301-15285-0	宗荣珍	24	2009.6
47	理论力学(第 2 版)	978-7-301-23125-8	盛冬发，刘 军	49	2016.9
48	理论力学	978-7-301-29087-3	刘 军，阎海鹏	45	2018.1
49	材料力学	978-7-301-14462-6	陈忠安，王 静	30	2013.4
50	工程力学(上册)	978-7-301-11487-2	毕勤胜，李纪刚	29	2008.6
51	工程力学(下册)	978-7-301-11565-7	毕勤胜，李纪刚	28	2008.6
52	液压传动(第 2 版)	978-7-301-19507-9	王守城，容一鸣	38	2013.7
53	液压与气压传动	978-7-301-13179-4	王守城，容一鸣	32	2013.7

序号	书　名	标准书号	主　编	定价	出版日期
54	液压与液力传动	978-7-301-17579-8	周长城等	34	2011.11
55	液压传动与控制实用技术	978-7-301-15647-6	刘　忠	36	2009.8
56	金工实习指导教程	978-7-301-21885-3	周哲波	30	2014.1
57	工程训练(第4版)	978-7-301-28272-4	郭永环，姜银方	42	2017.6
58	机械制造基础实习教程(第2版)	978-7-301-28946-4	邱　兵，杨明金	45	2017.12
59	公差与测量技术	978-7-301-15455-7	孔晓玲	25	2012.9
60	互换性与测量技术基础(第3版)	978-7-301-25770-8	王长春等	35	2015.6
61	互换性与技术测量	978-7-301-20848-9	周哲波	35	2012.6
62	机械制造技术基础	978-7-301-14474-9	张　鹏，孙有亮	28	2011.6
63	机械制造技术基础	978-7-301-16284-2	侯书林　张建国	32	2012.8
64	机械制造技术基础(第2版)	978-7-301-28420-9	李菊丽，郭华锋	49	2017.6
65	先进制造技术基础	978-7-301-15499-1	冯宪章	30	2011.11
66	先进制造技术	978-7-301-22283-6	朱　林，杨春杰	30	2013.4
67	先进制造技术	978-7-301-20914-1	刘　璇，冯　凭	28	2012.8
68	先进制造与工程仿真技术	978-7-301-22541-7	李　彬	35	2013.5
69	机械精度设计与测量技术	978-7-301-13580-8	于　峰	25	2013.7
70	机械制造工艺学	978-7-301-13758-1	郭艳玲，李彦蓉	30	2008.8
71	机械制造工艺学(第2版)	978-7-301-23726-7	陈红霞	45	2014.1
72	机械制造工艺学	978-7-301-19903-9	周哲波，姜志明	49	2012.1
73	机械制造基础(上)——工程材料及热加工工艺基础(第2版)	978-7-301-18474-5	侯书林，朱　海	40	2013.2
74	制造之用	978-7-301-23527-0	王中任	30	2013.12
75	机械制造基础(下)——机械加工工艺基础(第2版)	978-7-301-18638-1	侯书林，朱　海	32	2012.5
76	金属材料及工艺	978-7-301-19522-2	于文强	44	2013.2
77	金属工艺学	978-7-301-21082-6	侯书林，丁文强	32	2012.8
78	工程材料及其成形技术基础(第2版)	978-7-301-22367-3	申荣华	58	2016.1
79	工程材料及其成形技术基础学习指导与习题详解(第2版)	978-7-301-26300-6	申荣华	28	2015.9
80	机械工程材料及成形基础	978-7-301-15433-5	侯俊英，王兴源	30	2012.5
81	机械工程材料(第2版)	978-7-301-22552-3	戈晓岚，招玉春	36	2013.6
82	机械工程材料	978-7-301-18522-3	张铁军	36	2012.5
83	工程材料与机械制造基础	978-7-301-15899-9	苏子林	32	2011.5
84	控制工程基础	978-7-301-12169-6	杨振中，韩致信	29	2007.8
85	机械制造装备设计	978-7-301-23869-1	宋士刚，黄　华	40	2014.12
86	机械工程控制基础	978-7-301-12354-6	韩致信	25	2008.1
87	机电工程专业英语(第2版)	978-7-301-16518-8	朱　林	24	2013.7
88	机械制造专业英语	978-7-301-21319-3	王中任	28	2014.12
89	机械工程专业英语	978-7-301-23173-9	余兴波，姜　波等	30	2013.9
90	机床电气控制技术	978-7-5038-4433-7	张万奎	26	2007.9
91	机床数控技术(第2版)	978-7-301-16519-5	杜国臣，王士军	35	2014.1
92	自动化制造系统	978-7-301-21026-0	辛宗生，魏国丰	37	2014.1
93	数控机床与编程	978-7-301-15900-2	张洪江，侯书林	25	2012.10
94	数控铣床编程与操作	978-7-301-21347-6	王志斌	35	2012.10
95	数控技术	978-7-301-21144-1	吴瑞明	28	2012.9
96	数控技术	978-7-301-22073-3	唐友亮　余　劲	45	2014.1
97	数控技术(双语教学版)	978-7-301-27920-5	吴瑞明	36	2017.3
98	数控技术与编程	978-7-301-26028-9	程广振　卢建湘	36	2015.8
99	数控技术及应用	978-7-301-23262-0	刘　军	49	2013.10
100	数控加工技术	978-7-5038-4450-7	王　彪，张　兰	29	2011.7
101	数控加工与编程技术	978-7-301-18475-2	李体仁	34	2012.5
102	数控编程与加工实习教程	978-7-301-17387-9	张春雨，于　雷	37	2011.9
103	数控加工技术及实训	978-7-301-19508-6	姜永成，夏广岚	33	2011.9
104	数控编程与操作	978-7-301-20903-5	李英平	26	2012.8
105	数控技术及其应用	978-7-301-27034-9	贾伟杰	46	2016.4
106	数控原理及控制系统	978-7-301-28834-4	周庆贵，陈书法	36	2017.9
107	现代数控机床调试及维护	978-7-301-18033-4	邓三鹏等	32	2010.11
108	金属切削原理与刀具	978-7-5038-4447-7	陈锡渠，彭晓南	29	2012.5
109	金属切削机床(第2版)	978-7-301-25202-4	夏广岚，姜永成	42	2015.1
110	典型零件工艺设计	978-7-301-21013-0	白海清	34	2012.8
111	模具设计与制造(第2版)	978-7-301-24801-0	田光辉，林红旗	56	2016.1
112	工程机械检测与维修	978-7-301-21185-4	卢彦群	45	2012.9
113	工程机械电气与电子控制	978-7-301-26868-1	钱宏琦	54	2016.3

序号	书　名	标准书号	主　编	定价	出版日期
114	工程机械设计	978-7-301-27334-0	陈海虹，唐绪文	49	2016.8
115	特种加工(第2版)	978-7-301-27285-5	刘志东	54	2017.3
116	精密与特种加工技术	978-7-301-12167-2	袁根福，祝锡晶	29	2011.12
117	逆向建模技术与产品创新设计	978-7-301-15670-4	张学昌	28	2013.1
118	CAD/CAM技术基础	978-7-301-17742-6	刘　军	28	2012.5
119	CAD/CAM技术案例教程	978-7-301-17732-7	汤修映	42	2010.9
120	Pro/ENGINEER Wildfire 2.0 实用教程	978-7-5038-4437-X	黄卫东，任国栋	32	2007.7
121	Pro/ENGINEER Wildfire 3.0 实例教程	978-7-301-12359-1	张选民	45	2008.2
122	Pro/ENGINEER Wildfire 3.0 曲面设计实例教程	978-7-301-13182-4	张选民	45	2008.2
123	Pro/ENGINEER Wildfire 5.0 实用教程	978-7-301-16841-7	黄卫东，郝用兴	43	2014.1
124	Pro/ENGINEER Wildfire 5.0 实例教程	978-7-301-20133-6	张选民，徐超辉	52	2012.2
125	SolidWorks 三维建模及实例教程	978-7-301-15149-5	上官林建	30	2012.8
126	SolidWorks 2016 基础教程与上机指导	978-7-301-28291-1	刘萍华	54	2018.1
127	UG NX 9.0 计算机辅助设计与制造实用教程(第2版)	978-7-301-26029-6	张黎骅，吕小荣	36	2015.8
128	CATIA 实例应用教程	978-7-301-23037-4	于志新	45	2013.8
129	Cimatron E9.0 产品设计与数控自动编程技术	978-7-301-17802-7	孙树峰	36	2010.9
130	Mastercam 数控加工案例教程	978-7-301-19315-0	刘　文，姜永梅	45	2011.8
131	应用创造学	978-7-301-17533-0	王成军，沈豫浙	26	2012.5
132	机电产品学	978-7-301-15579-0	张亮峰等	24	2015.4
133	品质工程学基础	978-7-301-16745-8	丁　燕	30	2011.5
134	设计心理学	978-7-301-11567-1	张成忠	48	2011.6
135	计算机辅助设计与制造	978-7-5038-4439-6	仲梁维，张国全	29	2007.9
136	产品造型计算机辅助设计	978-7-5038-4474-4	张慧姝，刘永翔	27	2006.8
137	产品设计原理	978-7-301-12355-3	刘美华	30	2008.2
138	产品设计表现技法	978-7-301-15434-2	张慧姝	42	2012.5
139	CorelDRAW X5 经典案例教程解析	978-7-301-21950-8	杜秋磊	40	2013.1
140	产品创意设计	978-7-301-17977-2	虞世鸣	38	2012.5
141	工业产品造型设计	978-7-301-18313-7	袁涛	39	2011.1
142	化工工艺学	978-7-301-15283-6	邓建强	42	2013.7
143	构成设计	978-7-301-21466-4	袁涛	58	2013.1
144	设计色彩	978-7-301-24246-9	姜晓微	52	2014.6
145	过程装备机械基础(第2版)	978-301-22627-8	于新奇	38	2013.7
146	过程装备测试技术	978-7-301-17290-2	王毅	45	2010.6
147	过程控制装置及系统设计	978-7-301-17635-1	张早校	30	2010.8
148	质量管理与工程	978-7-301-15643-8	陈宝江	34	2009.8
149	质量管理统计技术	978-7-301-16465-5	周友苏，杨　飒	30	2010.1
150	人因工程	978-7-301-19291-7	马如宏	39	2011.8
151	工程系统概论——系统论在工程技术中的应用	978-7-301-17142-4	黄志坚	32	2010.6
152	测试技术基础(第2版)	978-7-301-16530-0	江征风	30	2014.1
153	测试技术实验教程	978-7-301-13489-4	封士彩	22	2008.8
154	测控系统原理设计	978-7-301-24399-2	齐永奇	39	2014.7
155	测试技术学习指导与习题详解	978-7-301-14457-2	封士彩	34	2009.3
156	可编程控制器原理与应用(第2版)	978-7-301-16922-3	赵　燕，周新建	33	2011.11
157	工程光学(第2版)	978-7-301-28978-5	王红敏	41	2018.1
158	精密机械设计	978-7-301-16947-6	田　明，冯进良等	38	2011.9
159	传感器原理及应用	978-7-301-16503-4	赵　燕	35	2014.1
160	测控技术与仪器专业导论(第2版)	978-7-301-24223-0	陈毅静	36	2014.6
161	现代测试技术	978-7-301-19316-7	陈科山，王　燕	43	2011.8
162	风力发电原理	978-7-301-19631-1	吴双群，赵丹平	33	2011.10
163	风力机空气动力学	978-7-301-19555-0	吴双群	32	2011.10
164	风力机设计理论及方法	978-7-301-20006-3	赵丹平	32	2012.1
165	计算机辅助工程	978-7-301-22977-4	许承东	38	2013.8
166	现代船舶建造技术	978-7-301-23703-8	初冠南，孙清洁	33	2014.1
167	机床数控技术(第3版)	978-7-301-24452-4	杜国臣	49	2016.8
168	工业设计概论(双语)	978-7-301-27933-5	窦金花	35	2017.3
169	产品创新设计与制造教程	978-7-301-27921-2	赵　波	31	2017.3

如您需要免费纸质样书用于教学，欢迎登陆第六事业部门户网(www.pup6.com)填表申请，并欢迎在线登记选题以到北京大学出版社来出版您的大作，也可下载相关表格填写后发到我们的邮箱，我们将及时与您取得联系并做好全方位的服务。